STARK

TRAINING
MATHEMATIK

Walter Czech • Erwin Kunesch

Infinitesimalrechnung 1

11. Klasse
Grundlagen und Aufgaben
mit Lösungen

STARK

Bildnachweis
Deutsche Börse AG

ISBN-13: 978-3-89449-139-0
ISBN-10: 3-89449-139-6

D-85318 Freising · Postfach 1852 · Tel. (0 81 61) 1790

Inhalt

Autoren: Walter Czech (Theorie und Aufgaben)
Erwin Kunesch (Lösungen der Aufgaben)

Vorwort

Liebe Schülerin, lieber Schüler,

mit diesem Buch halten Sie **kompaktes Trainingsmaterial** in Händen, das Ihnen eine optimale Vorbereitung auf **Unterricht** und **Klassenarbeiten** ermöglicht. Neben einem sorgfältig ausgewählten Inhalt unterstützt der übersichtliche Aufbau des Buches diese Ziele. Die Kapitel sind thematisch in Abschnitte untergliedert. Jeder Abschnitt ist dreigeteilt.

- Notwendiges **Grundwissen** wird anhand von **Musterbeispielen** und **-lösungen** leicht verständlich vermittelt.
- **Übungsaufgaben** mit steigendem Schwierigkeitsgrad ermöglichen mit der gezielten Anwendung des vermittelten Wissensstoffs die ständige Kontrolle des eigenen Lernfortschritts.
- **Vermischte Aufgaben,** die in Niveau und Umfang den Aufgaben in Klassenarbeiten entsprechen, ermöglichen eine zusätzliche Vertiefung des Lernstoffs.

Das letzte Kapitel des Bandes enthält die **Lösungen** aller Übungsaufgaben. Sie sind **vollständig** und **sehr ausführlich** durchgerechnet und damit besonders leicht nachvollziehbar. Nicht zuletzt deshalb können Sie diesen Trainingsband auch wirklich **selbstständig** bearbeiten.

Ich wünsche Ihnen viel Erfolg bei der Arbeit mit diesem Buch!

Ihr

Walter Czech

1 Funktion und Umkehrfunktion

1.1 Der Funktionsbegriff

Eine Zuordnung f, die jeder Zahl einer Menge $\mathbb{D}_f$ **eindeutig** wieder eine Zahl zuordnet, heißt **Funktion.**

Kurzschreibweise:

$$f\colon\ x \mapsto y = f(x); \quad x \in \mathbb{D}_f$$

$y = f(x)$ heißt **Funktionsgleichung** der Funktion f.
$\mathbb{D}_f$ heißt **Definitionsmenge** oder **Definitionsbereich** der Funktion f.

Die grafische Darstellung der Zahlenpaare (x; y) in einem Koordinatensystem heißt **Graph** G_f der Funktion f.

Der Graph von f besteht aus allen Punkten P(x; y), für die gilt:

$$y = f(x)$$

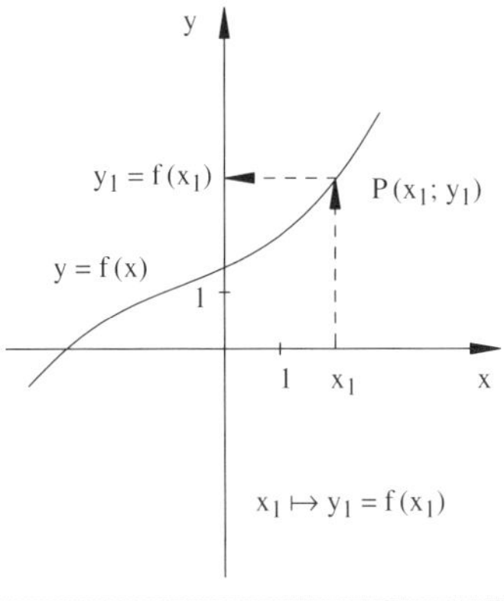

Beispiele

1. **Graphen bereits bekannter Funktionen**

a) f_1: $x \mapsto 1{,}5x - 2$; $x \in \mathbb{R}$

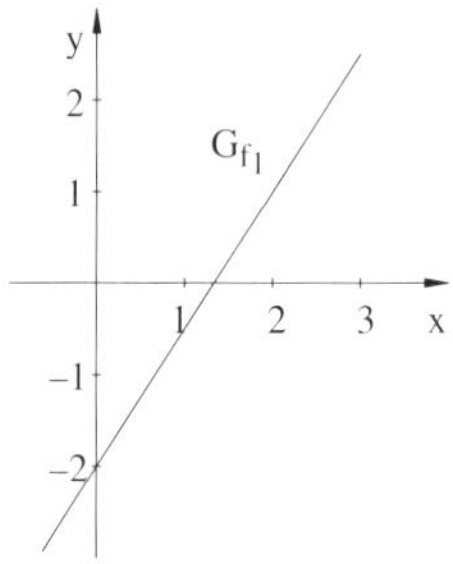

b) f_2: $x \mapsto \sqrt{x}$; $x \in [0; 4[$

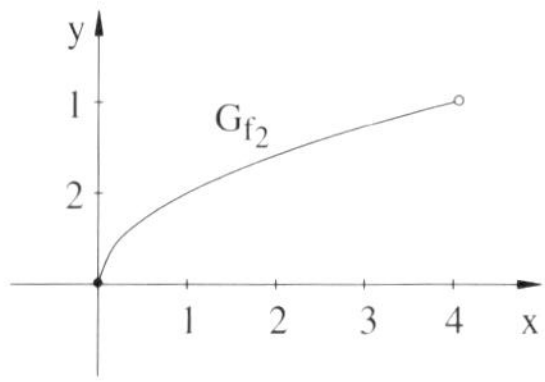

c) f_3: $x \mapsto \sin x$; $x \in [-\frac{\pi}{2}; \frac{3}{2}\pi[$

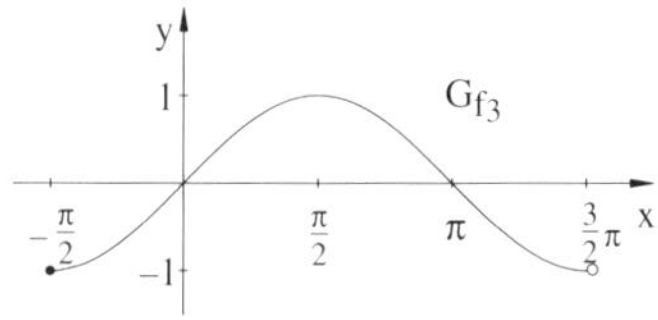

d) f_4: $x \mapsto x^2$; $x \in [-2; 2]$

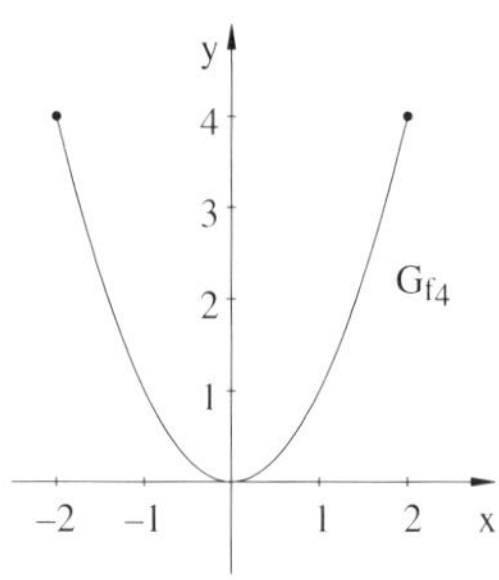

2. **Funktionswerte berechnen**

Berechnen Sie f(0), f(1), f(2), f(3), f(4) von
f: $x \mapsto x^2 - 4x + 1$; $x \in [0; 4]$.

Lösung:
Wir ersetzen in der Funktionsgleichung die Variable x der Reihe nach durch die Zahlen 0, 1, 2, 3 und 4. Also:
$f(0) = 0 - 0 + 1 = 1$
$f(1) = 1 - 4 + 1 = -2$
$f(2) = 4 - 8 + 1 = -3$
$f(3) = 9 - 12 + 1 = -2$
$f(4) = 16 - 16 + 1 = 1$

3. **Nullstellen berechnen**

Berechnen Sie die Nullstellen der Funktion
f: $x \mapsto x^2 - 4x + 1$; $x \in [0; 4]$.

Lösung:
Die Nullstellen einer Funktion entsprechen den Schnittpunkten des Graphen G_f der Funktion f mit der x-Achse. Die Schnittpunkte des Graphen G_f mit der x-Achse sind gekennzeichnet durch y = 0. Also sind die Nullstellen der Funktion f die Lösungen der Gleichung f(x) = 0.

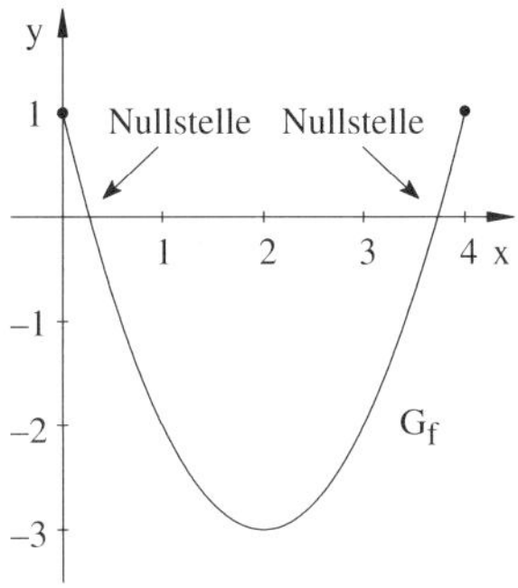

Folglich gilt:
$x^2 - 4x + 1 = 0$; $x \in [0; 4]$

Wir ergänzen quadratisch und formen äquivalent um:

$$\begin{aligned} & x^2 - 4x + 4 + 1 = 4 \\ \Leftrightarrow\quad & (x-2)^2 + 1 = 4 \\ \Leftrightarrow\quad & (x-2)^2 = 3 \\ \Leftrightarrow\quad & |x-2| = \sqrt{3} \\ \Leftrightarrow\quad & x = 2 + \sqrt{3} \vee x = 2 - \sqrt{3} \end{aligned}$$

Die Nullstellen heißen $2 + \sqrt{3}$ und $2 - \sqrt{3}$.

4. **Graph zeichnen und daraus Wertemenge ablesen**

Zeichnen Sie den Graphen der Funktion f: $x \mapsto x^2 - 4x + 1$; $x \in [0; 4]$ und entnehmen Sie der Zeichnung die Wertemenge $\mathbb{W}_f$ der Funktion f.

Lösung:

Wir benutzen die Ergebnisse der Beispiele 2 und 3.
Der Graph ist eine um 2 Einheiten nach rechts und um 3 Einheiten nach unten verschobene Normalparabel.
Die Menge der auftretenden Werte von f in der Definitionsmenge [0; 4] ist das abgeschlossene Intervall [–3; 1].
Also:
$W_f = [-3; 1]$.

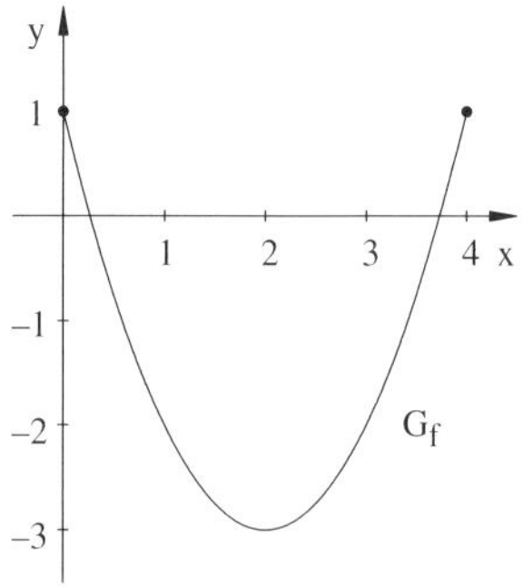

5. **Zu einem vorgegebenen y-Wert den x-Wert berechnen**

An welchen Stellen nimmt die Funktion

$$f: x \mapsto \frac{x^2-4}{x^2+1}; \quad x \in \mathbb{R}$$

den Wert –2 an?

Lösung:

Die x-Koordinaten der gesuchten Kurvenpunkte sind Lösungen der Gleichung

$$\frac{x^2-4}{x^2+1} = -2 .$$

Wir formen äquivalent um:

$$\begin{aligned} & x^2 - 4 = -2(x^2 + 1) \\ \Leftrightarrow\ & x^2 - 4 = -2x^2 - 2 \\ \Leftrightarrow\ & 3x^2 = 4 - 2 \\ \Leftrightarrow\ & x^2 = \frac{2}{3} \\ \Leftrightarrow\ & x = \sqrt{\frac{2}{3}} \vee x = -\sqrt{\frac{2}{3}} \end{aligned}$$

An den Stellen $\sqrt{\frac{2}{3}}$ und $-\sqrt{\frac{2}{3}}$ nimmt f den Funktionswert –2 an.

Aufgaben

1. Berechnen Sie f(0), f(1), f(−1), f(2), und $f(-\sqrt{2})$ für die Funktionen:

a) $f\colon\ x \mapsto x^2 + 2x + 2;\quad x \in \mathbb{R}$

b) $f\colon\ x \mapsto -x^2 + 2x - 4;\quad x \in \mathbb{R}$

c) $f\colon\ x \mapsto \sqrt{x^2 + 2};\quad x \in \mathbb{R}$

d) $f\colon\ x \mapsto \frac{x^2 - 2}{x^2 + 1};\quad x \in \mathbb{R}$

2. Bestimmen Sie die Nullstellen folgender Funktionen:

a) $f\colon\ x \mapsto x^2 - 9x;\quad x \in \mathbb{R}$

b) $f\colon\ x \mapsto (x - 1)(x - 3);\quad x \in \mathbb{R}$

c) $f\colon\ x \mapsto (x - 1)(-x^2 + 4x + 4);\quad x \in \mathbb{R}$

d) $f\colon\ x \mapsto (x - 1) \cdot x - 2x^2;\quad x \in \mathbb{R}$

e) $f\colon\ x \mapsto -x^2 - 6x + 2;\quad x \in \mathbb{R}$

f) $f\colon\ x \mapsto 8 - x - 3x^2;\quad x \in \mathbb{R}$

g) $f\colon\ x \mapsto \frac{x^2 - 2}{x^2 + 1};\quad x \in \mathbb{R}$

h) $f\colon\ x \mapsto 3 - \frac{x^2}{3};\quad x \in \mathbb{R}$

i) $f\colon\ x \mapsto \sqrt{x^2 - 4x};\quad x \in [4; 8]$

k) $f\colon\ x \mapsto \sin x;\quad x \in [-\frac{3}{2}\pi;\ 2\pi[$

3. Gegeben ist die Funktion $f\colon\ x \mapsto 2x^2 + 5x + 2;\quad x \in \mathbb{R}$
Ermitteln Sie die Koordinaten der Schnittpunkte S_1 und S_2 des Graphen G_f mit der x-Achse.

4. An welchen Stellen nimmt die Funktion f den Wert 2 an?

a) $f\colon\ x \mapsto x^2 - 1;\quad x \in \mathbb{R}$

b) $f\colon\ x \mapsto \frac{x^2}{x^2 - 1};\quad x \in \mathbb{R} \setminus \{1; -1\}$

5. Gibt es Stellen, an denen die Funktion f den Wert 2 annimmt?
Geben Sie gegebenenfalls den x-Wert an!

a) $f\colon\ x \mapsto -x^2 + x + 2;\quad x \in \mathbb{R}$

b) $f\colon\ x \mapsto \frac{x^2 - 4}{1 - x^2};\quad x \in \mathbb{R} \setminus \{1; -1\}$

c) f: $x \mapsto \frac{1}{4}(x^4 - 8x^2 + 12)$; $x \in \mathbb{R}$

d) f: $x \mapsto \frac{x^2-4}{x^2+1}$; $x \in \mathbb{R}$

e) f: $x \mapsto \frac{2x+1}{x-1}$; $x \in [4; \infty[$

f) f: $x \mapsto 2\sin x$; $x \in [0; \frac{\pi}{2}]$

Vermischte Aufgaben

6. Berechnen Sie f(0), f(1), f(–1), f(–1,5) von den folgenden Funktionen:

a) f: $x \mapsto \frac{2x-2}{2+x}$; $x \in]-2; \infty[$

b) f: $x \mapsto 1 + \sin x$; $x \in \mathbb{R}$

c) f: $x \mapsto \frac{3}{1+x^2}$; $x \in \mathbb{R}$

7. An welchen Stellen ist f(x) = 3?

a) $f(x) = \sqrt{x^2 - 16}$

b) $f(x) = \sqrt{\frac{2-x}{1+x}}$

c) $f(x) = \sqrt{-x^2 + 5x - 6}$

8. Gegeben ist die Funktion f: $x \mapsto \sqrt{\frac{x^2-25}{2x+7}}$; $x \in [5; \infty[$.

a) Berechnen Sie f(10)!

b) Geben Sie die Nullstelle von f an!

c) Für welches x nimmt f(x) den Wert 3 an?

9. f: $x \mapsto \frac{8x-12}{x^2+4}$; $D_f = [-6; 4]$

a) Bestimmen Sie die Schnittpunkte des Graphen G_f mit den Koordinatenachsen!

b) Berechnen Sie f(–1), f(–2), f(2), f(4)!

c) An welchen Stellen nimmt f den Funktionswert –1,5 an?

d) Zeichnen Sie unter Berücksichtigung der bisherigen Ergebnisse den Graphen G_f (Längeneinheit: 1 cm)!

10. Die nebenstehende Abbildung zeigt das t-s-Diagramm eines senkrecht nach oben geworfenen Körpers.

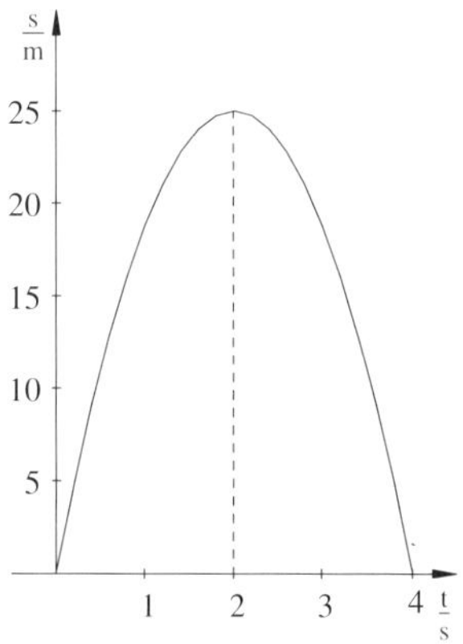

a) Was bedeutet das Maximum der Kurve bei 2s?

b) Welche Bedeutung haben die Schnittpunkte der Kurve mit der t-Achse?

c) Mit welcher Geschwindigkeit wird der Körper nach oben geworfen? Mit welcher Geschwindigkeit trifft der Körper am Boden auf?

d) Wie lange ist der Körper unterwegs?

e) Welche Gipfelhöhe erreicht der Körper?

11. Die folgende Abbildung zeigt das t-s-Diagramm für einen Bus:

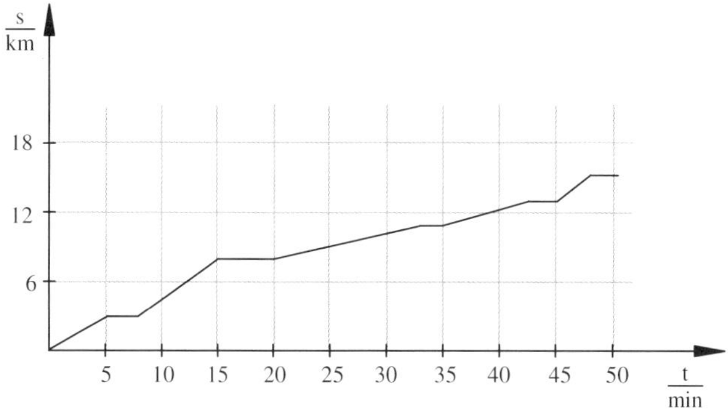

a) Was bedeuten die zur t-Achse parallelen Strecken des Diagramms? Wie viele Haltestellen liegen an der Strecke?

b) Auf welchem Streckenabschnitt fährt der Bus am schnellsten?

12. *Bevölkerungswachstum*
Die Bevölkerungszahl der Erde kann für den Zeitraum zwischen 1940 bis 1970 angenähert durch die folgende Beziehung beschrieben werden:

$$Z(t) = 2{,}4 \text{ Mrd.} \cdot 2{,}7^{\frac{t-1940}{60}};\quad 1940 \le t \le 1970.$$

a) Berechnen Sie die Bevölkerungszahlen in den Jahren 1940 und 1970.

b) Schätzen Sie mittels der obigen Näherungsformel die Bevölkerungszahl im Jahre 1983 ab und vergleichen Sie mit der in der Abbildung genannten Angabe.

c) Ermitteln Sie, um wie viel Menschen die Bevölkerung im Zeitraum von 1940 bis 1970 durchschnittlich
- pro Jahr
- in 1 Minute

zugenommen hat.

Prognose:
Weltbevölkerung in Millionen

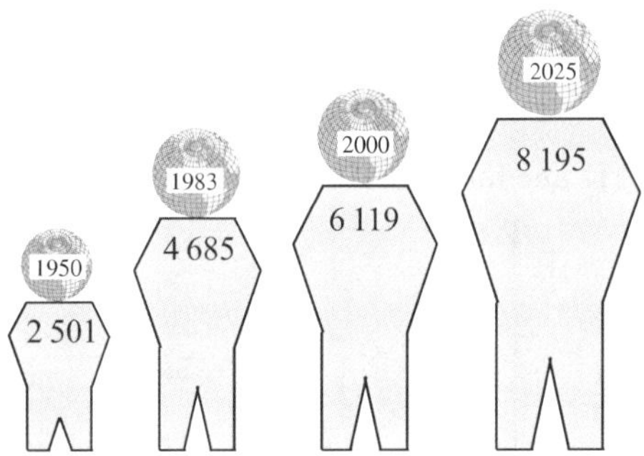

d) Die gesamte Festlandoberfläche der Erde beträgt 29 % der Erdoberfläche. Nehmen Sie an, dass das gesamte Festland (einschließlich Polargebiet, Antarktis, Sahara, Himalaja usw.) gleichmäßig bewohnt ist. Wie viele Menschen leben dann zur Zeit auf 1 km², wenn Sie annehmen, dass die Bevölkerungszahl der Erde zur Zeit 5,1 Mrd. beträgt?
(Zum Vergleich: In der Bundesrepublik leben 61,6 Millionen auf 248 852 km²)
Erdradius: 6 370 km

e) Nehmen Sie an, dass die angegebene Formel auch bis ins Jahr 2000 gilt. In welchem Zeitraum verdoppelt sich die Bevölkerungszahl?

13. Stellen Sie das Bevölkerungswachstum anhand der folgenden Wertetabelle in einem t-Z-Diagramm dar.

Jahr	8000 v. Chr.	0	1650 n. Chr.	1850	1930	1975
Bevölkerungszahl Z in Milliarden	0,05	0,25	0,5	1	2	4

1.2 Umkehrfunktion

Eine Funktion

$f\colon\ x \mapsto y = f(x);\ \ x \in \mathbb{D}_f$

hat genau dann eine Umkehrfunktion, **wenn keine Parallele zur x-Achse den Graphen in mehr als einem Punkt schneidet.** Dies ist dann der Fall, wenn verschiedene x-Werte auch verschiedene Funktionswerte haben.

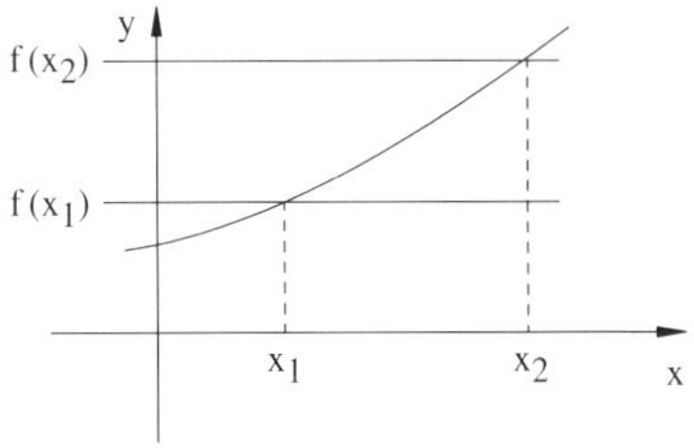

$x_1 \neq x_2 \Rightarrow f(x_1) \neq f(x_2)$
$\Rightarrow$ f ist umkehrbar

Zur Funktion

$f\colon\ x \mapsto y = f(x);\ \ x \in \mathbb{D}_f$

gibt es genau dann eine **Umkehrfunktion,** wenn gilt

$x_1 \neq x_2 \ \Rightarrow\ f(x_1) \neq f(x_2).$

Beispiele

1. **Existiert eine Umkehrfunktion?**

   Betrachten Sie die Graphen der Funktionen
   $f_1\colon\ x \mapsto x^2;\ \ x \in \mathbb{R}$ und $f_2\colon\ x \mapsto x^2;\ \ x \in \mathbb{R}_0^+$
   und entscheiden Sie, in welchem Falle eine Umkehrfunktion existiert.

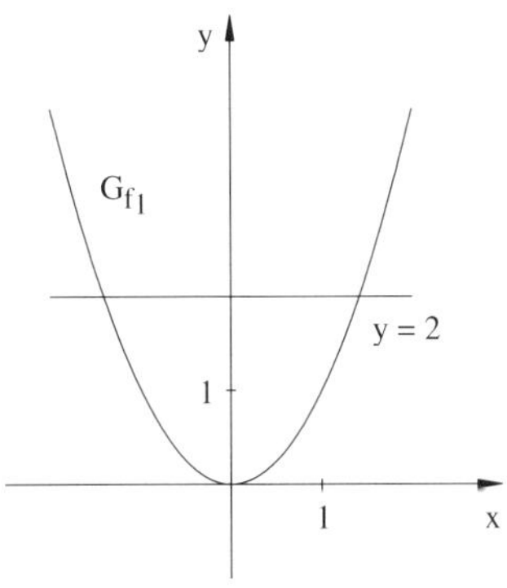

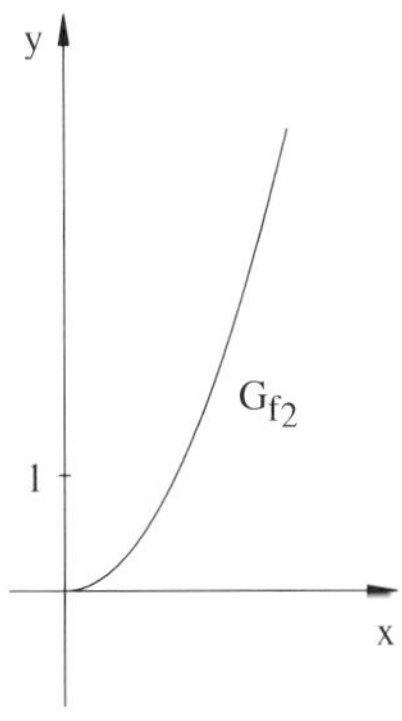

Lösung:
Im Fall der Funktion f_1 schneidet z. B. die Parallele $y = 2$ den Graphen in zwei Punkten.
Die umgekehrte Zuordnung würde für diesen Fall bringen
$2 \mapsto \sqrt{2}$ oder $2 \mapsto -\sqrt{2}$.

Das bedeutet: Die umgekehrte Zuordnung ist nicht eindeutig! Zur Funktion f_1 existiert **keine** Umkehrfunktion.

Im Fall der Funktion f_2 schneidet jede Parallele zur x-Achse den Graphen genau einmal. Die umgekehrte Zuordnung ist also eindeutig. Zur Funktion f_2 existiert eine Umkehrfunktion.

2. **Existiert eine Umkehrfunktion?**

   Betrachten Sie die folgenden Abbildungen. In welchen Fällen existiert eine Umkehrfunktion?

a)

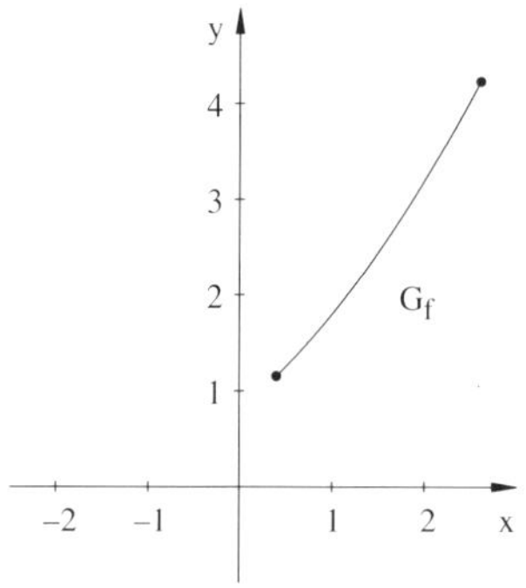

b)

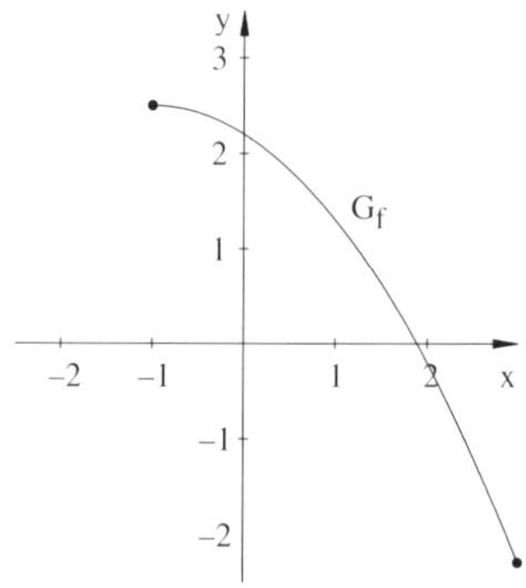

c)

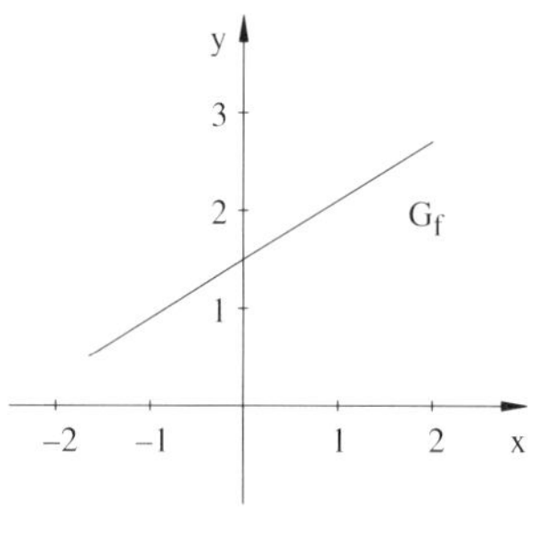

d)

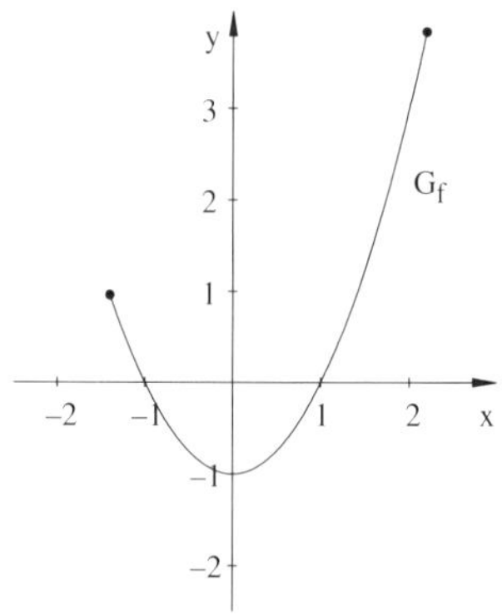

e)

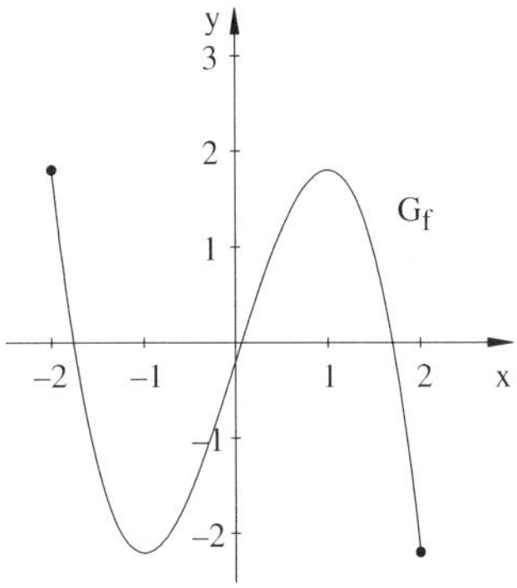

f)

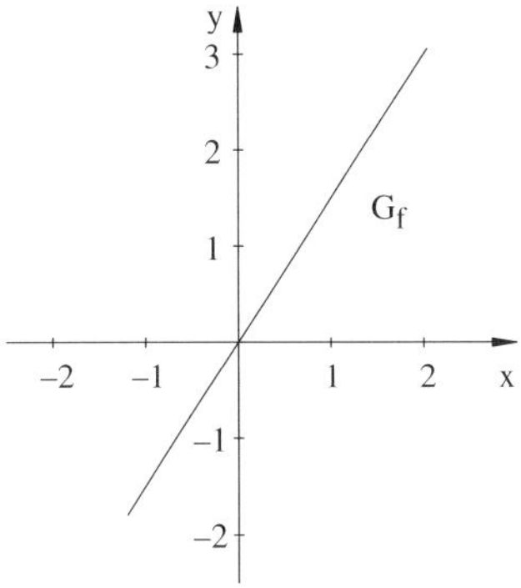

Lösung:
In den Fällen a, b, c, f gibt es keine Parallele zur x-Achse, die den Graphen in mehr als einem Punkt schneidet. Das bedeutet, dass die umgekehrte Zuordnung $y \mapsto x$ auch eindeutig ist. In diesen Fällen existiert demnach jeweils zur gegebenen Funktion f eine Umkehrfunktion.
Anders ist es in den Fällen d und e: Hier gibt es Parallelen zur x-Achse, die die Graphen in mehr als einem Punkt schneiden. Folglich ist die umgekehrte Zuordnung $y \mapsto x$ nicht eindeutig. In diesen Fällen existiert keine Umkehrfunktion.

3. **Funktionsgleichung der Umkehrfunktion**

Bestimmen Sie zur Funktion f: $x \mapsto x^2$; $x \in \mathbb{R}_0^+$ die Zuordnungsvorschrift und die Definitionsmenge der Umkehrfunktion f^{-1}!

Lösung:
Die Umkehrfunktion finden wir nach folgendem Rezept:

- Wir lösen die Funktionsgleichung $y = f(x)$ nach x auf:

$$y = x^2\,; \quad x \in \mathbb{R}_0^+$$
$$\sqrt{y} = x$$

- Wir vertauschen x mit y:

$$y = \sqrt{x}$$

- Die Definitionsmenge der Umkehrfunktion stimmt mit der Wertemenge der Ausgangsfunktion überein:
  $\mathbb{D}_{f^{-1}} = \mathbb{W}_f$
  $\mathbb{W}_f = \mathbb{R}_0^+ \Rightarrow \mathbb{D}_{f^{-1}} = \mathbb{R}_0^+$
  Also:
  $f^{-1}\colon\ x \mapsto \sqrt{x}\ ;\ \ x \in \mathbb{R}_0^+$

4. **Bestimmung der Umkehrfunktion**

Die Funktion
$f\colon\ x \mapsto 2x - 2;\ \ x \in \mathbb{R}$
ist, wie wir dem Graphen entnehmen können, umkehrbar.
Wie lautet die Umkehrfunktion f^{-1}?

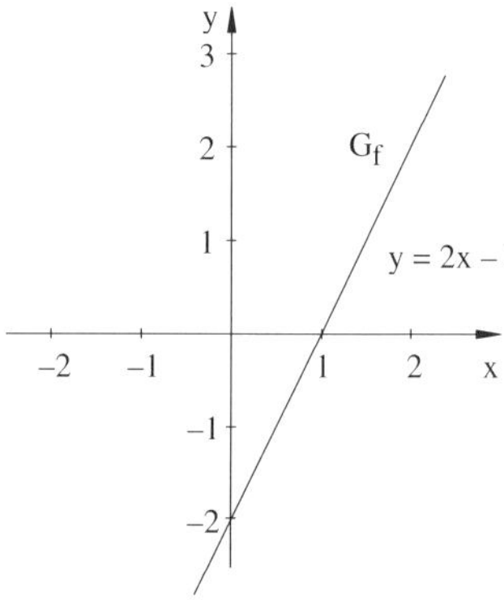

Lösung:

- Wir lösen die Funktionsgleichung $y = 2x - 2$ nach x auf:

$$y = 2x - 2$$
$$y + 2 = 2x$$
$$x = \tfrac{1}{2}(y + 2) = \tfrac{1}{2}y + 1$$

- Wir vertauschen x mit y:
  $y = 0{,}5x + 1$

- $\mathbb{D}_{f^{-1}} = \mathbb{W}_f$;
  $\mathbb{W}_f = \mathbb{R} \Rightarrow \mathbb{D}_{f^{-1}} = \mathbb{R}$

- Umkehrfunktion:
  $f^{-1}\colon\ x \mapsto 0{,}5x + 1;\ \ x \in \mathbb{R}$

5. **Die Graphen von f und f^{-1}**

Die Graphen von f und f^{-1} gehen durch Spiegelung an der Winkelhalbierenden des I./III. Quadranten auseinander hervor.

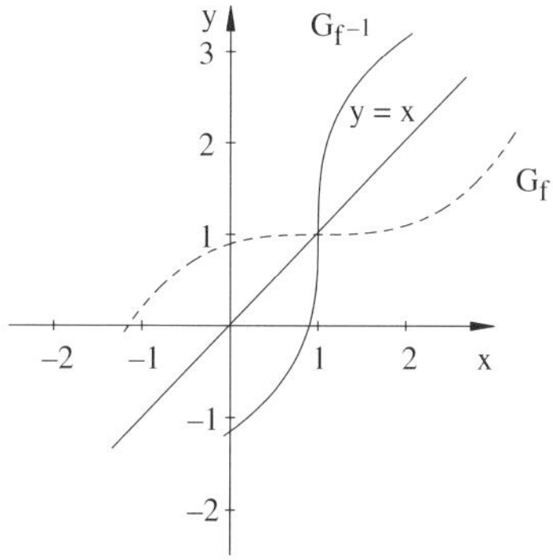

Und hier die Aufgabe:

Skizzieren Sie die Graphen der Funktionen

f: $x \mapsto \frac{1}{8}x^3$; $x \in \mathbb{R}$

und

g: $x \mapsto \frac{1}{x}$; $x \in \mathbb{R} \setminus \{0\}$

und stellen Sie jeweils fest, ob eine Umkehrfunktion existiert. Skizzieren Sie den Graphen der Umkehrfunktion.

Lösung:

f: $x \mapsto \frac{1}{8}x^3$; $x \in \mathbb{R}$

f ist umkehrbar. Der Graph von f^{-1} ist punktiert gezeichnet.

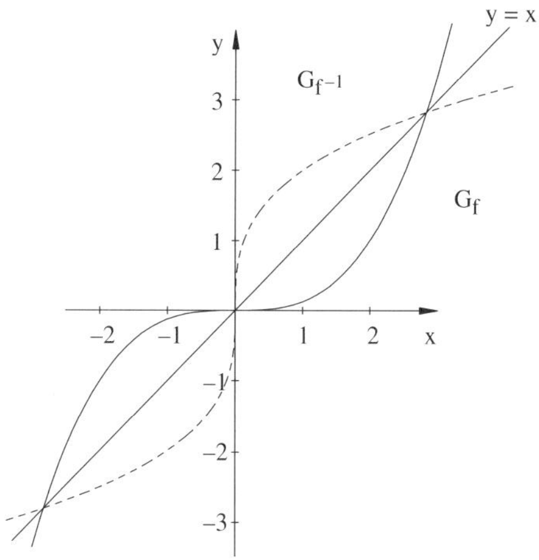

$g\colon\ x \mapsto \frac{1}{x};\quad x \in \mathbb{R}\setminus\{0\}$

g ist umkehrbar. Man kann sich überlegen, dass der Graph von g symmetrisch zur Winkelhalbierenden y = x ist. Er fällt also mit dem Graphen von g zusammen, d. h. es ist $G_f \equiv G_{f^{-1}}$

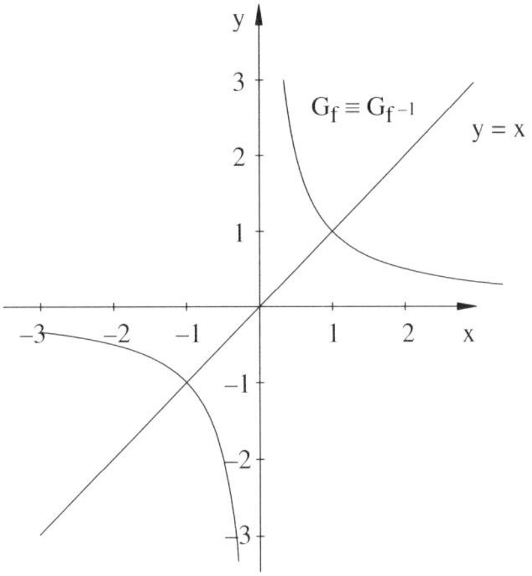

Aufgaben

14. Begründen Sie, warum die Funktion $f\colon\ x \mapsto 2x - 1;\ \mathbb{D}_f = [-2; +2]$ umkehrbar ist und bestimmen Sie die Funktionsgleichung sowie die Definitionsmenge der Umkehrfunktion.

15. Ermitteln Sie f^{-1}! Skizzieren Sie G_f und $G_{f^{-1}}$ in ein- und dasselbe Koordinatensystem!

a) $f\colon\ x \mapsto 2x;\quad x \in \mathbb{R}_0^+$

b) $f\colon\ x \mapsto -x - 1;\quad x \in [-1; 3]$

c) $f\colon\ x \mapsto \sqrt{x};\quad x \in \mathbb{R}_0^+$

d) $f\colon\ x \mapsto \frac{x-3}{2};\quad x \in [-2; +2]$

16. Die Abbildung zeigt den Graphen von $f\colon\ x \mapsto \frac{1}{4}x^3 + 1;\quad x \in \mathbb{R}_0^+$.

Bestimmen Sie f^{-1} und zeichnen Sie den Graphen von f^{-1} in die nebenstehende Abbildung ein.

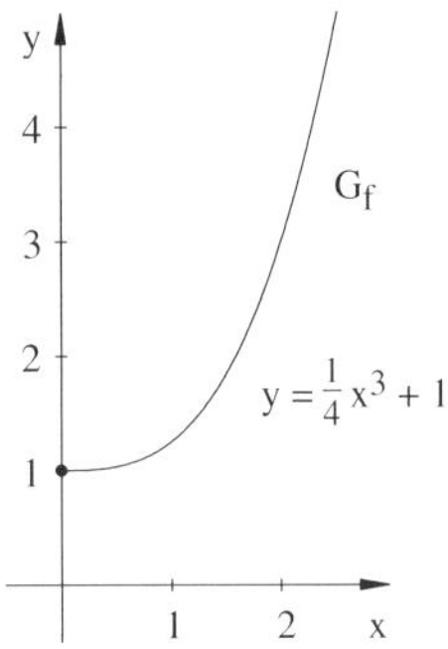

17. Skizzieren Sie die Graphen der Funktionen

f: $x \mapsto \frac{1}{x^2}$; $x \in \mathbb{R} \setminus \{0\}$

g: $x \mapsto \frac{1}{x^3}$; $x \in \mathbb{R} \setminus \{0\}$

h: $x \mapsto \frac{1}{x^2}$; $x \in \mathbb{R}^+$

und stellen Sie in jedem Fall fest, ob eine Umkehrfunktion existiert. Skizzieren Sie gegebenenfalls den Graphen der Umkehrfunktion.

18. Die Abbildungen zeigen die Graphen der Funktionen f, g und h. Wie wir den Abbildungen entnehmen können, existiert zu jeder der Funktionen eine Umkehrfunktion. Bestimmen Sie in jedem Fall Funktionsgleichung und Definitionsmenge der Umkehrfunktion.

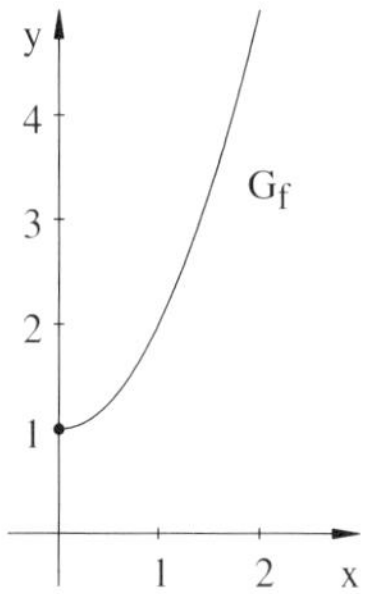

f: $x \mapsto x^2 + 1$; $x \in [0; 2]$

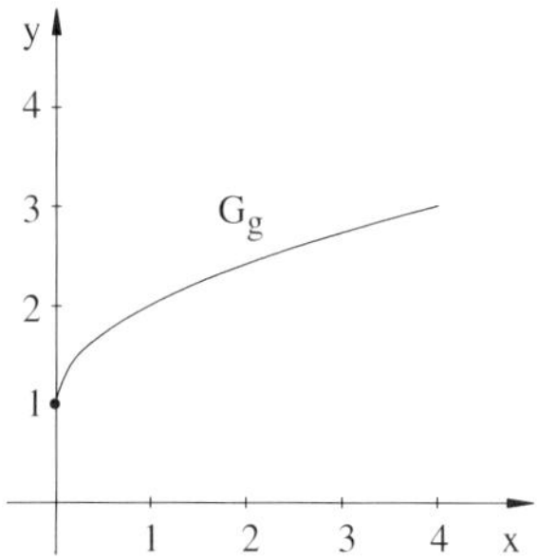

g: $x \mapsto 1 + \sqrt{x}$; $x \in [0; 4]$

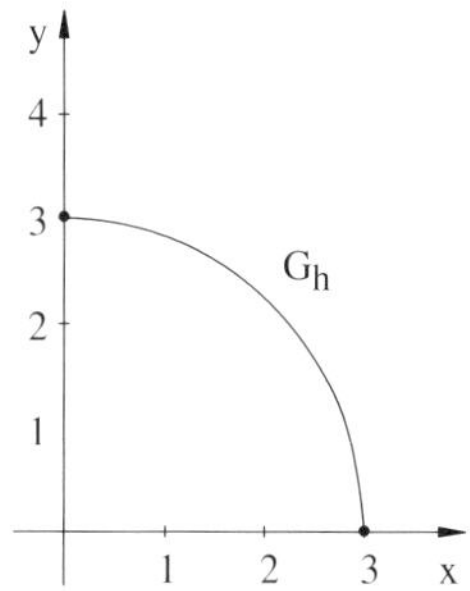

h: $x \mapsto \sqrt{9 - x^2}$; $x \in [0; 3]$

19. Bilden Sie die Umkehrfunktion!

a) $f(x) = \frac{4}{7}x$; $x \in \mathbb{R}$

b) $f(x) = 2 - \frac{1}{4}x$; $x \in \mathbb{R}$

c) $f(x) = \sqrt{x-3}$; $x \geq 3$

d) $f(x) = \sqrt{x+2} - 1$; $x \geq -2$

e) $f(x) = x^2 \cdot \sqrt{x}$; $x \geq 0$

f) $f(x) = \frac{4}{x-1}$; $x \in \mathbb{R} \setminus \{1\}$

g) $f(x) = 4x^2 - 4$; $x \geq 1$

h) $f(x) = \frac{\sqrt{x}}{x-2}$; $x > 2$

2 Elementare Funktionstypen

2.1 Lineare Funktionen

Eine Funktion

$$f\colon\ x \mapsto m \cdot x + t \text{ mit } x \in \mathbb{R},\ m \in \mathbb{R},\ t \in \mathbb{R}$$

heißt **lineare Funktion.**

Ihr Graph ist eine Gerade.

Der Neigungswinkel

$$0° \leq \alpha \leq 180° \wedge \alpha \neq 90°$$

der Geraden gegen die x-Achse ist festgelegt durch $\tan \alpha = m$.

m heißt **Steigung** oder **Richtungsfaktor** der Geraden.
t ist der Abschnitt auf der y-Achse.

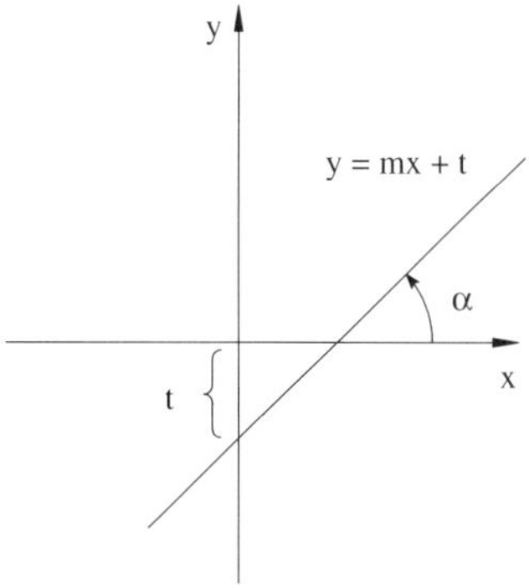

Beispiele

1. **Graphen linearer Funktionen zeichnen**

Stellen Sie die Graphen der folgenden Funktionen im gleichen Koordinatensystem dar!

a) $f_1\colon\ x \mapsto y = 2x + 4;\quad x \in \mathbb{R}$

b) $f_2\colon\ x \mapsto y = -x + 1;\quad x \in \mathbb{R}$

c) $f_3\colon\ x \mapsto y = 3;\quad x \in \mathbb{R}$

Lösung:
Eine Gerade ist durch zwei Punkte bestimmt. Wir ermitteln die Koordinaten zweier Punkte der Graphen durch Einsetzen. Der x-Wert ist frei wählbar.

a) Wir wählen x = 0 und erhalten den zugehörigen Funktionswert $f_1(0) = 2 \cdot 0 + 4 = 4$.
Der Kurvenpunkt A hat die Koordinaten (0; 4).
Für x = –2 wird
$f_1(-2) = 2 \cdot (-2) + 4$
$= -4 + 4 = 0.$
Der Kurvenpunkt B hat die Koordinaten (–2; 0). Der Graph der Funktion f_1 ist die Gerade durch die Punkte A und B (vgl. Abb.).

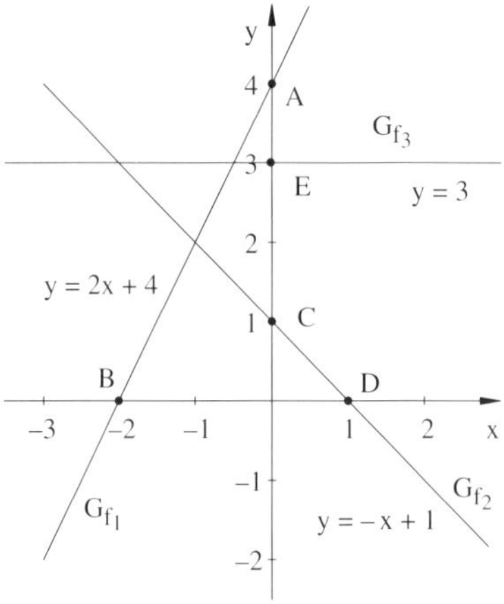

b) x: = 0
$\Rightarrow f_2(0) = 1 \Rightarrow$ C (0; 1)
x: = 1
$\Rightarrow f_2(1) = -1 + 1 = 0 \Rightarrow$ D (1; 0)
Der Graph der Funktion f_2 ist die Gerade durch die Punkte C und D.

c) Der Graph ist die Parallele zur x-Achse durch den Punkt E (0; 3).

2. **Neigungswinkel berechnen**

Berechnen Sie für die Geraden
g_1: $y = 2x + 3$ und g_2: $y = -\frac{1}{2}x + 1$
die Neigungswinkel α_1 und α_2.

Lösung:

Aus $2 = \tan \alpha_1$ folgt $\alpha_1 \approx 63{,}4°$

Tastenfolge: [2] [INV] [tan]

Der Neigungswinkel der Geraden g_1 beträgt 63,4°.
Aus $-\frac{1}{2} = \tan \alpha_2$ folgt $\alpha_2 \approx -26{,}6°$.

Tastenfolge: [0,5] [+/–] [INV] [tan]

Der Neigungswinkel der Geraden g_2 beträgt 153,4° (= 180° – 26,6°)

3. **Geradengleichung aufstellen**

Ermitteln Sie eine Gleichung der Geraden g durch den Punkt P_0 (–2; 0) und mit der Steigung m = 1,5. Zeichnen Sie die Gerade!

Lösung:

Wir setzen in y = mx + t für m = 1,5 und erhalten y = 1,5x + t. Die Konstante t bestimmen wir durch Einsetzen der Koordinaten des Punktes P_0 (–2; 0) in g:

$0 = 1{,}5 \cdot (-2) + t \;\Leftrightarrow\; t = +3$

Geradengleichung: $y = 1{,}5x + 3$

Wir zeichnen die Gerade mithilfe des **Steigungsdreiecks**.
Wir gehen dazu von (–2; 0) aus um 1 LE nach rechts und um 1,5 LE nach oben.

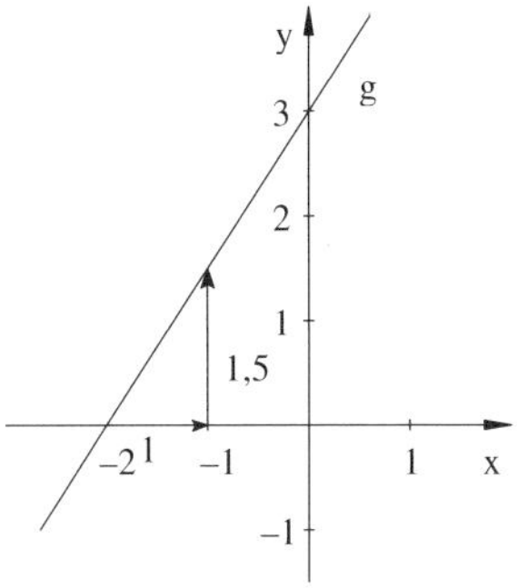

4. **Geradengleichung aufstellen**

Ermitteln Sie eine Gleichung der Geraden g durch die beiden Punkte P_0 (–1; 0) und P_1 (0; –1).

Lösung:

Wir setzen die Koordinaten der Punkte in die Geradengleichung y = mx + t ein:

(–1; 0) eingesetzt: $0 = m \cdot (-1) + t$ (1)
(0; –1) eingesetzt: $-1 = m \cdot 0 + t$ (2)

Aus (2) folgt t = –1.
Eingesetzt in (1): $0 = -m - 1 \;\Leftrightarrow\; m = -1$

Geradengleichung: $y = -x - 1$

Aufgaben

20. Zeichnen Sie die Geraden mit folgenden Gleichungen:

a) $y = x + 1$ b) $y = -x - 1{,}5$

c) $y = x - 4$ d) $3y + 6x - 2 = 0$

21. Bestimmen Sie die Steigung, den Neigungswinkel und den Abschnitt auf der y-Achse. Zeichnen Sie die Geraden!

a) $y = 2x - 3$ b) $2y + 3x = 6$

c) $\frac{1}{2}y - 2x = -2$ d) $4x + 2y = -10$

22. Bestimmen Sie eine Gleichung für die Gerade, die durch Punkt P_0 geht und die Steigung m hat!

	a)	b)	c)	d)	e)
P_0	(3; –1)	(4; 3)	(1; 0)	(–2; 2)	(1; 3)
m	–2	2	–1,5	$-\frac{2}{3}$	0,25

23. Bestimmen Sie eine Gleichung der Geraden, die durch die Punkte P_0 und P_1 geht!

	a)	b)	c)	d)	e)
P_0	(–1; 4)	(0; 2)	(–2; –1)	(1; 1)	(–2; 0)
P_1	(2; 6)	(3; 0)	(0; 0)	(5; 0)	(0; 4)

Vermischte Aufgaben

24. Stellen Sie die Gleichung der Parallelen p durch P zur Geraden g auf!

a) P (1; 5), g: $y = -2x + 3$ b) P (–2; 1), g: $x + y = 0$

25. Die Geraden g_1 (A, C) und g_2 (B, C) in der nebenstehenden Abbildung stehen senkrecht aufeinander.
Beweisen Sie, dass für das Produkt ihrer Richtungsfaktoren gilt:
$m_1 \cdot m_2 = -1$

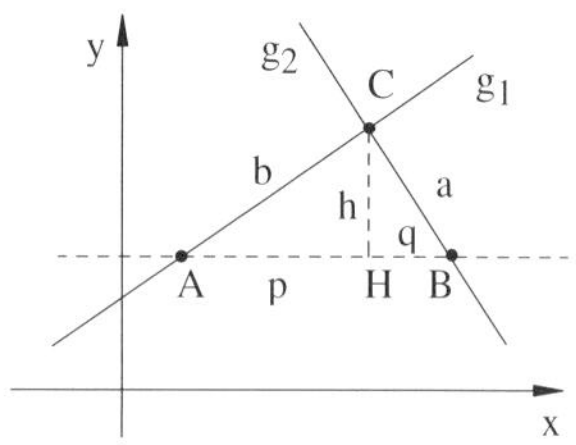

Hinweis: Stellen Sie m_1 und m_2 durch die Strecken p, q und h dar. Benutzen Sie, dass im rechtwinkligen Δ ABC der Höhensatz gilt.

26. Im Punkt P wird das Lot ℓ zur Geraden g ermittelt. Welche Gleichung hat es?

a) P (2; 0), g: $y = -x + 1$ b) P (–1; 2), g: $y - 2x - 4 = 0$

27. Bestimmen Sie die Gleichungen der Geraden g_1, g_2, g_3 und g_4!

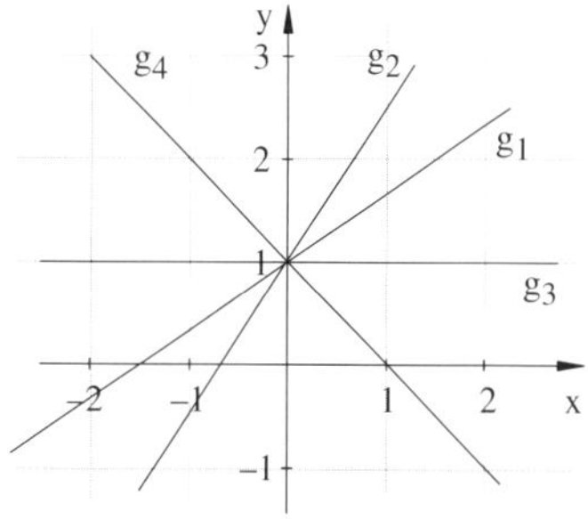

28. Gegeben ist die Geradenschar g_k: $y = kx + 2 - k$ mit $k \in \mathbb{R}$ als Scharparameter.

a) Zeigen Sie, dass der Punkt P (1; 2) allen Geraden der Schar gemeinsam ist und daher ein **Geradenbüschel** vorliegt.

b) Zeichnen Sie g_0, g_1, g_2 und g_{-1}!

c) Welche Gerade durch P wird von der Gleichung g_k nicht erfasst?

29. Der Neigungswinkel einer Geraden beträgt 60°. Auf ihr liegt der Punkt P (–2; 0).

a) Stellen Sie die Geradengleichung auf!

b) Wo schneidet die Gerade die y-Achse?

c) Wie heißt die Gleichung der Geraden, die durch den Punkt P (–2; 0) geht und deren Steigung $-\frac{1}{4}$ beträgt?

30. Gegeben ist die Funktion f: $x \mapsto y = 2x - 0{,}5;\ x \in \mathbb{R}$.

a) P $(x_p, 4)$ liegt auf der Geraden. Bestimmen Sie x_p!

b) Zeichnen Sie die Gerade!

c) Bestimmen Sie die Umkehrfunktion f^{-1} !

d) Wo schneidet der Graph der Umkehrfunktion die Achsen?

e) Bestimmen Sie die Gleichung der Geraden, die durch den Schnittpunkt von G_f und $G_{f^{-1}}$ geht und auf $G_{f^{-1}}$ senkrecht steht!

2.2 Quadratische Funktionen

Eine Funktion

$$f\colon\ x \mapsto ax^2 + bx + c \quad \text{mit } a \neq 0; \quad x \in \mathbb{R}$$

heißt **quadratische Funktion**. Ihr Graph heißt **Parabel.** Der höchste bzw. tiefste Punkt des Graphen heißt **Scheitel** der Parabel.

$a > 0$: Parabel ist nach oben geöffnet

$a < 0$: Parabel ist nach unten geöffnet.

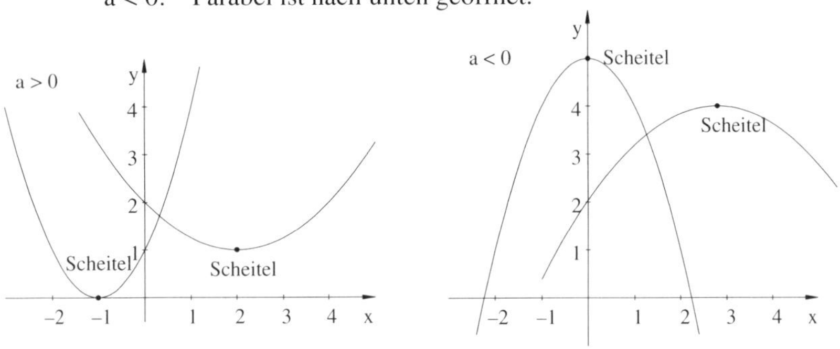

Die Gleichung der Parabel, die den Scheitel S (u; v) hat und durch Parallelverschiebung aus der Parabel mit der Gleichung $y = ax^2$ hervorgeht, lautet

$$y = a\,(x - u)^2 + v.$$

Wir merken uns zwei Sonderfälle:

1. $y = a\,(x - u)^2$
   ist eine Parabel mit dem Scheitel S (u; 0). Sie entsteht durch **Horizontalverschiebung** der Parabel mit der Gleichung $y = ax^2$ längs der x-Achse.

2. $y = ax^2 + c$
   ist eine Parabel mit dem Scheitel S (0; c). Sie entsteht durch **Vertikalverschiebung** der Parabel mit der Gleichung $y = ax^2$ längs der y-Achse.

Beispiele

1. **Zeichnen von Parabeln mithilfe der Normalparabel**

Zeichnen Sie den Graphen der Funktion f: $x \mapsto x^2$; $x \in \mathbb{R}$ und entwickeln Sie hieraus die Graphen der folgenden Funktionen. Geben Sie jeweils die Koordinaten des Scheitels an sowie die Nullstellen dieser Funktionen.

a) f_1: $x \mapsto x^2 + 1$; $x \in \mathbb{R}$

b) f_2: $x \mapsto -x^2 + 1$; $x \in \mathbb{R}$

c) f_3: $x \mapsto (x - 1)^2$; $x \in \mathbb{R}$

d) f_4: $x \mapsto (x + 1)^2 - 2$; $x \in \mathbb{R}$

Lösung:

a) Den Graphen der Funktion f_1: $x \mapsto x^2 + 1$; $x \in \mathbb{R}$ erhält man aus der Normalparabel (G_f) durch Verschieben um eine Einheit nach oben. Der Scheitel ist S (0; 1). f_1 hat keine Nullstellen.

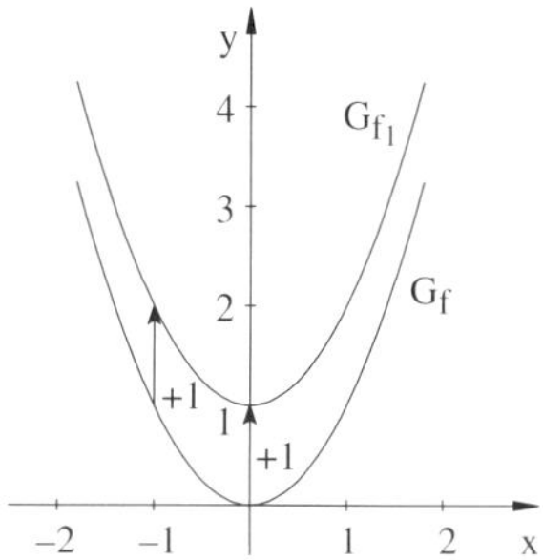

b) Den Graphen der Funktion f_2: $x \mapsto -x^2 + 1$; $x \in \mathbb{R}$ erhält man aus der Normalparabel (G_f), indem man diese zunächst an der x-Achse spiegelt und anschließend um eine Einheit nach oben verschiebt. Die Nullstellen sind N_1 (1; 0) und N_2 (–1; 0). Der Scheitel ist (0; 1).

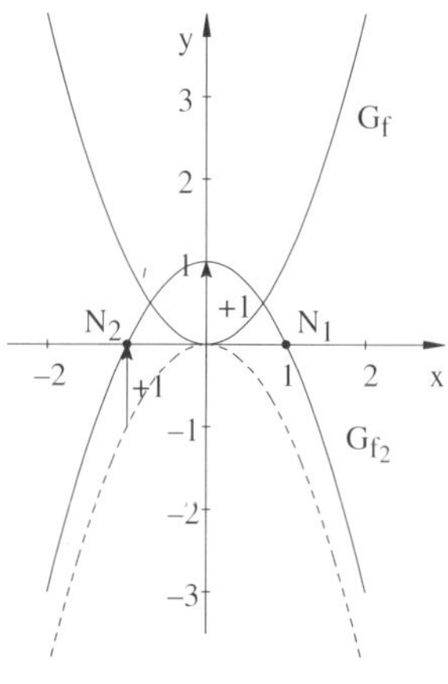

c) Die durch
f_3: $x \mapsto (x-1)^2$; $x \in \mathbb{R}$
gegebene Parabel erhält man durch Verschieben der Normalparabel (G_f) um eine Einheit nach rechts.
Der Scheitel ist (1; 0).
(1; 0) ist zugleich einzige Nullstelle der Funktion f_3.

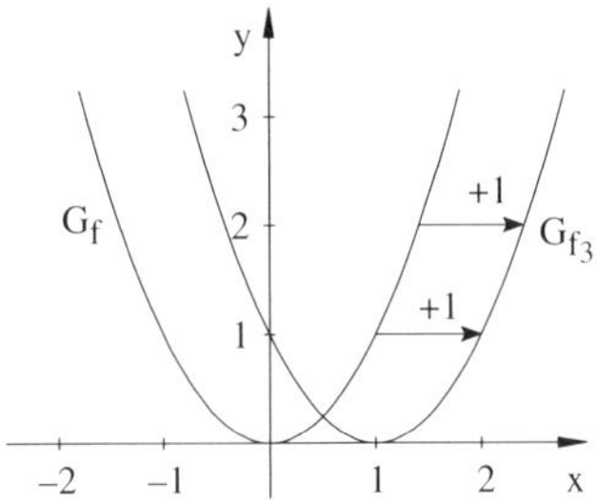

d) Die durch
f_4: $x \mapsto (x+1)^2 - 2$; $x \in \mathbb{R}$
gegebene Parabel erhält man durch Verschieben der Normalparabel um eine Einheit nach **links** und um zwei Einheiten nach unten.
Scheitel ist (–1; –2).
Nullstellen folgen aus:

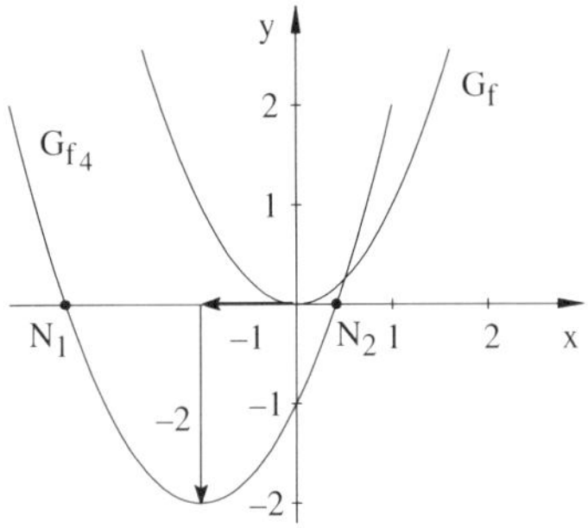

$$
\begin{aligned}
(x+1)^2 - 2 = 0 \quad &\Leftrightarrow \quad (x+1)^2 = 2 \\
&\Leftrightarrow \quad |x+1| = \sqrt{2} \\
&\Leftrightarrow \quad x = -1+\sqrt{2} \ \vee \ x = -1-\sqrt{2}
\end{aligned}
$$

Also: $N_1\,(-1-\sqrt{2}\,;\,0)$, $N_2\,(-1+\sqrt{2}\,;\,0)$

2. **Wir lösen Ungleichungen anschaulich-geometrisch**

Wir beziehen uns auf die nebenstehende Abbildung. Dort ist der Graph G_f der Funktion
f: $x \mapsto x^2 - 4x$; $x \in \mathbb{R}$
dargestellt.

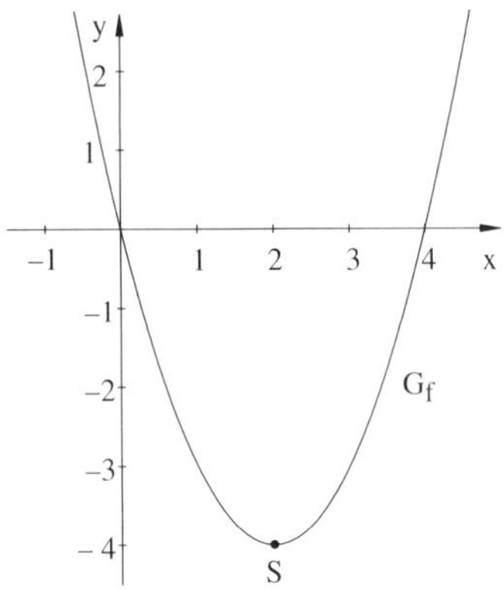

a) Welche x-Koordinate hat der Scheitel S?

b) In welchem Bereich gilt $f(x) \geq -2$?

c) In welchem Bereich gilt $f(x) \geq x - 2$?

Lösung:
Wir entnehmen aus der Abbildung, dass

a) x = 2 Symmetrieachse ist. Also hat der Scheitel die Koordinate
$x_S = 2!$

b) Man kann die Aufgabe **algebraisch** lösen; man kann sie aber auch **anschaulich-geometrisch** lösen. Wir begnügen uns hier mit der anschaulichen Lösung.
Neben der Funktion f betrachten wir die Funktion g: $y = -2;\ x \in \mathbb{R}$.
Beide Funktionen stellen wir in einem Koordinatensystem grafisch dar (vgl. Abbildung).
Berechnung der Koordinaten der Schnittpunkte P und Q:

$$x^2 - 4x = -2$$
$$\Leftrightarrow (x-2)^2 = -2+4$$
$$\Leftrightarrow (x-2)^2 = 2$$
$$\Leftrightarrow |x-2| = \sqrt{2}$$
$$\Leftrightarrow x = 2+\sqrt{2} \vee x = 2-\sqrt{2}$$

Aus der Zeichnung entnehmen wir:
$f(x) \geq -2$ für
$-\infty < x \leq 2-\sqrt{2} \vee 2+\sqrt{2} \leq x < +\infty$

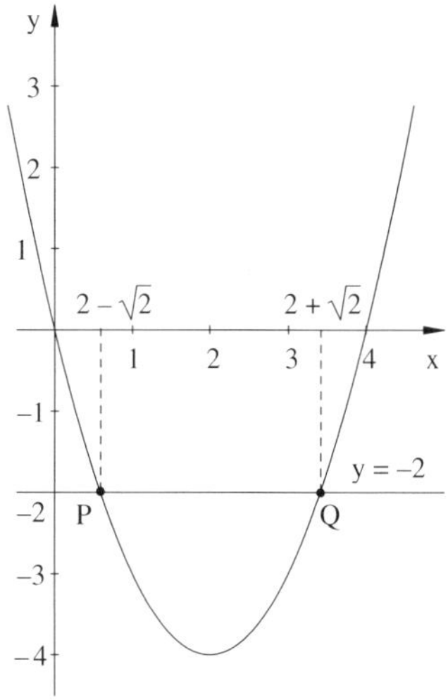

c) Neben der Funktion f betrachten wir die Funktion
h: $y = x - 2;\ x \in \mathbb{R}$.
Beide Funktionen stellen wir in einem Koordinatensystem grafisch dar.

Berechnung der x-Koordinaten der Schnittpunkte P und Q:

$$x^2 - 4x = x - 2$$
$$\Leftrightarrow \quad x^2 - 5x = -2$$
$$\Leftrightarrow \quad (x-2{,}5)^2 = -2 + 6{,}25$$
$$\Leftrightarrow \quad (x-2{,}5)^2 = 4{,}25$$
$$\Leftrightarrow \quad |x-2{,}5| = \sqrt{4{,}25}$$

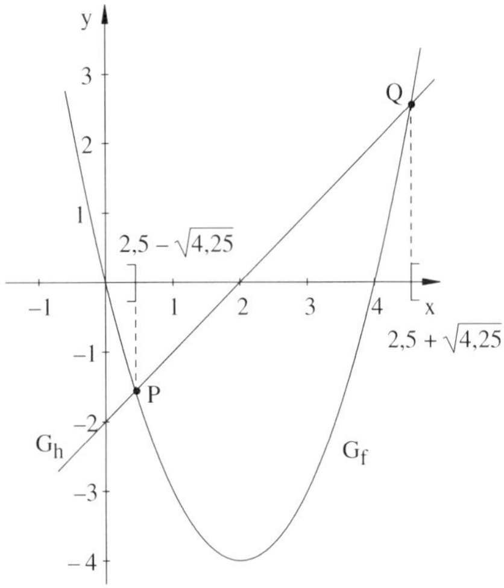

$$\Leftrightarrow \quad x = 2{,}5 + \sqrt{4{,}25} \ \vee \ x = 2{,}5 - \sqrt{4{,}25}$$
$$x \approx 4{,}56 \qquad \vee \ x \approx 0{,}44$$

Aus der Zeichnung entnehmen wir

$f(x) \geq x - 2$ für $-\infty < x \leq 2{,}5 - \sqrt{4{,}25} \ \vee \ 2{,}5 + \sqrt{4{,}25} \leq x < +\infty$

3. **Parabelgleichung aufstellen**

Stellen Sie die Gleichung der quadratischen Funktion auf, deren Graph durch die Punkte A (–1; 0), B $\left(0; \frac{5}{3}\right)$ und C (5; 0) geht und zeichnen Sie den zugehörigen Graphen.

Lösung:

Die Zuordnungsvorschrift aller quadratischen Funktionen lautet

f: $x \mapsto y = ax^2 + bx + c$ mit $x \in \mathbb{R}$ und $a, b, c \in \mathbb{R}$.

Der Graph G_f geht durch die Punkte A, B und C. Die Koordinaten dieser Punkte müssen daher die Funktionsgleichung $y = ax^2 + bx + c$ erfüllen:

A (–1; 0) eingesetzt: (1) $0 = a \cdot (-1)^2 + b \cdot (-1) + c$

B $\left(0; \frac{5}{3}\right)$ eingesetzt: (2) $\frac{5}{3} = a \cdot 0 + b \cdot 0 + c$

C (5; 0) eingesetzt: (3) $0 = a \cdot 5^2 + b \cdot 5 + c$

$\Leftrightarrow$ (1) $0 = a - b + c$

(2) $\frac{5}{3} = c$

(3) $0 = 25a + 5b + c$

(2) in (1) $0 = a - b + \frac{5}{3} \Leftrightarrow$ (4) $b = a + \frac{5}{3}$

(2) und (4) in (3) $\quad 0 = 25a + 5\left(a + \frac{5}{3}\right) + \frac{5}{3}$

$$\Leftrightarrow \quad 0 = 25a + 5a + \frac{25}{3} + \frac{5}{3}$$

$$\Leftrightarrow \quad 0 = 30a + \frac{30}{3}$$

$$\Leftrightarrow \quad -\frac{30}{3} = 30a$$

$$\Leftrightarrow \quad a = -\frac{1}{3}$$

in (4) $b = -\frac{1}{3} + \frac{5}{3} \Leftrightarrow b = \frac{4}{3}$

Also: $y = -\frac{1}{3}x^2 + \frac{4}{3}x + \frac{5}{3}$

Der Graph ist eine Parabel. Wir bestimmen den Scheitel.

Wir klammern aus den x-Gliedern zunächst $-\frac{1}{3}$ aus:

$$y = -\frac{1}{3}(x^2 - 4x) + \frac{5}{3}$$

Wir ergänzen quadratisch: $\quad y = -\frac{1}{3}[(x^2 - 4x + 4) - 4] + \frac{5}{3}$

$$y = -\frac{1}{3}[(x-2)^2 - 4] + \frac{5}{3}$$

Wir lösen die eckige Klammer auf: $\quad y = -\frac{1}{3}(x-2)^2 + \frac{4}{3} + \frac{5}{3}$

$$y = -\frac{1}{3}(x-2)^2 + 3$$

↑ keine Normalparabel

↑ Parabel ist **nach unten** geöffnet

Der Scheitel der Parabel ist S (2; 3).

f: $x \mapsto -\frac{1}{3}(x-2)^2 + 3; \; x \in \mathbb{R}$

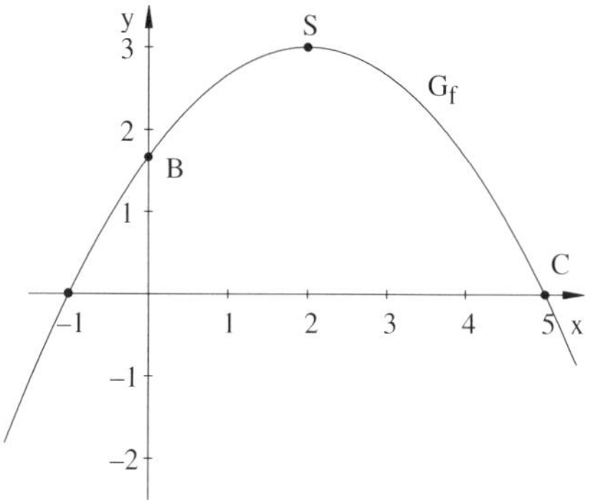

Aufgaben

31. Zeichnen Sie den Graphen der Funktion f: $x \mapsto x^2$; $x \in \mathbb{R}$ und entwickeln Sie hieraus den Graphen der angegebenen Funktion. Geben Sie die Koordinaten des Scheitels sowie die Nullstellen dieser Funktionen an.

a) f_1: $x \mapsto -x^2 + 3$; $x \in \mathbb{R}$
b) f_2: $x \mapsto -(x-1)^2 + 2$; $x \in \mathbb{R}$
c) f_3: $x \mapsto (x+1)^2 + 2$; $x \in \mathbb{R}$
d) f_4: $x \mapsto x^2 - 2x + 1$; $x \in \mathbb{R}$

32. Ermitteln Sie anschaulich-geometrisch die Menge der x-Werte, für die bei der Funktion f: $\mapsto (x-2)^2$; $x \in \mathbb{R}$ jeweils folgende Bedingung erfüllt ist:

a) $y = 4$
b) $y \geq 1$
c) $y < -2$
d) $1 < y < 4$

33. Stellen Sie die Gleichung einer quadratischen Funktion auf, deren Graph durch die angegebenen Punkte geht:

a) A (0; –1), B (2; 1), C (–2; 1)
b) A $(0; 2\frac{1}{4})$, B (–1; 2), C (1; 3)
c) A (1; –2), B (2; –3), C (–2; –11)

Vermischte Aufgaben

34. Gegeben ist die Funktion f: $x \mapsto -x^2 + 4$; $x \in \,]-8; +4[$.
Wo sind die Funktionswerte negativ?

35. Bestimmen Sie den Scheitelpunkt S und geben Sie an, ob der Scheitel jeweils der höchste oder der tiefste Punkt der Parabel ist.

a) $y = -(x-2)^2 + 3$; $x \in \mathbb{R}$
b) $y = -\frac{1}{4}x^2 - 1$; $x \in \mathbb{R}$
c) $y = 2x^2 + x$; $x \in \mathbb{R}$
d) $y = \frac{1}{2}x^2 + 4x + 1$; $x \in \mathbb{R}$
e) $y = -\frac{1}{2}x^2 + 2x + 1$; $x \in \mathbb{R}$
f) $y = x^2 - 10x + 1$; $x \in \mathbb{R}$
g) $y = -x^2 + 4x + 1$; $x \in \mathbb{R}$
h) $y = 2x^2 - 6x + 1$; $x \in \mathbb{R}$
i) $y = -x^2 - 6x - 5$; $x \in \mathbb{R}$

36. Eine Parabel, deren Scheitelpunkt den x-Wert 1 hat, soll durch die Punkte P (–1; 0) und Q (2; –1,5) gehen.

a) Stellen Sie die Gleichung dieser Parabel auf.
(Ergebnis: $y = \frac{1}{2}x^2 - x - \frac{3}{2}$)

b) Wo schneidet diese Parabel die x- und die y-Achse?

c) Zeichnen Sie die Parabel!

37. Betrachten Sie die nebenstehende Abbildung! Stellen Sie die zu den Graphen G_{f_1} und G_{f_2} dazugehörigen Funktionsgleichungen auf.

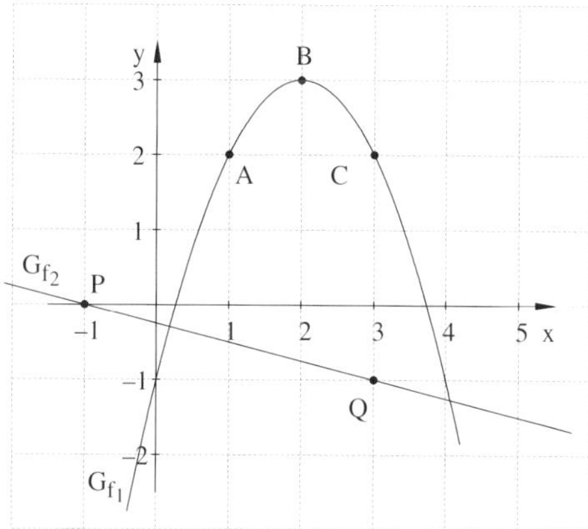

A (1; 2), B (2; 3), C (3; 2), P (–1; 0), Q (3; –1)

38. Bestimmen Sie die Koeffizienten a und b in der Funktionsgleichung $y = a\,(x-1)^2 + b$ so, dass der zugehörige Graph durch die Punkte A (1; –2) und B (–1; 0) geht.

39. Geben Sie die Menge aller x-Werte an, für die bei der Funktion $f\colon x \mapsto -(x-1)^2 + 2;\quad x \in \mathbb{R}_0^+$ die Bedingung erfüllt ist:

a) $1 \le f(x) \le 2$

b) $f(x) \ge x$

40. Bestimmen Sie die Wertemenge der Funktion $f\colon x \mapsto -x^2 + 4x;\quad x \in [0; 6]$!

41. Eine Parabel ($y = ax^2 + bx + c$) hat ihren Scheitel im Punkt S (–3; 4) und eine Nullstelle bei $x_0 = -1$.

a) Wo liegt die zweite Nullstelle der Parabel? Lösung durch Überlegung!

b) Bestimmen Sie Koeffizienten a, b, c und damit den Funktionsterm der Parabel.

2.3 Quadratwurzelfunktion, Sinusfunktion und Cosinusfunktion

Quadratwurzelfunktion
Die Abbildung zeigt den Graphen der Funktion

$$f:\ x \mapsto \sqrt{x}\ ;\ x \in \mathbb{R}_0^+$$

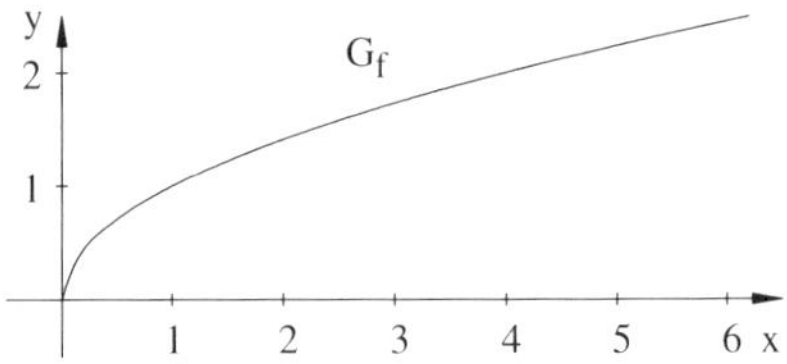

Die Abbildungen zeigen die Graphen der

Sinusfunktion

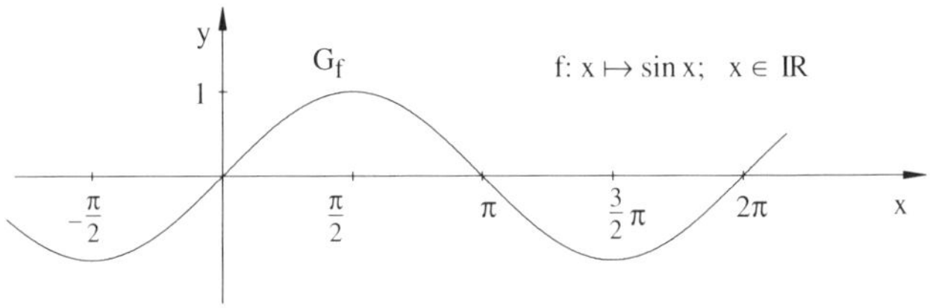

und der

Cosinusfunktion

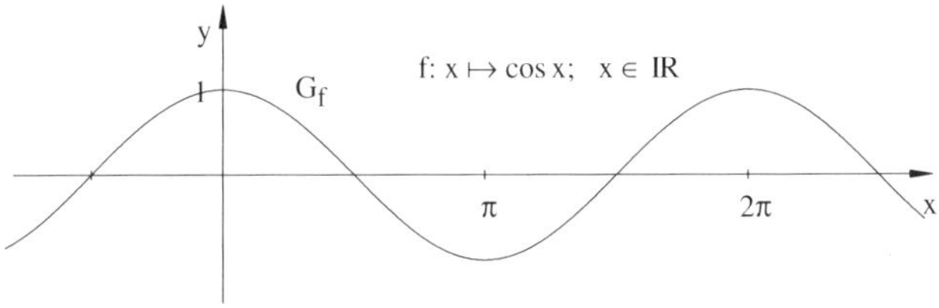

Beispiele

1. **Maximal mögliche Definitionsmenge**

   Ermitteln Sie die maximal mögliche Definitionsmenge des Funktionsterms
   $f(x) = 0{,}5\sqrt{-x+1}$.

   Lösung:
   Der Wurzelterm ist nur definiert, wenn
   $-x + 1 \geq 0 \iff -x \geq -1 \iff x \leq 1$
   Also ist die maximal mögliche Definitionsmenge $\mathbb{D}_f =]-\infty; 1]$.

2. **Maximal mögliche Definitionsmenge**

Ermitteln Sie die maximal mögliche Definitionsmenge des Funktionsterms
$f(x) = x - \sqrt{x+1}$.

Lösung:
Der Funktionsterm ist in der Zahlenmenge definiert, in der x **und** $\sqrt{x+1}$ definiert sind. Der Wurzelterm $\sqrt{x+1}$ ist definiert in $x \geq -1$. Also gilt: $\mathbb{D}_f = [-1; \infty[$.

3. **Wir skizzieren den Graphen einer Funktion aufgrund einer Wertetabelle**

Gegeben ist die Funktion
f: $x \mapsto 0{,}5\sqrt{-x+1}$; $x \in\ ]-\infty; 1]$.
Stellen Sie eine Wertetabelle auf und skizzieren Sie den Graphen G_f der Funktion f.

Lösung:
Wertetabelle:

x	f(x)
1	$0{,}5\sqrt{-1+1} = 0{,}5 \cdot 0 = 0$
0,5	$0{,}5\sqrt{-0{,}5+1} = 0{,}5 \cdot \sqrt{0{,}5} \approx 0{,}4$
0,1	$0{,}5\sqrt{-0{,}1+1} = 0{,}5 \cdot \sqrt{0{,}9} \approx 0{,}5$
0	$0{,}5\sqrt{1} = 0{,}5$
–1	$0{,}5\sqrt{1+1} = 0{,}5\sqrt{2} \approx 0{,}7$
–2	$0{,}5\sqrt{3} \approx 0{,}9$
–4	$0{,}5\sqrt{5} \approx 1{,}1$

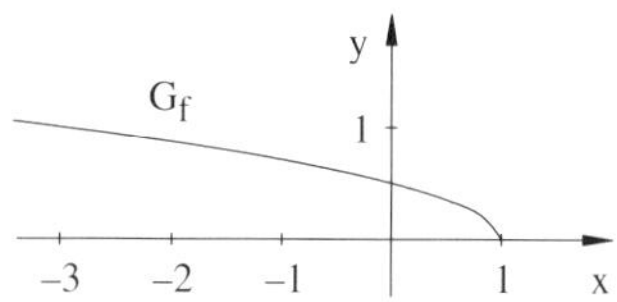

Aufgaben

42. Bestimmen Sie den maximal möglichen Definitionsbereich!

a) $f(x) = \sqrt{\frac{x}{4}}$
b) $f(x) = \sqrt{\frac{2}{x}}$

c) $f(x) = \sqrt{x-1}$
d) $f(x) = -\frac{1}{2}x + \frac{3\sqrt{x}}{4}$

e) $f(x) = \sqrt{2x^2+15}$
f) $f(x) = \sqrt{\frac{1}{x-4}}$

g) $f(x) = \sin x + \cos x$
h) $f(x) = 0{,}5\,(\sin x)^2$

i) $f(x) = x\sqrt{x}$
j) $f(x) = x + \sqrt{x}$

k) $f(x) = 2x\sqrt{x}$
l) $f(x) = 2 + \sqrt{x-1}$

m) $f(x) = \sin\frac{1}{x}$
n) $f(x) = \sin\sqrt{x}$

o) $f(x) = \sqrt{\frac{x-2}{x^2-4}}$
p) $f(x) = \sqrt{\frac{x-2}{x+3}}$

q) $f(x) = \sqrt{\frac{x-1}{x^2-1}}$
r) $f(x) = \sqrt{\frac{2}{x^2-5}}$

s) $f(x) = \sqrt{\frac{x^2-25}{2x+7}}$
t) $f(x) = \sqrt{\frac{x+3}{x^2-2x-3}}$

u) $f(x) = \sqrt{-2x-1}$
v) $f(x) = \frac{-1}{\sin x}$

w) $f(x) = \sqrt{x^2-8x+4}$
x) $f(x) = -\sqrt{x^2+8x+4}$

Vermischte Aufgaben

43. Bestimmen Sie die maximal mögliche Definitionsmenge!

a) $f\colon\ x \mapsto \sqrt{16-x^2}$
b) $f\colon\ x \mapsto \sqrt{1+x^2}$

c) $f\colon\ x \mapsto \frac{1+\cos x}{\sin x}$
d) $f\colon\ x \mapsto \frac{1}{x-1}$

e) $f\colon\ x \mapsto \frac{2x}{4-x^2}$
f) $f\colon\ x \mapsto \sqrt{\frac{1}{x-1}}$

44. Geben Sie die maximal mögliche Definitionsmenge an!

a) f: $x \mapsto x + \sin x$ b) f: $x \mapsto (\sin x)^2$

c) f: $x \mapsto \frac{1}{\cos x}$ d) f: $x \mapsto \sin x + \cos x$

45. Gegeben ist die Funktion g: $x \mapsto g(x) = \sqrt{x^2 - 16}$ mit maximalem Definitionsbereich $\mathbb{D}_g$.

a) Geben Sie $\mathbb{D}_g$ an.

b) Wo ist $g(x) = 3$?

c) Zeichnen Sie den Graphen im Bereich $|x| \le 8$.

46. Zeichnen Sie die Graphen der folgenden Funktionen:

a) f: $x \mapsto \sin x;\ x \in [-2\pi; 2\pi]$ b) f: $x \mapsto 1 - \sin x;\ x \in [-2\pi; 2\pi]$

c) f: $x \mapsto \sin\left(\frac{x}{2}\right);\ x \in [0; \pi]$ d) f: $x \mapsto 2\sin\left(\frac{x}{2}\right);\ x \in [0; \pi]$

e) f: $x \mapsto 2\cos x;\ x \in [-\pi; \pi]$ f) f: $x \mapsto 2 + \cos x;\ x \in [0; 2\pi]$

47. Funktion und Umkehrfunktion

Gegeben ist die Funktion f: $x \mapsto -\sqrt{4x - x^2}$ mit maximalem Definitionsbereich $\mathbb{D}_f$.

a) Bestimmen Sie $\mathbb{D}_f$.

b) Zeichnen Sie den Graphen G_f (Wertetabelle!).

c) Erklären Sie anhand des Graphen G_f, ob f in $\mathbb{D}_f$ umkehrbar ist.

d) Betrachten Sie nun die Einschränkung f_1 von f mit $f_1(x) = f(x)$ und $D_{f_1} = [0; 2]$. Bestimmen Sie f_1^{-1}.

48. Funktion und Umkehrfunktion

Gegeben ist die Funktion f: $x \mapsto 3 - 2x - x^2$ mit $x \in \mathbb{R}$.

a) Bestimmen Sie die Nullstellen der Funktion.

b) Bestimmen Sie den höchsten Punkt $H(x_H; y_H)$ des Graphen von f.

Betrachten Sie nun die Funktion $\bar{f}\colon x \mapsto 3 - 2x - x^2$ mit $x \in \mathbb{R} \wedge x \leq x_H$.

c) Zeichnen Sie den Graphen $G_{\bar{f}}$ von $\bar{f}$ und ermitteln Sie den Funktionsterm der Umkehrfunktion $\bar{f}^{-1}$ sowie $\mathbb{D}_{\bar{f}^{-1}}$ und $\mathbb{W}_{\bar{f}^{-1}}$.

d) Zeichnen Sie den Graphen der Umkehrfunktion in das unter Teilaufgabe c angelegte Koordinatensystem.

e) In welchem Punkt schneiden sich die Graphen $G_{\bar{f}}$ und $G_{\bar{f}^{-1}}$?

49. Gegeben ist die Funktion

$$f\colon x \mapsto \sqrt{\frac{x^2 - 25}{2x + 7}}$$

mit maximal möglichem Definitionsbereich $\mathbb{D}_f$.

a) Berechnen Sie $f(-4)$.

b) Geben Sie die Nullstellen von f an.

c) Bestimmen Sie den maximal möglichen Definitionsbereich $\mathbb{D}_f$.

d) Für welche $x \in \mathbb{D}_f$ gilt $f(x) = 3$?

e) Betrachten Sie:

$$g\colon x \mapsto g(x) = \sqrt{x^2 - 25} \cdot \sqrt{\frac{1}{2x + 7}}; \quad x \in \mathbb{D}_g.$$

Welcher Zusammenhang besteht zwischen f und g? Begründen Sie!

50. Gegeben ist die Funktion $f\colon x \mapsto \sqrt{x^2 - 4x}$ mit dem maximalen Definitionsbereich D_f.

a) Bestimmen Sie D_f. Geben Sie den zugehörigen Wertebereich $\mathbb{W}_f$ an.

b) Zeichnen Sie den Graphen G_f im Bereich $-2 \leq x \leq 6$. (Längeneinheit 1 cm)

c) Es wird nun folgende Einschränkung von f betrachtet:

$g\colon x \mapsto \sqrt{x^2 - 4x}; \quad x \leq 0.$

Zeigen Sie, dass g umkehrbar ist. Geben Sie die Gleichung der Umkehrfunktion g^{-1} sowie ihren Definitions- und Wertebereich an.

Zeichnen Sie den Graphen von g^{-1} in das Koordinatensystem von Teilaufgabe b.

2.4 Funktionsterme mit Betragsstrichen

Der **Betrag einer Zahl** x ist anschaulich-geometrisch der Abstand ihres Bildpunktes vom Nullpunkt der Zahlengeraden.

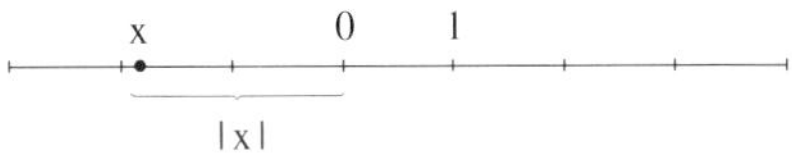

Daraus ergibt sich:

- Ist eine Zahl x positiv oder null, so ist ihr Betrag einfach die Zahl selber: $|x| = x$.

  Beispiele: $|4| = 4$; $|0| = 0$
- Ist die Zahl x negativ, so ist ihr Betrag die Gegenzahl von x: $|x| = -x$.

  Beispiele: $|-5| = -(-5) = 5$; $|-2| = -(-2) = 2$

Definition:

$$|x| = \begin{cases} x & \text{für } x \geq 0 \\ -x & \text{für } x < 0 \end{cases}$$

Der Betrag eines Terms

$$|x-2| = \begin{cases} x-2 & \text{für } x-2 \geq 0 \\ -(x-2) & \text{für } x-2 < 0 \end{cases}$$

Wir schaffen noch die Klammern weg und lösen die Ungleichungen nach x auf:

$$|x-2| = \begin{cases} x-2 & \text{für } x \geq 2 \\ -x+2 & \text{für } x < 2 \end{cases}$$

Bei Untersuchungen von Funktionen, in deren Terme Absolutstriche vorkommen, beseitigt man diese Absolutstriche durch abschnittsweises Definieren.

Beispiele

1. **Beträge errechnen**

Berechnen Sie folgende Beträge:

a) $|-41|$

b) $|\sqrt{3}|$

c) $|2+4\cdot(-6)+\sqrt{3}|$

Lösung:

a) $|-41|=41$

b) $|\sqrt{3}|=\sqrt{3}$

c) $|2+4\cdot(-6)+\sqrt{3}|=|2-24+\sqrt{3}|=|-22+\sqrt{3}|$
$=-(-22+\sqrt{3})=22-\sqrt{3}$

2. **Wir schreiben Terme mit Betragsstrichen in betragsfreie Darstellungen um**

Schreiben Sie die folgende Terme mithilfe einer Fallunterscheidung ohne Absolutstriche:

a) $|x+4|$

b) $|x-2|+2x$

c) $x|x+1|-x^2$

Lösung:

a) Wir müssen die Fälle $x + 4 \geq 0$ und $x + 4 < 0$ unterscheiden.
Ist $x + 4 \geq 0$, so können wir die Betragsstriche einfach weglassen. Ist hingegen $x + 4 < 0$, so erhalten wir den Betrag, indem wir vor $(x + 4)$ ein Minuszeichen setzen. Also:

$$|x+4|=\begin{cases} x+4 & \text{für } x+4\geq 0 \\ -(x+4) & \text{für } x+4<0 \end{cases}$$ oder

$$|x+4|=\begin{cases} x+4 & \text{für } x\geq -4 \\ -x-4 & \text{für } x<-4 \end{cases}$$

b) Wir müssen die Fälle $x - 2 \geq 0$ und $x - 2 < 0$ unterscheiden.
Es gilt also:

$$|x-2|+2x=\begin{cases} x-2+2x & \text{für } x-2\geq 0 \\ -(x-2)+2x & \text{für } x-2<0 \end{cases}$$

Wir lösen die Klammern auf, fassen zusammen und lösen die Ungleichungen nach x auf:

$$|x-2|+2x=\begin{cases} 3x-2 & \text{für } x\geq 2 \\ -x+2+2x=x+2 & \text{für } x<2 \end{cases}$$

c) Wir müssen die Fälle $x + 1 \geq 0$ und $x + 1 < 0$ unterscheiden.
Es gilt also:

$$x|x+1|-x^2=\begin{cases} x(x+1)-x^2 & \text{für } x+1\geq 0 \\ -x(x+1)-x^2 & \text{für } x+1<0 \end{cases}$$

oder

$$x|x+1|-x^2=\begin{cases} x^2+x-x^2=x & \text{für } x\geq -1 \\ -x^2-x-x^2=-2x^2-x & \text{für } x<-1 \end{cases}$$

3. **Wir schreiben Funktionsterme mit Absolutstrichen in betragsfreie Darstellungen um**

Schreiben Sie ohne Absolutstriche und zeichnen Sie den Graphen der Funktion

f: $x \mapsto \frac{1}{2}|2x+2|$; $x \in \mathbb{R}$

Lösung:
Wir gehen schrittweise so vor:

1. Wir bestimmen die Nullstelle des Terms in Absolutstrichen, also hier
$2x + 2 = 0 \Leftrightarrow x = -1$

2. Wir zerlegen den Definitionsbereich $\mathbb{D}_f = \mathbb{R}$ in die Intervalle $]-\infty; -1[$ und $[-1; +\infty[$ und stellen fest, dass gilt
$2x+2\geq 0$ für $x\geq -1$
$2x+2<0$ für $x<-1$

3. Wir benutzen die Definition, dass

$$|A|=\begin{cases} A & \text{für } A\geq 0 \\ -A & \text{für } A<0 \end{cases}$$

und ersetzen damit in $f(x) = \frac{1}{2}|2x+2|$ für $x \geq -1$ die Absolutstriche durch Klammern und für $x < -1$ die Absolutstriche durch Klammern mit vorgesetztem Minuszeichen.

Also:

$$f(x) = \begin{cases} \frac{1}{2}(2x+2) & \text{für } x \geq -1 \\ -\frac{1}{2}(2x+2) & \text{für } x < -1 \end{cases}$$

Vereinfacht:

$$f(x) = \begin{cases} x+1 & \text{für } x \geq -1 \\ -x-1 & \text{für } x < -1 \end{cases}$$

Bei der Bestimmung des Graphen von f gilt es auf die jeweiligen Definitionsbereiche der Terme (x + 1) und (– x – 1) zu achten:

Der Graph der Funktion
f_1: $x \mapsto x + 1$; $x \geq -1$
ist eine Halbgerade. Wir bestimmen zwei Punkte dieser Halbgeraden:

$x := -1 \Rightarrow f_1(-1) = 0$
$\Rightarrow A(-1; 0)$
$x := 0 \Rightarrow f_1(0) = 1$
$\Rightarrow B(0; 1)$

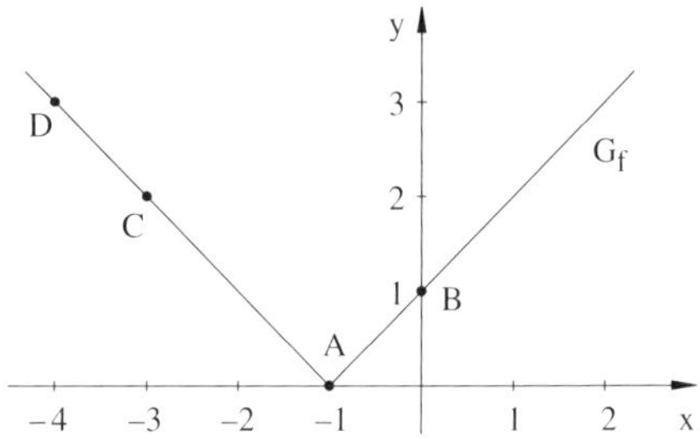

Der Graph der Funktion
f_2: $x \mapsto -x - 1$; $x < -1$
ist ebenfalls eine Halbgerade.
Wir bestimmen zwei Punkte dieser Halbgeraden:

$x := -3 \Rightarrow f_2(-3) = 3 - 1 = 2 \Rightarrow C(-3; 2)$
$x := -4 \Rightarrow f_2(-4) = 4 - 1 = 3 \Rightarrow D(-4; 3)$

4. **Lineare Funktionsterme mit Betragsstrichen**

Schreiben Sie ohne Absolutstriche und zeichnen Sie den Graphen von $f: x \mapsto f(x)$; $x \in \mathbb{R}$.

a) $f(x) = |x - 3|$

b) $f(x) = \frac{1}{2}|x - 3|$

c) $f(x) = \left|\frac{1}{2}x - 3\right|$

d) $f(x) = 1 - |x - 3|$

e) $f(x) = -|x| - x$

f) $f(x) = |x + 1| + |x - 2|$

Lösung:

a) Aus $x - 3 = 0 \Leftrightarrow x = 3$ folgt, dass wir den Definitionsbereich $\mathbb{D}_f = \mathbb{R}$ sinnvollerweise in die Intervalle $]-\infty; 3[$ und $[3; \infty[$ einteilen.

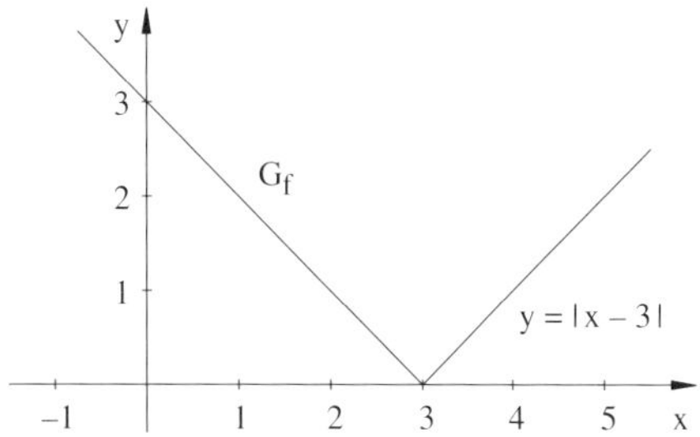

1. Fall: $x \geq 3$
$f(x) = x - 3$

2. Fall: $x < 3$
$f(x) = -(x - 3)$

Also:

$$f(x) = |x-3| = \begin{cases} x-3 & \text{für } x \geq 3 \\ -(x-3) & \text{für } x < 3 \end{cases}$$

b) Aus $x - 3 = 0 \Leftrightarrow x = 3$ folgt, dass wir den Definitionsbereich $\mathbb{D}_f = \mathbb{R}$ sinnvollerweise in die Intervalle $]-\infty; 3[$ und $[3; \infty[$ einteilen.

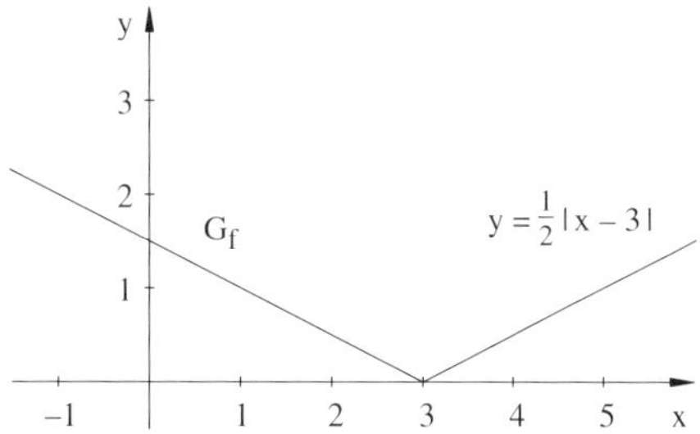

1. Fall: $x \geq 3$
$f(x) = \frac{1}{2}(x - 3)$

2. Fall: $x < 3$
$f(x) = \frac{1}{2} \cdot [-(x-3)] = -\frac{1}{2}(x-3)$

Also:

$$f(x) = \frac{1}{2}|x-3| = \begin{cases} \frac{1}{2}(x-3) & \text{für } x \geq 3 \\ -\frac{1}{2}(x-3) & \text{für } x < 3 \end{cases}$$

c) Aus

$\frac{1}{2}x - 3 = 0 \Leftrightarrow x = 6$

folgt, dass wir den Definitionsbereich $\mathbb{D}_f = \mathbb{R}$ sinnvollerweise in die Intervalle $]-\infty; 6[$ und $[6; \infty[$ einteilen.

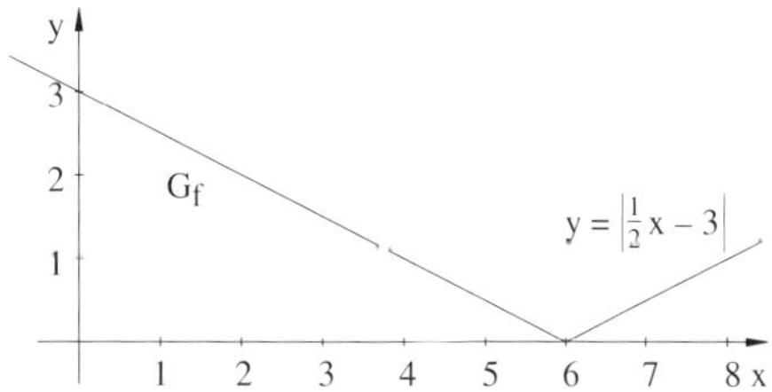

1. Fall: $x \geq 6$

$f(x) = \frac{1}{2}x - 3$

2. Fall: $x < 6$

$f(x) = -\left(\frac{1}{2}x - 3\right) = 3 - \frac{1}{2}x$

Also:

$$f(x) = \left|\frac{1}{2}x - 3\right| = \begin{cases} \frac{1}{2}x - 3 & \text{für} \quad x \geq 6 \\ 3 - \frac{1}{2}x & \text{für} \quad x < 6 \end{cases}$$

d) Aus $x - 3 = 0 \Leftrightarrow x = 3$ folgt die Einteilung des Definitionsbereichs $\mathbb{D}_f = \mathbb{R}$ in die Intervalle $]-\infty; 3[$ und $[3; \infty[$.

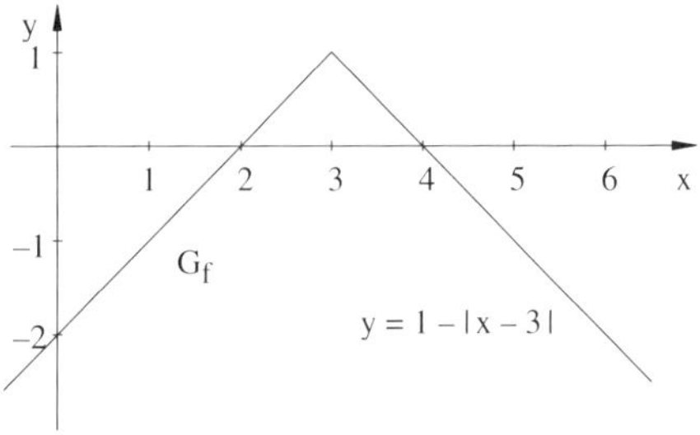

1. Fall: $x \geq 3$

$f(x) = 1 - (x - 3) = 4 - x$

2. Fall: $x < 3$

$f(x) = 1 - [-(x - 3)] = x - 2$

Also:

$$f(x) = 1 - |x - 3| = \begin{cases} 4 - x & \text{für} \quad x \geq 3 \\ x - 2 & \text{für} \quad x < 3 \end{cases}$$

e) $f(x) = -|x| - x$

$$= \begin{cases} -x - x = -2x & \text{für} \quad x \geq 0 \\ -(-x) - x = 0 & \text{für} \quad x < 0 \end{cases}$$

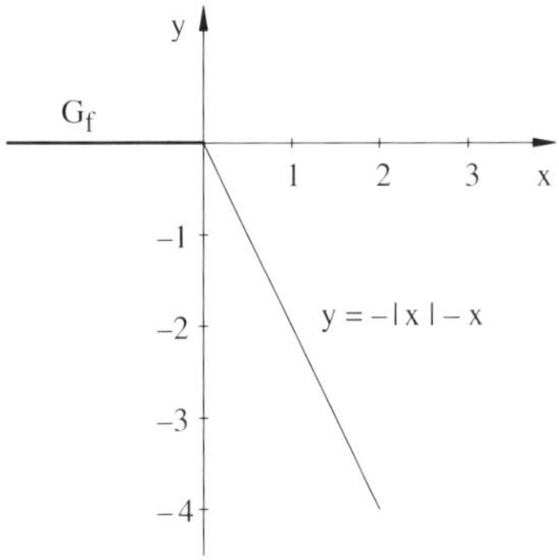

f) Aus $x + 1 = 0 \Leftrightarrow x = -1$ und $x - 2 = 0 \Leftrightarrow x = 2$ folgt, dass wir den Definitionsbereich $\mathbb{D}_f = \mathbb{R}$ in die Intervalle $]-\infty; -1]$ und $]-1; 2[$ und $[2; \infty[$ einteilen.

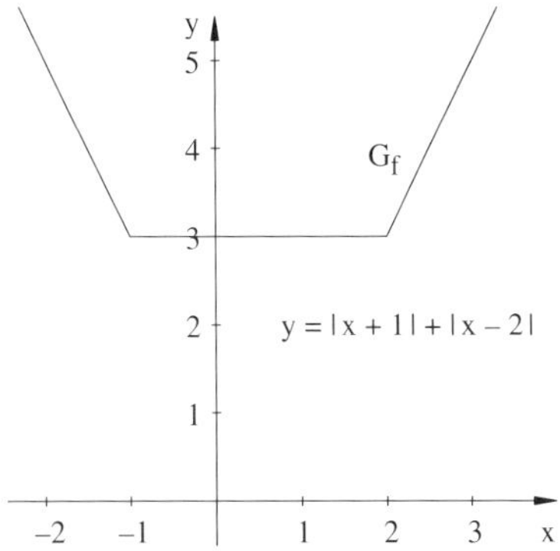

1. Fall: $x \geq 2$
$f(x) = x + 1 + x - 2 = 2x - 1$

2. Fall: $-1 \geq x < 2$
$f(x) = x + 1 + [-(x - 2)]$
$= x + 1 - x + 2 = 3]$

3. Fall: $x < -1$
$f(x) = -(x + 1) + [-(x - 2)] = -x - 1 - x + 2 = -2x + 1$

Also:

$$f(x) = |x+1| + |x-2| = \begin{cases} 2x - 1 & \text{für} \quad x \geq 2 \\ 3 & \text{für} \quad -1 \leq x < 2 \\ -2x + 1 & \text{für} \quad x < -1 \end{cases}$$

5. **Quadratische Funktionsterme mit Betragsstrichen**

Schreiben Sie ohne Absolutstriche und zeichnen Sie den Graphen der Funktion

a) $f\colon x \mapsto |x^2 - 1|; \quad x \in \mathbb{R}$

b) $f\colon x \mapsto x\,|x - 2|; \quad x \in \mathbb{R}$

Lösung:

a) Aus $x^2 - 1 = 0 \Leftrightarrow x = 1 \vee x = -1$ folgt, dass wir den Definitionsbereich $\mathbb{D}_f = \mathbb{R}$ in die Intervalle einteilen:
$]-\infty; -1]$, $]-1; 1]$ und $]1; \infty[$.

1. Fall: $x \leq -1$
$f(x) = x^2 - 1$

2. Fall: $-1 < x \leq 1$
$f(x) = -(x^2 - 1)$

3. Fall: $x > 1$
$f(x) = x^2 - 1$

Also:

$$f(x) = |x^2 - 1| = \begin{cases} x^2 - 1 & \text{für} \quad x \leq -1 \lor x > 1 \\ -(x^2 - 1) & \text{für} \quad -1 < x \leq 1 \end{cases}$$

Bei der Bestimmung des Graphen von f gehen wir so vor:

Wir zeichnen die Graphen der Funktionen

f_1: $x \mapsto x^2 - 1$; $x \in \mathbb{R}$ und

f_2: $x \mapsto -(x^2 - 1)$; $x \in \mathbb{R}$

Beide Graphen sind **Parabeln**.

G_{f_1}: Normalparabel mit Scheitel (0; –1).

G_{f_2}: Normalparabel nach unten geöffnet mit Scheitel (0; 1).

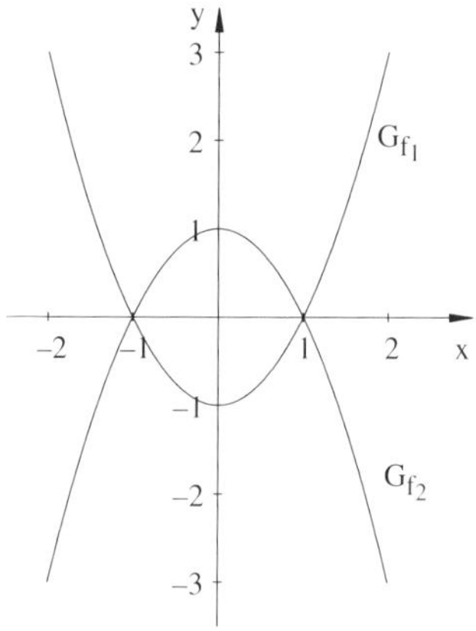

Nun schränken wir f_1 auf den Definitionsbereich $x \leq -1 \lor x > 1$ ein.

Ebenso schränken wir f_2 auf den Definitionsbereich $-1 < x \leq 1$ ein.

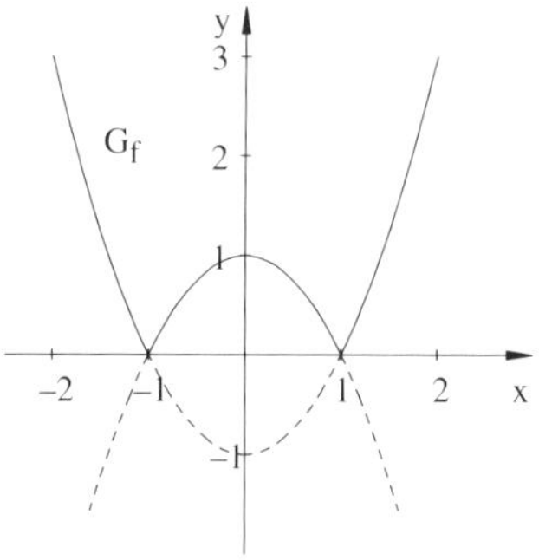

Der Graph von f besteht aus zwei Parabelbögen, die von den Punkten (–1; 0) und (1; 0) ausgehen.

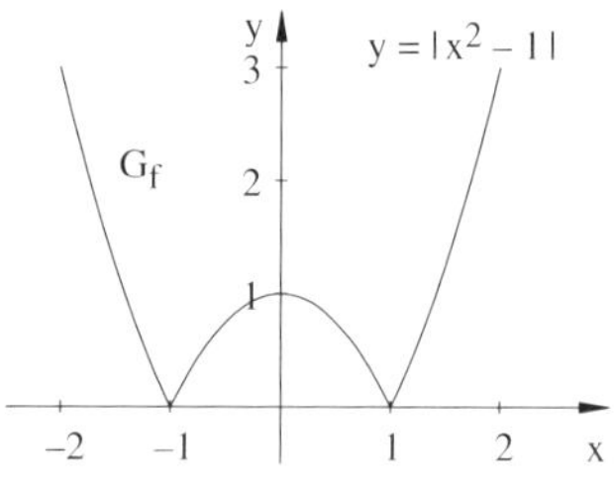

b) Wir müssen die Fälle $x - 2 \geq 0 \Leftrightarrow x \geq 2$ und $x - 2 < 0 \Leftrightarrow x < 2$ unterscheiden. Es gilt also:

$$f: x \mapsto \begin{cases} x(x-2) & \text{für } x \geq 2 \\ -x(x-2) & \text{für } x < 2 \end{cases}$$

Umgeformt:

$$f: x \mapsto \begin{cases} x^2 - 2x = (x-1)^2 - 1 & \text{für } x \geq 2 \\ -x^2 + 2x = -(x^2 - 2x) = -[(x-1)^2 - 1] & \\ = -(x-1)^2 + 1 & \text{für } x < 2 \end{cases}$$

Der Graph von f besteht aus Parabelbögen. Wir gehen bei der Bestimmung von G_f schrittweise so vor:

Wir zeichnen die Graphen der Funktionen

f_1: $x \mapsto (x-1)^2 - 1; \quad x \in \mathbb{R}$

und

f_2: $x \mapsto -(x-1)^2 + 1; \quad x \in \mathbb{R}$

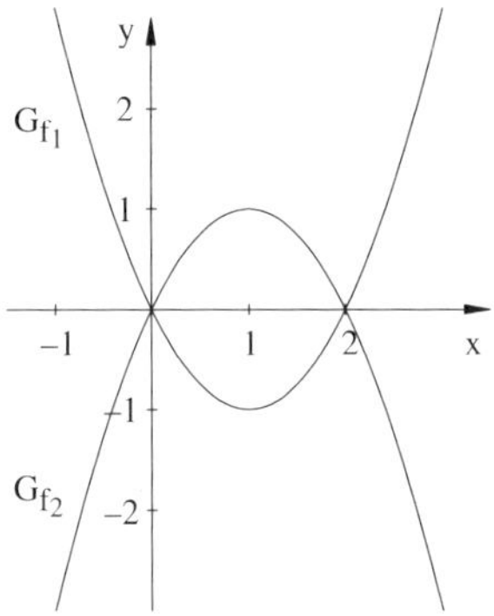

G_{f_1}: Normalparabel mit Scheitel (1; –1).

G_{f_2}: Normalparabel nach unten geöffnet mit Scheitel (1; 1).

Nun schränken wir f_1 auf den Definitionsbereich $x \geq 2$ ein.

Ebenso schränken wir f_2 auf den Definitionsbereich $x < 2$ ein.

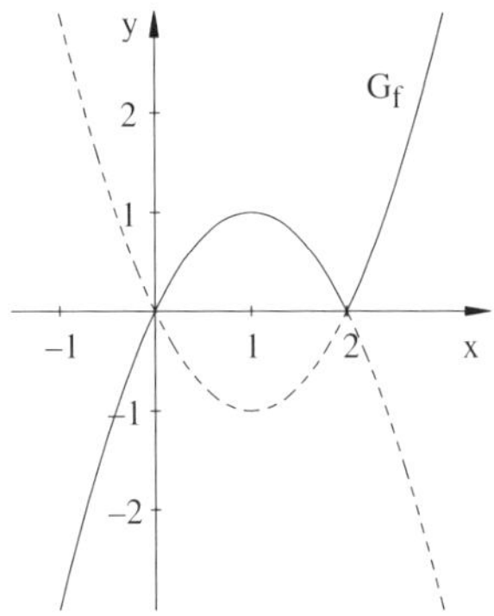

Der Graph von f besteht aus zwei Parabelbögen, die vom Punkt (2; 0) ausgehen.

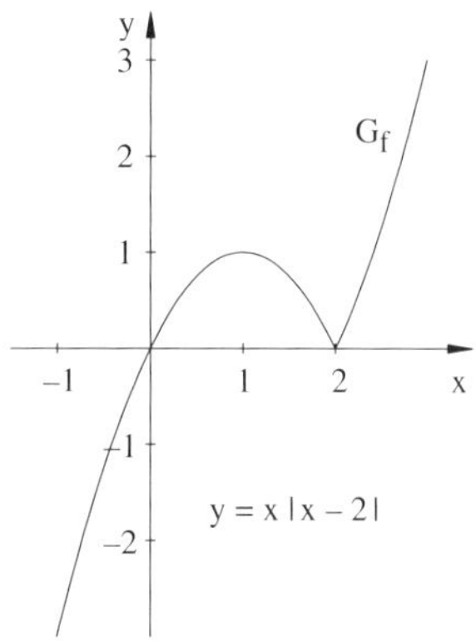

Aufgaben

51. Schreiben Sie ohne Absolutstriche und zeichnen Sie den Graphen der Funktion f: $x \mapsto f(x);\ x \in \mathbb{D}_f$.

a) $f(x) = |2x - 3|;\ \mathbb{D}_f = [-2; 2]$

b) $f(x) = 1 - |2x - 1|;\ \mathbb{D}_f = \mathbb{R}$

c) $f(x) = 2 - \left|\frac{1}{2}x - 1\right|;\ \mathbb{D}_f = \mathbb{R}$

d) $f(x) = 2\left|\frac{1}{2}x + 1\right|;\ \mathbb{D}_f = \mathbb{R}$

e) $f(x) = |x - 2| - |x| + 2;\ \mathbb{D}_f = [-4; 4]$

f) $f(x) = |x + 2| - |2x - 2| + |x|;\ \mathbb{D}_f = \mathbb{R}$

Vermischte Aufgaben

52. Schreiben Sie ohne Absolutstriche und zeichnen Sie den Graphen der Funktion f: $x \mapsto f(x);\ x \in \mathbb{D}_f$.

a) $f(x) = x|x|;\ \mathbb{D}_f = [-1; 1]$

b) $f(x) = |-x^2 + 1|;\ \mathbb{D}_f = [-2; 2]$

c) $f(x) = |4 - x^2|;\ \mathbb{D}_f = [-3; 3]$

d) $f(x) = \left|\frac{1}{2}x^2 - 2\right|;\ \mathbb{D}_f = \mathbb{R}$

e) $f(x) = (x + 1) \cdot |x - 1|;\ \mathbb{D}_f = \mathbb{R}$

f) $f(x) = \frac{1}{2}x^2 + \frac{1}{2}x - 1{,}5|x|;\ \mathbb{D}_f = \mathbb{R}$

g) $f(x) = \frac{1}{2}x^2 - \left|x + \frac{3}{2}\right|$; $\mathbb{D}_f = \mathbb{R}$ h) $f(x) = x^2 \cdot |x| \cdot \frac{1}{5}$; $\mathbb{D}_f = [-2; 2]$

i) $f(x) = |\sin x|$; $\mathbb{D}_f = [-2\pi; 2\pi]$ j) $f(x) = \cos|x|$; $\mathbb{D}_f = [-2\pi; 2\pi]$

k) $f(x) = |\sin|x||$; $\mathbb{D}_f = [-\pi; \pi]$

53. Betrachten Sie die folgenden Abbildungen!
Wie heißt jeweils die zugehörige Funktionsgleichung?

a)

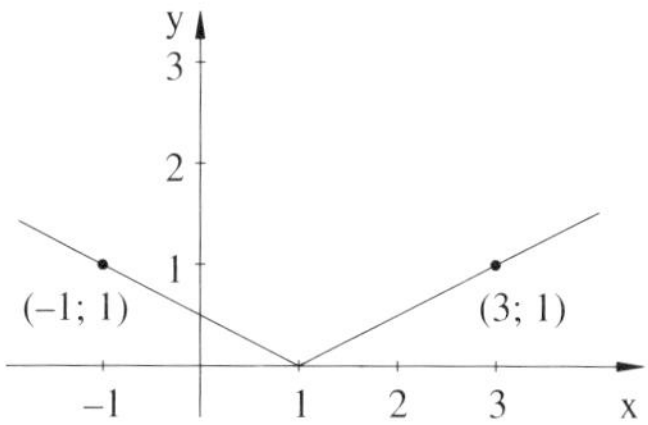

b)

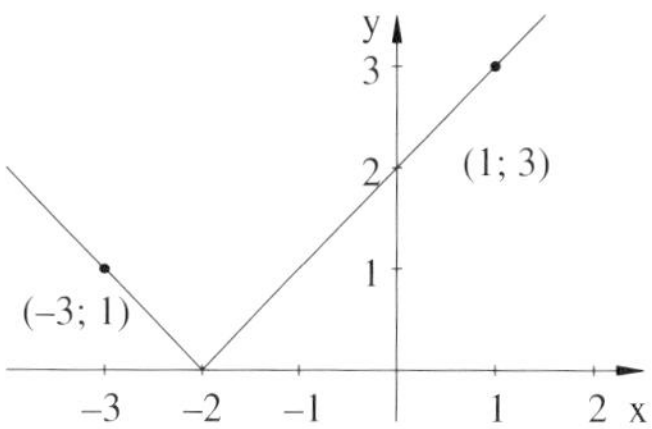

c)

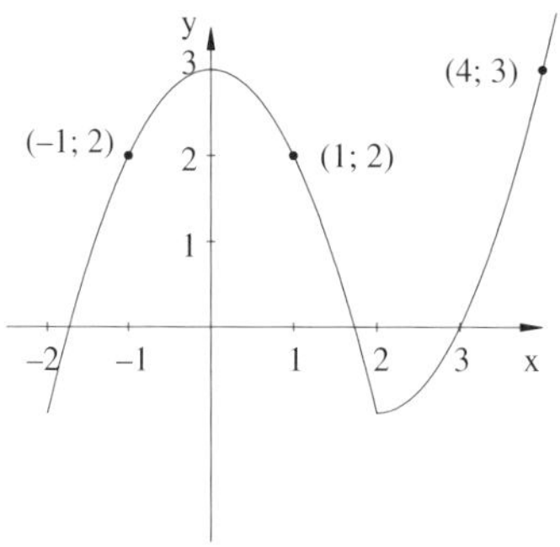

d) 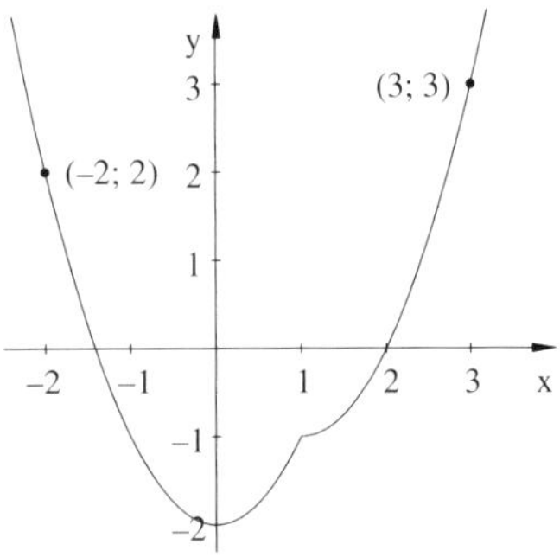

54. Gegeben ist die Funktion f: $x \mapsto \frac{1}{2}(x + 5)(1 - x)$ mit $x \in \mathbb{R}$.

a) Beweisen Sie: $f(x) \leq 4{,}5$ für alle $x \in \mathbb{R}$.

b) Zeichnen Sie den Graphen von f.

c) Tragen Sie in die unter Teilaufgabe b angelegte Zeichnung den Graphen der Funktion

g: $x \mapsto \frac{1}{2} \cdot |x+5| \cdot (1 - x);\quad x \in \mathbb{R}$

ein.

d) Stellen Sie die Funktion g betragsfrei dar.

55. Gegeben ist die Funktion

$$f\colon x \mapsto \begin{cases} |x-1| & \text{für } -2 \leq x < 2 \\ -x^2 + 4x - 3 & \text{für } \quad 2 \leq x \leq 4 \end{cases}$$

Zeichnen Sie den Graphen G_f der Funktion f.

56. Bestimmen Sie den maximal möglichen Definitionsbereich!

a) f: $x \mapsto \frac{1}{\sqrt{|x+4|}}$

b) f: $x \mapsto \sqrt{|x^2 - 3|}$

c) f: $x \mapsto \sqrt{\frac{|x+2|}{x+1}}$

d) f: $x \mapsto \sqrt{\frac{x+2}{|x+1|}}$

e) f: $x \mapsto \frac{2}{\sqrt{|x+1|}}$

f) f: $x \mapsto \sqrt{\left|\frac{x-1}{x+2}\right|}$

57. Gegeben ist die Funktion f: $x \mapsto |x+1| - |x-3|;\ x \in \mathbb{R}$

a) Schreiben Sie f betragsfrei.

b) Berechnen Sie die Koordinaten der Schnittpunkte des Graphen von f mit dem Graphen der Funktion g: $x \mapsto 0{,}5x + 1;\ x \in \mathbb{R}$.

3 Eigenschaften von Funktionsgraphen

3.1 Symmetrie

Der Graph einer Funktion f ist
achsensymmetrisch zur y-Achse,
wenn gilt:

$$f(x) = f(-x).$$

Man nennt die Funktion f **gerade.**

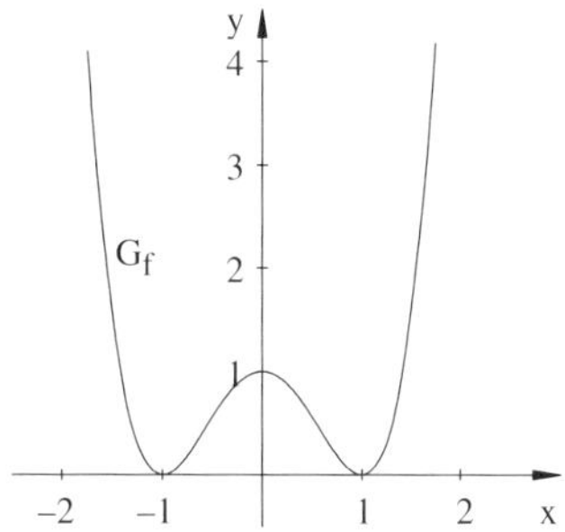

Beispiel einer geraden Funktion:
f: $x \mapsto x^4 - 2x^2 + 1$; $x \in \mathbb{R}$

Der Graph einer Funktion f ist
punktsymmetrisch zum Ursprung,
wenn gilt:

$$f(x) = -f(-x)$$

Man nennt die Funktion f **ungerade.**

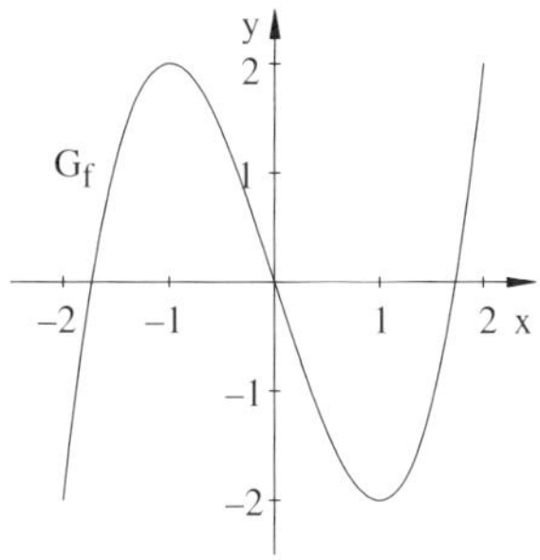

Beispiel einer ungeraden Funktion:
f: $x \mapsto x^3 - 3x$; $x \in \mathbb{R}$

Beim Zeichnen von Graphen sparen wir viel Zeit, wenn diese eine Symmetrie aufweisen und wir diese Symmetrie auch beachten.

Beispiele

1. **Wir prüfen auf Symmetrie**

   Zeigen Sie, dass der Graph der Funktion
   f: $x \mapsto \frac{1}{2}x^2+4$; $x \in \mathbb{R}$
   achsensymmetrisch zur y-Achse ist.

   Lösung:
   Wir zeigen, dass für alle $x \in \mathbb{R}$ gilt: $f(x) = f(-x)$.

   $$\left.\begin{array}{r}f(x)=\frac{1}{2}x^2+4\\ f(-x)=\frac{1}{2}(-x)^2+4=\frac{1}{2}x^2+4\end{array}\right\} \Rightarrow f(x)=f(-x) \text{ für alle } x \in \mathbb{R}$$

2. **Wir prüfen auf Symmetrie**

   Zeigen Sie, dass der Graph der Funktion
   f: $x \mapsto x^3 - x$; $x \in \mathbb{R}$
   punktsymmetrisch zum Ursprung ist.

   Lösung:
   Wir zeigen, dass für alle $x \in \mathbb{R}$ gilt: $f(x) = -f(-x)$.

   $$\left.\begin{array}{r}f(x)=x^3-x\\ -f(-x)=-[(-x)^3-(-x)]=-[-x^3+x]=x^3-x\end{array}\right\} \Rightarrow \begin{array}{l}f(x)=-f(-x)\\ \text{für alle } x \in \mathbb{R}\end{array}$$

3. **Wir prüfen auf Symmetrie**

   Zeigen Sie, dass der Graph der Funktion
   f: $x \mapsto x \cdot |x|$; $x \in \mathbb{R}$
   punktsymmetrisch zum Ursprung ist.

   Lösung:
   Wir zeigen, dass für alle $x \in \mathbb{R}$ gilt: $f(x) = -f(-x)$.

   $$\left.\begin{array}{r}f(x)=x\cdot|x|\\ -f(-x)=-(-x)\cdot|(-x)|=x\cdot|-x|=x\cdot|x|\end{array}\right\} \Rightarrow \begin{array}{l}f(x)=-f(-x)\\ \text{für alle } x \in \mathbb{R}\end{array}$$

Aufgaben

58. Welche Graphen der folgenden Funktionen sind achsensymmetrisch zur y-Achse, welche punktsymmetrisch zum Ursprung?

a) f: $x \mapsto x^3 + 2x;\quad x \in \mathbb{R}$
b) f: $x \mapsto 2x^2 - 3;\quad x \in \mathbb{R}$
c) f: $x \mapsto -2x - x^5;\quad x \in \mathbb{R}$
d) f: $x \mapsto -2x;\quad x \in \mathbb{R}$
e) f: $x \mapsto x + \frac{1}{x};\quad x \in \mathbb{R}\setminus\{0\}$
f) f: $x \mapsto \frac{1}{x^2};\quad x \in \mathbb{R}\setminus\{0\}$

59. Welche Graphen der folgenden Funktionen sind achsensymmetrisch zur y-Achse, welche punktsymmetrisch zum Ursprung und welche weisen keines dieser Symmetrieverhalten auf?

a) f: $x \mapsto 3 + |x| \cdot x;\quad x \in \mathbb{R}$
b) f: $x \mapsto 3x^3 - x;\quad x \in \mathbb{R}$
c) f: $x \mapsto |3x^3 - x|;\quad x \in \mathbb{R}$
d) f: $x \mapsto 3|x|^3 - |x|;\quad x \in \mathbb{R}$
e) f: $x \mapsto \frac{x}{x^2+2};\quad x \in \mathbb{R}$
f) f: $x \mapsto \frac{|x|}{x^2+2};\quad x \in \mathbb{R}$

60. Untersuchen Sie die Graphen der folgenden Funktionen auf Symmetrieeigenschaften!

a) f: $x \mapsto |x|;\quad x \in \mathbb{R}$
b) f: $x \mapsto x + \frac{1}{|x|};\quad x \in \mathbb{R}\setminus\{0\}$
c) f: $x \mapsto 3x^4 + x^2 - 1;\quad x \in \mathbb{R}$
d) f: $x \mapsto (1 - x)^2;\quad x \in \mathbb{R}$
e) f: $x \mapsto \sqrt{|x|};\quad x \in \mathbb{R}$
f) f: $x \mapsto \frac{5x}{x^2+8};\quad x \in \mathbb{R}$

61. Gegeben ist die Funktion f: $x \mapsto x^2 + 2|x|;\quad x \in \mathbb{R}$. Ihr Graph heißt G_f.

a) Schreiben Sie die Funktionsgleichung betragsfrei.
b) Ist G_f symmetrisch? Begründung!
c) Ermitteln Sie die Nullstellen von f.
d) Skizzieren Sie G_f im Intervall [–2; 2].

3.2 Monotonie

Wir beziehen uns auf die nebenstehende Abbildung:

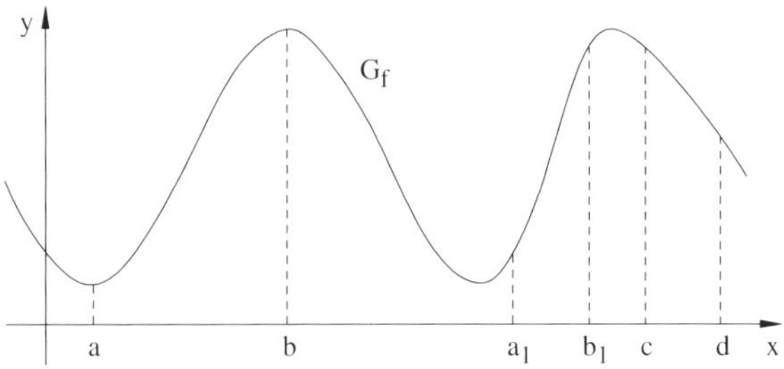

Von der dort dargestellten Funktion f sagen wir: f **wächst streng monoton** zum Beispiel im Intervall [a, b], aber auch im Intervall $[a_1, b_1]$.

Anschaulich gesprochen heißt dies:
Durchläuft man den Graphen über diesen Intervallen von links nach rechts (in Richtung zunehmender x-Werte), so „geht es bergauf".

Weiter gilt:
f **fällt streng monoton** zum Beispiel im Intervall [c, d], denn hier „geht es bergab", wenn man den Graphen in Richtung zunehmender x-Werte durchläuft.

Definition:
Die Funktion f: $x \mapsto f(x)$, $x \in \mathbb{D}_f$ heißt im Intervall [a, b]

streng monoton zunehmend	**streng monoton abnehmend**

wenn für alle $x_1, x_2 \in [a, b]$ mit $x_1 < x_2$ gilt:

$f(x_1) < f(x_2)$	$f(x_1) > f(x_2)$.

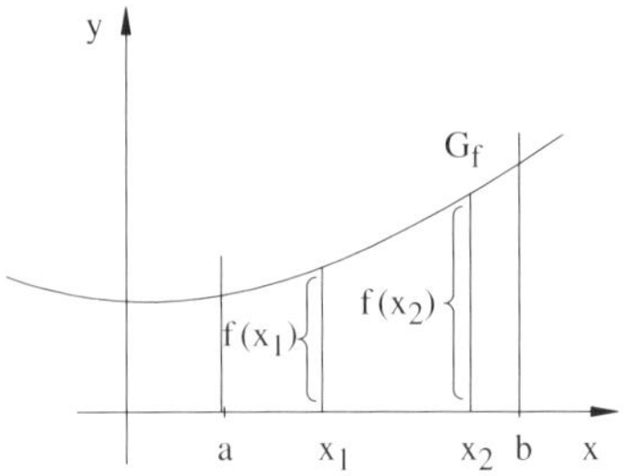

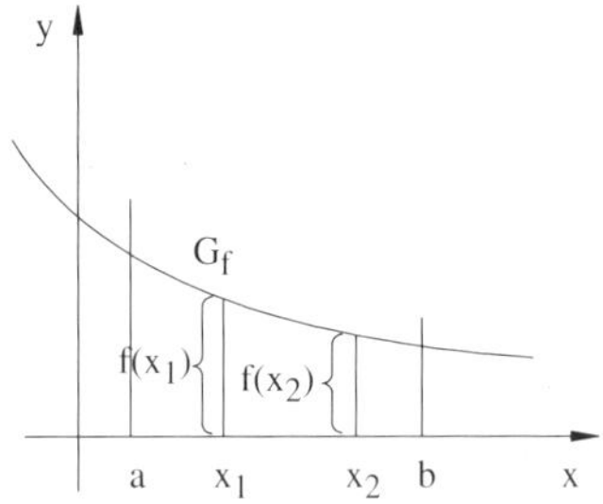

Anmerkung:
Gilt für gewisse Zahlen x_1, x_2 mit $x_1 < x_2$ nur: $f(x_1) \leq f(x_2)$ [und nicht $f(x_1) < f(x_2)$], so heißt f **monoton zunehmend** in [a, b].

Beispiele

1. **Wir untersuchen, ohne zu zeichnen, auf Monotonieverhalten**

   Untersuchen Sie, ohne den Graphen zu zeichnen, die Funktion
   $f\colon\ x \mapsto \frac{1}{5}x^2;\quad x \in \mathbb{R}^+$
   auf ihr Monotonieverhalten.

   Lösung:
   Wir bilden, unter der Voraussetzung $x_1 \in \mathbb{R}^+$, $x_2 \in \mathbb{R}^+$ und $x_1 < x_2$, die Differenz $f(x_2) - f(x_1)$ und untersuchen, ob diese größer oder kleiner null ist.
   $f(x_2) = \frac{1}{5}x_2^2$
   $f(x_1) = \frac{1}{5}x_1^2$
   Also:
   $$f(x_2) - f(x_1) = \frac{1}{5}x_2^2 - \frac{1}{5}x_1^2 = \frac{1}{5}(x_2^2 - x_1^2)$$
   $$= \frac{1}{5}\underbrace{(x_2 + x_1)}_{>0}\underbrace{(x_2 - x_1)}_{>0\text{, denn } x_2 > x_1} > 0$$
   ↑ binomische Formel: $a^2 - b^2 = (a + b)(a - b)$

   Die Funktion f ist im gesamten Definitionsbereich streng monoton zunehmend.

2. **Wir untersuchen, ohne zu zeichnen, auf Monotonieverhalten**

   Untersuchen Sie, ohne den Graphen zu zeichnen, die Funktion
   $f\colon\ x \mapsto \frac{x^2}{x^2 - 1};\quad x \in\ ]1; \infty[$
   auf ihr Monotonieverhalten.

   Lösung:
   Wir bilden, unter der Voraussetzung $x_1 \in\ ]1; \infty[$, $x_2 \in\ ]1; \infty[$ und $x_1 < x_2$, die Differenz $f(x_2) - f(x_1)$ und untersuchen, ob diese größer oder kleiner null ist.

$$f(x_1) = \frac{x_1^2}{x_1^2 - 1}$$

$$f(x_2) = \frac{x_2^2}{x_2^2 - 1}$$

Also:

$$f(x_2) - f(x_1) = \frac{x_2^2}{x_2^2 - 1} - \frac{x_1^2}{x_1^2 - 1} = \frac{x_2^2\,(x_1^2 - 1) - x_1^2\,(x_2^2 - 1)}{(x_2^2 - 1)(x_1^2 - 1)}$$

$$= \frac{x_2^2\,x_1^2 - x_2^2 - x_1^2\,x_2^2 + x_1^2}{(x_2^2 - 1)(x_1^2 - 1)} = \frac{x_1^2 - x_2^2}{(x_2^2 - 1)(x_1^2 - 1)}$$

$$= \frac{\overbrace{(x_1 + x_2)}^{>0}\overbrace{(x_1 - x_2)}^{<0}}{\underbrace{(x_2^2 - 1)}_{>0}\underbrace{(x_1^2 - 1)}_{>0}} < 0$$

Die Funktion f ist in $]1; \infty[$ streng monoton abnehmend.

Aufgaben

62. Untersuchen Sie, ohne den Graphen zu zeichnen, die folgende Funktion auf ihr Monotonieverhalten.

$f\colon\ x \mapsto 1 - \frac{1}{0{,}5 + x};\quad x \in\ ]-0{,}5; 5]$

63. Zeigen Sie, dass der Graph der Funktion

$f\colon\ x \mapsto \frac{-x + 2}{x - 1};\quad x \in\ ]1; \infty[$

streng monoton fallend ist.

64. Zeigen Sie, dass f: $x \mapsto -x^2 + 4;\ x \in [0; 8[$ streng monoton abnehmend ist.

Vermischte Aufgaben

65. Wir beziehen uns auf die nebenstehende Abbildung:

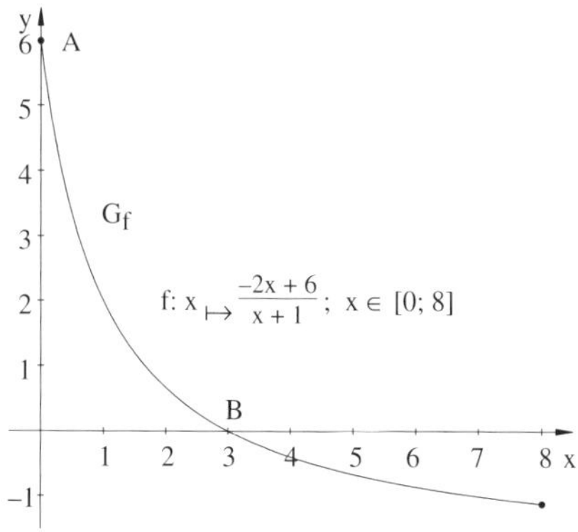

a) Berechnen Sie die Koordinaten der Punkte A und B.

b) Wie lautet die Gleichung der Geraden g (A, B)?

c) Wie lautet die Gleichung der Senkrechten zu g (A, B) durch den Punkt (0; 0)?

d) Zeigen Sie, dass f im Intervall [0; 8[streng monoton abnehmend ist.

e) Stellen Sie die Gleichung der Umkehrfunktion zu f auf!

f) In welchem Bereich gilt $0 \le f(x) \le 1$?

66. Gegeben ist die Funktion
f: $x \mapsto 1 - \frac{1}{0{,}5 + x}$; $x \in]-0{,}5; 4]$.

a) Berechnen Sie die Nullstelle von f!

b) Berechnen Sie $f(-0{,}25)$, $f(0)$, $f(0{,}25)$, $f(2)$.

c) An welcher Stelle nimmt f den Funktionswert $\frac{3}{4}$ an?

d) Zeichnen Sie den Graphen von f!

e) Untersuchen Sie rechnerisch das Monotonieverhalten von f.

f) Ermitteln Sie den Wertebereich von f.

g) Betrachten Sie nunmehr die Funktion
g: $x \mapsto 1 - \frac{1}{0{,}5 + x}$; $x \in \mathbb{R} \setminus \{-0{,}5\}$.

Zeichnen Sie den Graphen von g in die unter Teilaufgabe d angelegte Zeichnung ein.

67. Gegeben ist die Funktion
$f{:}\ x \mapsto -(x-1)^2 + 2;\quad x \in \mathbb{R}_0^+$.
Ihr Graph heißt G_f.

a) Zeichnen Sie G_f mithilfe der Normalparabel!

b) In welchem Bereich gilt $1 \leq f(x) \leq 2$?

c) Zeigen Sie, dass G_f im Bereich $[1; \infty[$ streng monoton fällt!

d) Zeichnen Sie in die unter Teilaufgabe a angelegte Zeichnung die Gerade $g{:}\ y = -x + 2$ ein.

e) Wie heißt die Gleichung der Senkrechten s zur Geraden g durch den Punkt $P(1; 1)$?

f) In welchem Bereich gilt $f(x) \geq g(x)$?

g) Ermitteln Sie die Gleichung der Umkehrfunktion von
$f^*{:}\ x \mapsto -(x-1)^2 + 2;\quad x \in [1; \infty[$.

68. Gegeben ist die Funktion
$f{:}\ x \mapsto y = 2 - \frac{1}{x^2};\quad x \in \mathbb{R} \setminus \{0\}$.

a) Bestimmen Sie die Menge der x-Werte, für die gilt $y = \frac{3}{4}$.

b) Ermitteln Sie die Nullstellen von f.

c) Zeigen Sie durch Rechnung, dass f in $\mathbb{R}^+$ streng monoton zunimmt.

69. Gegeben ist die Funktionenschar
$f_t{:}\ x \mapsto (t+1)\,x - |t|;\quad x \in \mathbb{R}$ und $t \in \mathbb{R}$.

a) Bestimmen Sie die Nullstellen der Schar.

b) Untersuchen Sie durch Rechnung das Monotonieverhalten von f_t.

c) Bestimmen Sie die Funktionsgleichungen der Schar der Umkehrfunktionen f_t^{-1}.

d) Ermitteln Sie die Nullstellen von f_t^{-1}.

3.3 Beschränktheit

Die Funktion f: $x \mapsto f(x)$; $x \in \mathbb{D}_f$ heißt

nach oben beschränkt,

wenn es eine Zahl $S \in \mathbb{R}$ gibt, sodass

$$f(x) \le S$$

nach unten beschränkt,

wenn es eine Zahl $s \in \mathbb{R}$ gibt, sodass

$$f(x) \ge s$$

für alle $x \in \mathbb{D}_f$.

S heißt eine **obere Schranke,** s eine **untere Schranke** von f.

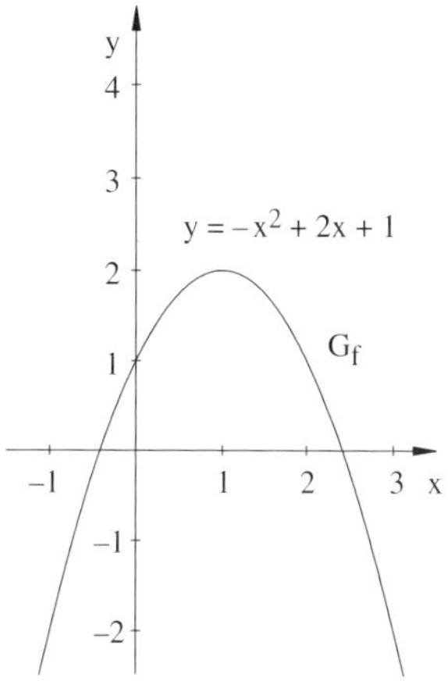

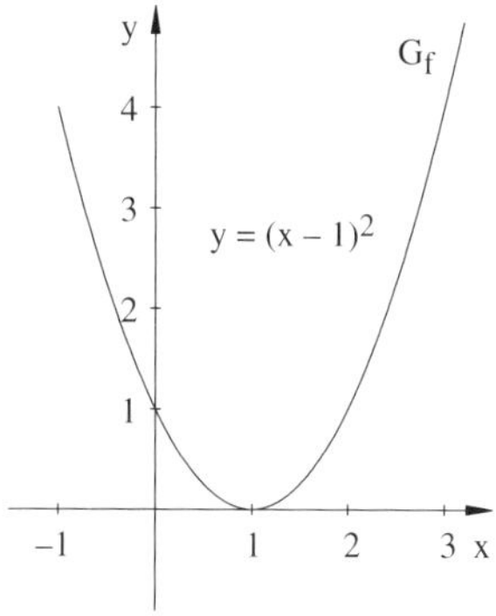

Für alle $x \in \mathbb{R}$ gilt zum Beispiel

$$f(x) \le 2{,}5.$$

2,5 ist eine obere Schranke der Funktion
f: $x \mapsto -x^2 + 2x + 1$; $x \in \mathbb{R}$

Für alle $x \in \mathbb{R}$ gilt zum Beispiel

$$f(x) \ge 0.$$

0 ist eine untere Schranke der Funktion
f: $x \mapsto (x - 1)^2$; $x \in \mathbb{R}$

Beispiele

1. **Beschränkt oder nicht beschränkt?**

Gegeben sind die Funktionen

$f_1\colon\ x \mapsto \frac{2}{1+x^2}\,;\quad x \in \mathbb{R}$

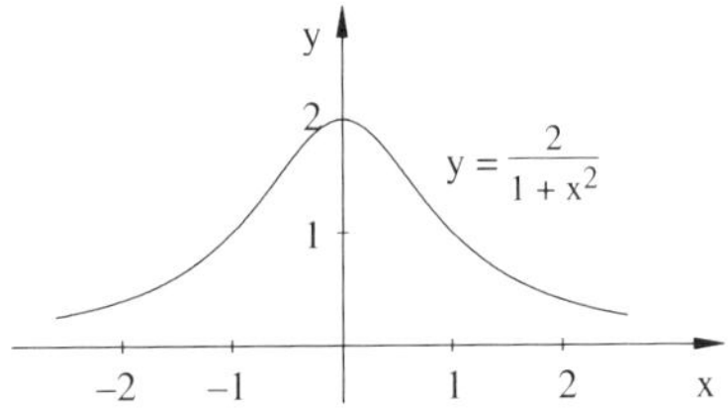

und

$f_2\colon\ x \mapsto \frac{1}{x} + 1\,;\quad x \in \mathbb{R}\setminus\{0\}$

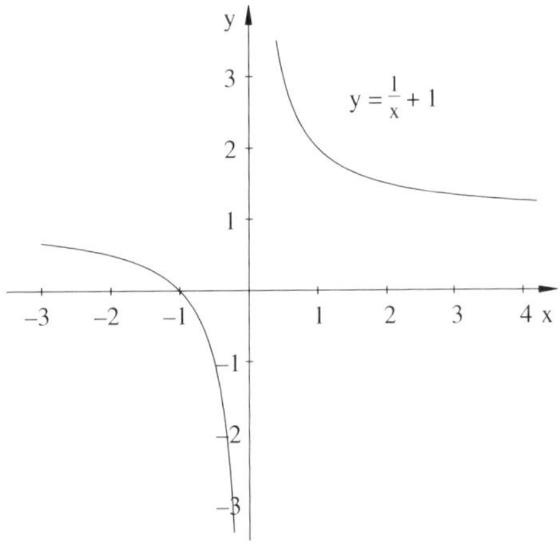

Wahr oder falsch?

a) f_1 ist nach unten beschränkt.

b) f_2 ist nach unten beschränkt.

c) −1 ist eine untere Schranke von f_1.

d) 2 ist eine obere Schranke von f_1.

e) f_1 ist beidseitig beschränkt.

f) f_2 ist nach oben und nach unten unbeschränkt.

Lösung:

a) wahr; es gilt z. B. $f_1(x) \geq 0$ für alle $x \in \mathbb{R}$.

b) falsch; bei linksseitiger Annäherung an die Zahl 0 werden die Funktionswerte beliebig klein.

c) wahr; $f_1(x) \geq -1$ für alle $x \in \mathbb{R}$.

d) wahr; $f_1(x) \leq 2$ für alle $x \in \mathbb{R}$.

e) wahr; $0 \leq f(x) \leq 2$ für alle $x \in \mathbb{R}$ oder $-1 \leq f(x) \leq 4$ für alle $x \in \mathbb{R}$.

f) wahr; bei linksseitiger Annäherung an die Zahl 0 werden die Funktionswerte beliebig klein, bei rechtsseitiger Annäherung an die Zahl 0 werden die Funktionswerte beliebig groß.

2. **Nach oben unbeschränkt, nach unten beschränkt**

Gegeben ist die Funktion

f: $x \mapsto \frac{1}{x^2}$; $x \in \mathbb{R}^+$.

a) Was können Sie aus folgendem Dialog folgern?

Stefan: „Ich behaupte, die Zahl 10 000 ist obere Schranke der Funktion f!"

Karin: „Irrtum! Diese Zahl kann leicht übertroffen werden. Es ist z. B. $f(0{,}00001) = \frac{1}{0{,}00001^2} = 10\,000\,000\,000$!"

b) Wahr oder falsch?

(1) 0 ist untere Schranke der Funktion f.

(2) –1 ist untere Schranke der Funktion f.

Lösung:

a) Zu jeder noch so großen Zahl lässt sich durch geeignete Wahl von x ein Funktionswert angeben, der noch größer ist! Die Funktion ist **nach oben unbeschränkt!**

b) Beide Aussagen sind wahr.

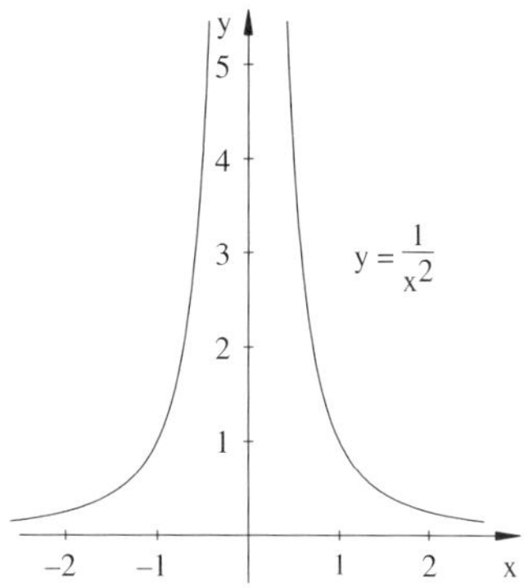

Aufgaben

70. Welche der folgenden Funktionen sind nach unten beschränkt? Geben Sie gegebenenfalls die **größte untere Schranke** an!

a) f: $x \mapsto \frac{1}{\sqrt{x}}$; $x \in \mathbb{R}^+$

b) f: $x \mapsto 2x + 1$; $x \in \mathbb{R}$

c) f: $x \mapsto x + 1$; $x \in \mathbb{R}_0^+$

d) f: $x \mapsto x^2 + 1$; $x \in \mathbb{R}_0^+$

e) f: $x \mapsto \frac{1}{x^3}$; $x \in \mathbb{R}^+$

71. Welche der folgenden Funktionen sind nach oben beschränkt?
Geben Sie gegebenenfalls die **kleinste obere Schranke** an!

a) f: $x \mapsto -x^3 + 3;\quad x \in \mathbb{R}_0^+$

b) f: $x \mapsto \sqrt{x};\quad x \in \mathbb{R}_0^+$

c) f: $x \mapsto \sqrt{4 - x^2};\quad x \in [-2; 2]$

d) f: $x \mapsto \sin x;\quad x \in [0; 2\pi]$

e) f: $x \mapsto 2x + 1;\quad x \in [-2; 2]$

72. Welche der folgenden Funktionen sind beidseitig beschränkt?
Geben Sie gegebenenfalls die **kleinste obere Schranke** sowie die **größte untere Schranke** an!

a) f: $x \mapsto -\sin x;\quad x \in [0; 2\pi]$

b) f: $x \mapsto 2x + 1;\quad x \in [-2; 2]$

c) f: $x \mapsto 1 + \cos x;\quad x \in [0; \pi]$

d) f: $x \mapsto \frac{1}{\sqrt{x}};\quad x \in [1; \infty[$

e) f: $x \mapsto 4 \sin x;\quad x \in [0; \pi]$

f) f: $x \mapsto \frac{2}{x^2 + 1};\quad x \in \mathbb{R}_0^+$

g) f: $x \mapsto 4 - \frac{4}{1 + 3x^2};\quad x \in \mathbb{R}$

Vermischte Aufgaben

73. Gegeben ist die Funktion
f: $x \mapsto \frac{-x + 2}{x - 1};\quad x \in]1; \infty[$.
Ihr Graph heißt G_f.

a) Bestimmen Sie die Nullstelle von f.

b) Zeigen Sie durch Rechnung, dass G_f streng monoton fallend ist.

c) f besitzt das Infimum –1 (Nachweis nicht erforderlich!).
Prüfen Sie: Wird dieses Infimum von f angenommen?

d) Zeichnen Sie G_f im Bereich]1; 5].

e) Die Funktion f ist umkehrbar (braucht nicht bewiesen zu werden). Ermitteln Sie den Term der Umkehrfunktion f^{-1} und geben Sie Definitions- und Wertebereich der Umkehrfunktion an.

74. Gegeben ist die Funktion
f: $x \mapsto \frac{1}{|x - 1|};\quad \mathbb{D}_f = [-5; 0{,}5]$.

a) Schreiben Sie f als abschnittsweise definierte Funktion.

b) Untersuchen Sie durch Rechnung die Funktion f auf ihr Monotonieverhalten.

c) Geben Sie die kleinste obere Schranke und die größte untere Schranke an und entscheiden Sie, ob diese von der Funktion angenommen werden oder nicht.

d) Auf welche maximale Definitionsmenge lässt sich f fortsetzen?

75. a) Lösen Sie die Ungleichung $\frac{2-x}{x} \geq 0$; Grundmenge $G = \mathbb{R}$!

b) Wie erhält man damit sofort die Definitionsmenge der Funktion
$g\colon x \mapsto \sqrt{\frac{2-x}{x}}$, $\mathbb{D}_g = \mathbb{D}_{max}$?
(Kurze Begründung!)

c) Die Funktion g ist streng monoton abnehmend. (Braucht **nicht** gezeigt zu werden.) Bestimmen Sie den Wertebereich W_g!

d) Ermitteln Sie die zugehörige Umkehrfunktion g^{-1}!
(Ergebnis: $g^{-1}\colon x \mapsto \frac{2}{x^2+1}$, $\mathbb{D}_{g^{-1}} = W_g$)

e) Zeigen Sie, ohne auf den Graphen von g^{-1} Bezug zu nehmen:
g^{-1} ist in $\mathbb{R}_0^+$ streng monoton abnehmend!

f) Untersuchen Sie, ob g^{-1} nach oben oder unten beschränkt ist. Geben Sie gegebenenfalls die größte untere Schranke und die kleinste obere Schranke an und entscheiden Sie, ob diese von der Funktion angenommen werden.

76. Gegeben ist die Funktion
$f\colon x \mapsto f(x) = \frac{x+1}{x}$; $x \in \mathbb{R}^+$.
Ihr Graph heißt G_f.

a) Berechnen Sie die Funktionswerte für $x = \frac{1}{4}, \frac{1}{2}$, 1, 2, 3, 4 und 5 und zeichnen Sie den Graphen G_f.

b) Zeigen Sie, dass f streng monoton abnehmend ist. Vergleichen Sie dazu die Funktionswerte bei x_1 und x_2 mit $0 < x_1 < x_2$.

c) Zeigen Sie, dass die Zahl 1 eine untere Schranke für alle Funktionswerte von f darstellt. Gibt es eine größere untere Schranke? Begründung!

d) Stellen Sie die Gleichung der Umkehrfunktion f^{-1} auf. Zeichnen Sie den Graphen von f^{-1} in das unter Teilaufgabe a angelegte Koordinatensystem ein.

77. Gegeben ist die Funktion

$f\colon\ x \mapsto \frac{2x^2}{x^2+2}$ mit $x \in \mathbb{R}$.

a) Berechnen Sie die Nullstelle von f.

b) Untersuchen Sie das Symmetrieverhalten von G_f.

c) Bestimmen Sie rechnerisch den Wertebereich W_f.

d) Untersuchen Sie, ob ein Infimum s oder Supremum S existiert und ob dieses gegebenenfalls von der Funktion angenommen wird.

Es wird nun folgende Einschränkung g von f betrachtet:

$g\colon\ x \mapsto g(x) = f(x);\quad x \in \mathbb{R}_0^+$.

e) Zeigen Sie durch Rechnung, dass G_g streng monoton steigt.

f) Bestimmen Sie den Funktionsterm der Umkehrfunktion g^{-1} und den Definitionsbereich der Umkehrfunktion.

78. Gegeben ist die Funktion

$f\colon\ x \mapsto \frac{x^2-1}{x^2};\quad x \in \mathbb{R}\setminus\{0\}$.

a) Ist die Funktion nach oben oder nach unten beschränkt? Wird die größte untere Schranke bzw. die kleinste obere Schranke angenommen?

b) Zeigen Sie durch Rechnung, dass f in $\mathbb{R}^+$ streng monoton zunimmt.

79. Gegeben ist die Funktion

$f\colon\ x \mapsto \sqrt{-x^2+4x+5}$ mit maximalem Definitionsbereich $\mathbb{D}_f$.

a) Bestimmen Sie $\mathbb{D}_f$.

b) Zeigen Sie, dass f sowohl nach oben als auch nach unten beschränkt ist. Geben Sie das Supremum S und das Infimum s an. An welchen Stellen werden gegebenenfalls S oder s als Werte angenommen?

c) Geben Sie die Wertemenge von f an.

d) Skizzieren Sie den Graphen von f.

4 Rationale Funktionen

4.1 Zerlegungssatz über ganzrationale Funktionen

Definition:
Eine Funktion

$$f\colon\ x \mapsto a_n x^n + a_{n-1} + \ldots + a_1 x + a_0;\quad n \in \mathbb{N}$$

wobei

$$a_n, a_{n-1}, \ldots, a_1, a_0 \in \mathbb{R},$$

nennt man eine **ganzrationale Funktion.**

Ist $a_n \neq 0$, so hat die Funktion den **Grad n.**

Wenn x_0 eine Nullstelle der ganzrationalen Funktion f vom Grad n mit $n \in \mathbb{N}$ ist, gibt es folgende Zerlegung:

$$f(x) = (x - x_0)\,(b_{n-1}x^{n-1} + \ldots + b_1 x + b_0),\quad b_{n-1} \neq 0.$$

Daraus folgt: $f(x)$ ist durch $(x - x_0)$ teilbar.

Eine ganzrationale Funktion vom Grad n hat höchstens n Nullstellen, wobei mehrfache Nullstellen mehrfach gerechnet werden.

Es gilt die Zerlegung:

$$f(x) = x^4 - 4x^2 = x^2\,(x^2 - 4)$$
$$= x^2\,(x + 2)\,(x - 2)$$

$x = 0$ ist **zweifache** Nullstelle,
$x = -2$ und $x = 2$ sind jeweils **einfache** Nullstellen.

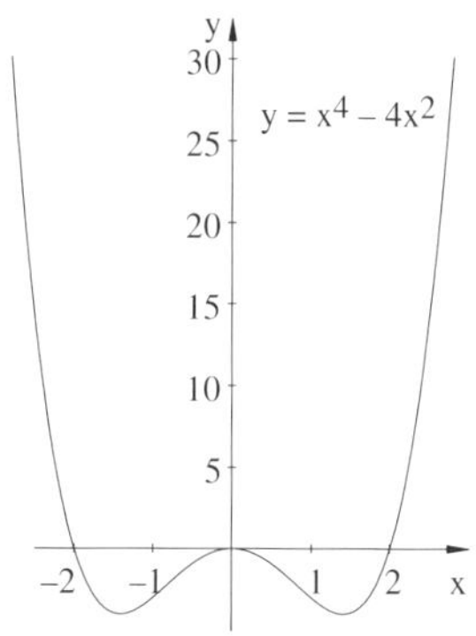

Es gilt die Zerlegung:
$f(x) = x\,(x^2 - 4) = x\,(x - 2)\,(x + 2)$

$x = 0$, $x = 2$ und $x = -2$ sind jeweils **einfache** Nullstellen.

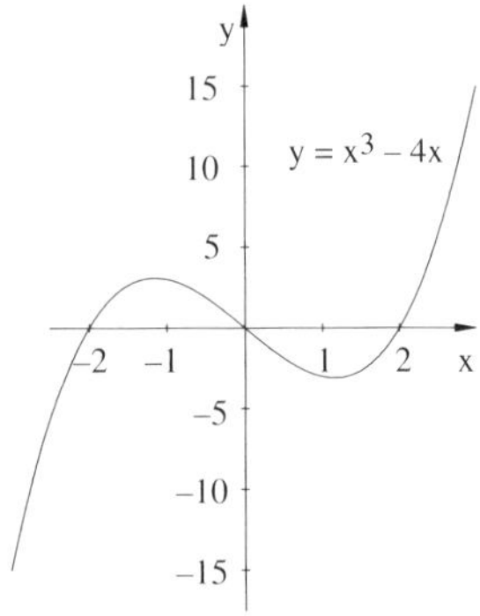

$f(x) = \frac{1}{3}x^3$

$x = 0$ ist **dreifache** Nullstelle.

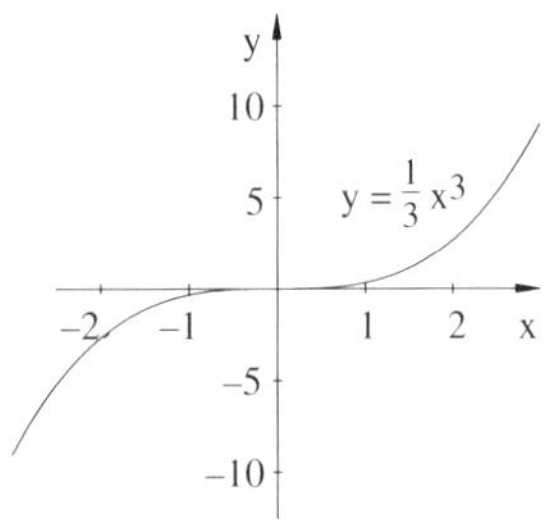

Beispiel

Wir bestimmen Nullstellen

Bestimmen Sie die Nullstellen der Funktion
$f\colon\ x \mapsto f(x) = x^4 + 4x^3 - 6x^2 - 36x - 27;\quad x \in \mathbb{R}$.

Lösung:
Durch Probieren findet man $f(-3) = 0$.
Also gilt:

$$f(x) = [x - (-3)] \cdot g(x)$$
$$\Leftrightarrow f(x) = (x + 3) \cdot g(x)$$
$$\Leftrightarrow g(x) = \frac{f(x)}{x + 3}$$

Wir bestimmen g (x) durch **Polynomdivision:**

Wir überlegen	**Wir rechnen**
1. Wir teilen das höchste Glied von f (x) durch x. Also: $x^4 : x = x^3$	$(x^4 + 4x^3 - 6x^2 - 36x - 27) : (x + 3) = x^3$
2. Wir multiplizieren (x + 3) mit x^3 und subtrahieren das Produkt von f (x).	$\begin{array}{l}(x^4+4x^3-6x^2-36x-27):(x+3)=x^3\\ \underline{-(x^4+3x^3)}\\ \qquad\quad x^3-6x^2-36x-27\end{array}$
3. Wir dividieren das höchste Glied vom Rest $(x^3 - 6x^2 - 36x - 27)$ durch x. Also: $x^3 : x = x^2$	$\begin{array}{l}(x^4+4x^3-6x^2-36x-27):(x+3)=x^3+x^2\\ \underline{-(x^4+3x^3)}\\ \qquad\quad x^3-6x^2-36x-27\end{array}$
4. Wir multiplizieren (x + 3) mit x^2 und subtrahieren das Produkt von $(x^3 - 6x^2 - 36x - 27)$.	$\begin{array}{l}(x^4+4x^3-6x^2-36x-27):(x+3)=x^3+x^2\\ \underline{-(x^4+3x^3)}\\ \qquad\quad x^3-6x^2-36x-27\\ \qquad\quad \underline{-(x^3+3x^2)}\\ \qquad\qquad -9x^2-36x-27\end{array}$
5. Auf den Rest wenden wir analog die Schritte 1 und 4 an. Also: $-9x^2 : x = -9x$ Auf den Rest $(-9x - 27)$ wenden wir analog die Schritte 3 und 4 an. Also: $-9x : x = -9$	$\begin{array}{l}(x^4+4x^3-6x^2-36x-27):(x+3)=x^3+x^2-9x-9\\ \underline{-(x^4+3x^3)}\\ \qquad\quad x^3-6x^2-36x-27\\ \qquad\quad \underline{-(x^3+3x^2)}\\ \qquad\qquad -9x^2-36x-27\\ \qquad\qquad \underline{-(-9x^2-27x)}\\ \qquad\qquad\qquad -9x-27\\ \qquad\qquad\qquad \underline{-(-9x-27)}\\ \qquad\qquad\qquad\quad 0+0\end{array}$

Zwischenergebnis: $f(x) = (x+3)\underbrace{(x^3+x^2-9x-9)}_{g(x)}$

Kann g(x) weiter in Faktoren zerlegt werden? Durch Probieren finden wir g(–3) = 0. Demnach gilt:

$$f(x) = (x+3)\cdot\underbrace{(x+3)\cdot h(x)}_{g(x)}$$

Wir bestimmen h(x), indem wir g(x) durch (x + 3) teilen:

$$
\begin{array}{l}
(x^3+x^2-9x-9):(x+3)=x^2-2x-3\\
\underline{-(x^3+3x^2)}\\
\quad -2x^2-9x-9\\
\quad \underline{-(-2x^2-6x)}\\
\qquad -3x-9\\
\qquad \underline{-(-3x-9)}\\
\qquad\quad 0+0
\end{array}
$$

$$\text{Also: } f(x) = (x+3)\underbrace{(x+3)(x^2-2x-3)}_{g(x)}$$

Die weiteren Nullstellen sind die Nullstellen des quadratischen Polynoms $x^2 - 2x - 3$.

Aus $x^2 - 2x - 3 = 0 \Leftrightarrow x = 3 \vee x = -1$

Also: $f(x) = (x + 3)^2 \cdot (x - 3) \cdot (x + 1)$

f(x) hat drei Nullstellen: eine doppelte an der Stelle x = –3 und je eine einfache an den Stellen 3 und –1.

Aufgaben

80. Bestimmen Sie die Nullstellen der folgenden ganzrationalen Funktionen:

a) $f\colon x \mapsto 3x^2 - x^3 - x; \quad x \in \mathbb{R}$

b) $f\colon x \mapsto (x - 1)^2 - (3x - 0{,}5)^2; \quad x \in \mathbb{R}$

c) $f\colon x \mapsto 3x^4 - 2(-x)^2; \quad x \in \mathbb{R}$

d) $f\colon x \mapsto x^2 - (2 - x)\,x - x\,(-3 - x) + 1; \quad x \in \mathbb{R}$

81. Dividieren Sie:

a) $(x^4 - 4x^3 - x^2 + 16x - 12) : (x - 1)$

b) $(x^3 + 5x^2 + x + 5) : (x + 5)$

c) $(x^4 + 4x^3 + 6x^2 + 8x + 8) : (x^2 + 4x + 4)$

d) $(x^3 + 5x^2 - 17x - 21) : (x + 7)$

Vermischte Aufgaben

82. Bestimmen Sie die Nullstellen folgender ganzrationaler Funktionen:

a) f: $x \mapsto 30\,(x-1)\,(3x-5)$; $x \in \mathbb{R}$

b) f: $x \mapsto (x-1)\cdot 2-(4x-3)$; $x \in \mathbb{R}$

c) f: $x \mapsto (x-1)^2-(2x-1)^2-x^3$; $x \in \mathbb{R}$

d) f: $x \mapsto 2+(3x^2-x)\,3-3x+4$; $x \in \mathbb{R}$

e) f: $x \mapsto 2x^3-14x^2+28x-16$; $x \in [0; 4]$

f) f: $x \mapsto x^3-3x^2-9x$; $x \in \mathbb{R}$

4.2 Rationale Funktionen

Eine Funktion

$$f:\ x \mapsto \frac{g(x)}{h(x)};\quad x \in \mathbb{D}_f$$

heißt **rationale** Funktion.
g (x) und h (x) sind Polynome.

Beispiel

Wir unterscheiden ganzrationale Funktionen von gebrochen-rationalen Funktionen

Entscheiden Sie, welche der folgenden Funktionen ganzrationale Funktionen und welche gebrochenrationale Funktionen sind.

a) $f:\ x \mapsto \frac{1}{x};\quad x \in \mathbb{R} \setminus \{0\}$

b) $f:\ x \mapsto \frac{x^2 + 2x + 3}{2};\quad x \in \mathbb{R}$

c) $f:\ x \mapsto \frac{x - 2}{x + 1};\quad x \in \mathbb{R} \setminus \{-1\}$

d) $f:\ x \mapsto \frac{3}{x^2 - x};\quad x \in \mathbb{R} \setminus \{0;\ 1\}$

Lösung:
Wir unterscheiden:

- ganzrationale Funktion, wenn das Nennerpolynom eine Konstante ($\neq 0$) ist.
- gebrochenrationale Funktion, wenn das Nennerpolynom mindestens den Grad 1 hat.

a) gebrochenrational (Das Nennerpolynom hat den Grad 1)

b) ganzrational (Das Nennerpolynom ist eine Konstante)

c) gebrochenrational (Das Nennerpolynom hat den Grad 1)

d) gebrochenrational (Das Nennerpolynom hat den Grad 2)

Aufgabe

83. Entscheiden Sie, ob f ganzrational oder ob f gebrochenrational ist.

a) f: $x \mapsto \frac{3}{4-x}$; $x \in \mathbb{R} \setminus \{4\}$

b) f: $x \mapsto \frac{2-x^2}{-1}$; $x \in \mathbb{R}$

c) f: $x \mapsto \frac{2}{x^2+1}$; $x \in \mathbb{R}$

d) f: $x \mapsto \frac{2-x}{x^3-x^2-2x}$; $x \in \mathbb{R} \setminus \{0; 2; -1\}$

4.3 Gebrochenrationale Funktionen

Die **Definitionslücken** einer gebrochenrationalen Funktion

$$f\colon\ x \mapsto \frac{g(x)}{h(x)};\quad x \in \mathbb{D}_f$$

sind die Nullstellen des Nennerpolynoms h (x).

Die **Nullstellen** einer gebrochenrationalen Funktion

$$f\colon\ x \mapsto \frac{g(x)}{h(x)};\quad x \in \mathbb{D}_f$$

sind diejenigen Nullstellen des Zählerpolynoms g (x), die nicht zugleich Nullstellen des Nennerpolynoms h (x) sind.

Eine gekürzte gebrochenrationale Funktion

$$f\colon\ x \mapsto \frac{g(x)}{h(x)};\quad x \in \mathbb{D}_f$$

hat eine **Unendlichkeitsstelle** (Pol) n-ter Ordnung an der Stelle x, wenn x n-fache Nullstelle des Nennerpolynoms h (x) ist, aber nicht zugleich Nullstelle des Zählerpolynoms g (x) ist.

Ungefährer Kurvenverlauf
Anhand der Nullstellen und Unendlichkeitsstellen kann man den ungefähren Kurvenverlauf einer gebrochenrationalen Funktion zeichnen. Dabei kann man sich zugleich überlegen, ob die Funktionswerte positiv oder negativ sind.

Beispiele

1. **Wir bestimmen Definitionslücken**

   Bestimmen Sie die Definitionslücken der Funktion

   $$f\colon\ x \mapsto \frac{x^2}{x^3 - 2x^2 + x}$$

   mit maximalem Definitionsbereich $\mathbb{D}_f$.

Lösung:
Wir bestimmen die Nullstellen des Nennerpolynoms. Also:

$$x^3 - 2x^2 + x = 0$$
$$\Leftrightarrow x(x^2 - 2x + 1) = 0$$
$$\Leftrightarrow \quad x = 0 \quad \vee \quad x^2 - 2x + 1 = 0$$
$$\Leftrightarrow (x-1)^2 = 0$$
$$\Leftrightarrow x = 1$$

0 und 1 sind Nullstellen des Nennerpolynoms und damit Definitionslücken der Funktion f.

2. **Wir bestimmen Nullstellen**

Bestimmen Sie – falls vorhanden – die Nullstellen!

a) $f\colon x \mapsto \frac{x-2}{x+3}; \quad x \in \mathbb{R} \setminus \{-3\}$

b) $f\colon x \mapsto \frac{x-2}{x^2-5x+6}; \quad x \in \mathbb{R} \setminus \{2; 3\}$

Lösung:

a) f hat die Nullstelle 2, denn $f(2) = \frac{2-2}{2+3} = \frac{0}{5} = 0$

b) Vielleicht vermuten Sie, dass auch in diesem Fall die Nullstelle 2 heißt. Doch das ist falsch!
f ist an der Stelle 2 gar nicht definiert! Damit hat f keine Nullstelle.

3. **Wir bestimmen Unendlichkeitsstellen**

Ermitteln Sie die Unendlichkeitsstellen der folgenden Funktionen:

a) $f\colon x \mapsto \frac{x-1}{x-2}; \quad x \in \mathbb{R} \setminus \{2\}$

b) $f\colon x \mapsto \frac{x^2-1}{x^2-x-2}; \quad x \in \mathbb{R} \setminus \{-1; 2\}$

Lösung:

a) Die gegebene Funktion f hat an der Stelle 2 eine Definitionslücke, die zugleich Unendlichkeitsstelle von f ist.

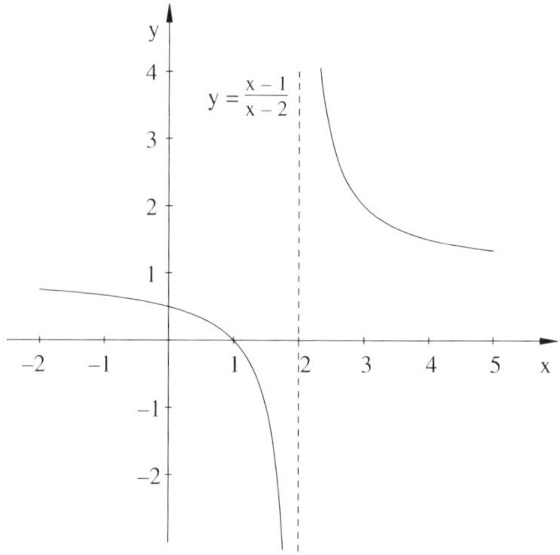

b) Wir faktorisieren zunächst Zähler- und Nennerpolynom

$$f(x) = \frac{(x-1)(x+1)}{(x+1)(x-2)}$$

für $x \neq -1$ gilt:

$$f(x) = \frac{(x-1)(x+1)}{(x+1)(x-2)} = \frac{x-1}{x-2}$$

Für $x = -1$ liegt eine Definitionslücke, aber keine Unendlichkeitsstelle vor.

An der Stelle $x = 2$ hat f eine Definitionslücke, die zugleich Unendlichkeitsstelle ist.

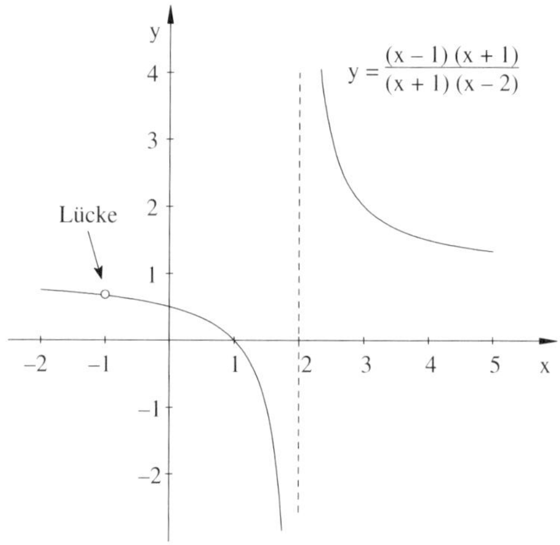

4. **Wir zeichnen den ungefähren Kurvenverlauf**

Skizzieren Sie im Wesentlichen anhand der Nullstelle und der Unendlichkeitsstelle den groben Verlauf des Graphen der Funktion

$f\colon\ x \mapsto \frac{2x}{x-2};\quad x \in \mathbb{R} \setminus \{2\}$

Lösung:

Die Funktion f hat an der Stelle 0 eine Nullstelle, an der Stelle 2 eine Unendlichkeitsstelle mit Vorzeichenwechsel.

Für $x > 2$ gilt:
$f(x) > 0$

Für $0 < x < 2$ gilt:
$f(x) < 0$

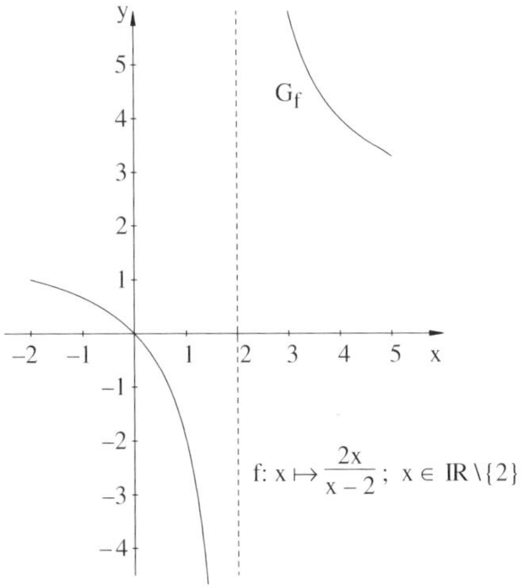

5. **Wir zeichnen den ungefähren Kurvenverlauf**

Gegeben ist die Funktion

$f\colon\ x \mapsto \frac{x^2-4}{1-x^2}$

mit maximalem Definitionsbereich $\mathbb{D}_f$.

Gesucht ist der grobe Verlauf ihres Graphen. Lösen Sie dazu folgende Teilaufgaben:

a) Faktorisieren Sie Zähler- und Nennerpolynom!

b) Ermitteln Sie die maximal mögliche Definitionsmenge $\mathbb{D}_f$.
Wo sind also die Definitionslücken?

c) Welches sind die Nullstellen von f?

d) Welches sind die Unendlichkeitsstellen von f?

e) In welchem Intervall ist $f(x)$ positiv bzw. negativ?

f) Der Graph zeigt ein besonderes Symmetrieverhalten. Welches?

g) Berechnen Sie f(0) und skizzieren Sie den groben Verlauf des Graphen G_f.

Lösung:

a) $f(x) = \frac{(x-2)(x+2)}{(1-x)(1+x)}$

b) f ist nicht definiert, wo $(1 - x)(1 + x) = 0 \Leftrightarrow x = 1 \vee x = -1$.
Also: $\mathbb{D}_f = \mathbb{R} \setminus \{1; -1\}$
Die Funktion f hat an den Stellen 1 und –1 Definitionslücken.

c) Nullstellen: 2; –2

d) Unendlichkeitsstellen: 1; –1

e) Wir teilen den Definitionsbereich in Intervalle ein. Die Intervallgrenzen sind dabei durch die Nullstellen und Unendlichkeitsstellen festgelegt. Danach stellen wir fest, welches Vorzeichen die einzelnen Terme innerhalb dieser Intervalle haben. Daraus folgt dann das Vorzeichen des gesamten Funktionsterms f(x) (siehe Abb.!).

f) $$\left.\begin{array}{l} f(x) = \frac{x^2-4}{1-x^2} \\ f(-x) = \frac{(-x)^2-4}{1-(-x)^2} = \frac{x^2-4}{1-x^2} \end{array}\right\} \Rightarrow f(x) = f(-x) \text{ für alle } x \in \mathbb{D}_f$$

$\Rightarrow$ G_f ist symmetrisch bezüglich der y-Achse.

g)

	]–∞; –2[	]–2; –1[	]–1; 1[	]1; 2[	]2; ∞[
(x – 2)	–	–	–	–	+
(x + 2)	–	+	+	+	+
(1 – x)	+	+	+	–	–
(1 + x)	–	–	+	+	+
f(x)	$\frac{(-)\cdot(-)}{(+)\cdot(-)} = \frac{+}{-} = -$				

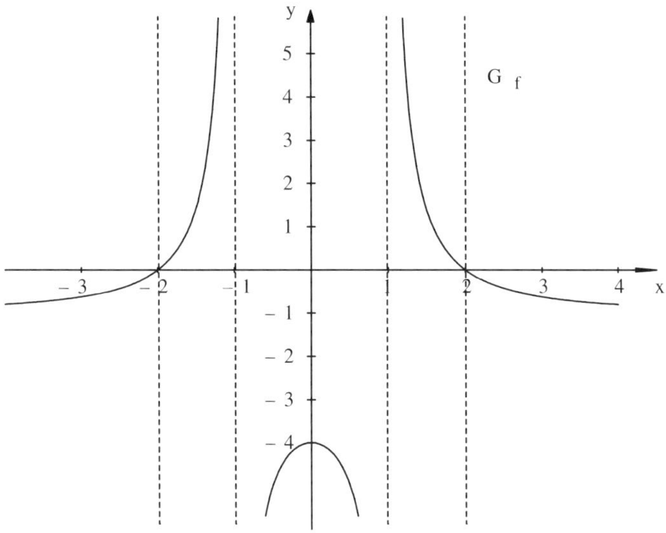

$$f\colon x \mapsto \frac{x^2-4}{1-x^2}\,;\; x \in \mathbb{R}\setminus\{1; -1\}$$

Der Nenner
$1 - x^2 = (1 - x)(1 + x)$
hat die **einfachen** Nullstellen 1 und –1.

⇒ Das **Vorzeichen** an den Unendlichkeitsstellen 1 und –1 **wechselt.**

6. **Wir zeichnen den groben Kurvenverlauf**

Gegeben ist die Funktion

$f:\ x \mapsto \frac{10}{(x-1)^2}\ ;\quad x \in \mathbb{R}\setminus\{1\}$

Gesucht ist der grobe Verlauf ihres Graphen. Lösen Sie dazu folgende Teilaufgaben:

a) Berechnen Sie $f(-10)$, $f(-2)$, $f(0)$, $f(0{,}5)$, $f(1{,}5)$, $f(2)$, $f(4)$.

b) Welches Symmetrieverhalten zeigt der Graph?

c) Skizzieren Sie den Graphen!

Lösung:

a) $f(-10) = \frac{10}{(-10-1)^2} \approx 0{,}1$

$f(-2) = \frac{10}{(-2-1)^2} \approx 1{,}1$

$f(0) = 10$

$f(0{,}5) = 40$

$f(1{,}5) = 40$

$f(2) = 10$

$f(4) \approx 1{,}1$

b) Der Graph ist symmetrisch zur Geraden $x = 1$.
Rechnerischer Nachweis: Es muss gelten: $f(1+x) = f(1-x)$

$$\left.\begin{aligned} f(1+x) &= \frac{10}{(1+x-1)^2} = \frac{10}{x^2} \\ f(1-x) &= \frac{10}{(1-x-1)^2} = \frac{10}{x^2} \end{aligned}\right\} \Rightarrow f(1+x) = f(1-x) \text{ für alle } x \in \mathbb{D}_f$$

c) Der Nenner $(x-1)^2$ hat die **doppelte** Nullstelle 1.
$\Rightarrow$ das **Vorzeichen** an der Unendlichkeitsstelle 1 **wechselt nicht!**

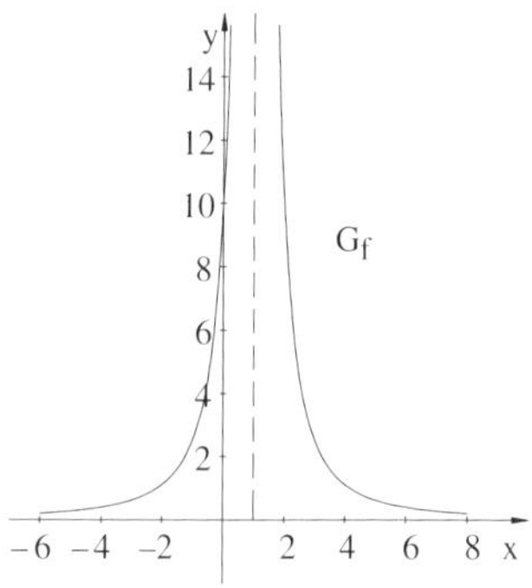

$f:\ x \mapsto \frac{10}{(x-1)^2}\ ;\quad x \in \mathbb{R}\setminus\{1\}$

Aufgaben

84. Ermitteln Sie – soweit vorhanden – Definitionslücke(n) und Nullstelle(n) der Funktion f: $x \mapsto f(x)$ mit $x \in \mathbb{D}_f$.
$\mathbb{D}_f$ ist die maximal mögliche Definitionsmenge.

a) $f(x) = \frac{1}{x}$

b) $f(x) = \frac{2x}{1-x}$

c) $f(x) = \frac{8x-16}{x^2+4x+4}$ (Hinweis: Faktorisieren Sie Zähler und Nenner)

d) $f(x) = \frac{x^2-x}{x^2}$

e) $f(x) = \frac{x+1}{x^2-3x-4}$ (Hinweis: Faktorisieren Sie Zähler und Nenner)

f) $f(x) = \frac{3x^2-9x+6}{x^2-4x+3}$ (Hinweis: Faktorisieren Sie Zähler und Nenner)

g) $f(x) = \frac{x^2-3x}{(x-2)^2}$

h) $f(x) = \frac{x^4+x^3}{x^2-1}$

i) $f(x) = \frac{3x^2}{x+1}$

j) $f(x) = \frac{-x^2+5x}{2x-2}$

k) $f(x) = \frac{x^2-2x+1}{x+1}$

l) $f(x) = \frac{x^2+2x-3}{9-x^2}$

m) $f(x) = \frac{1}{x} - 2$

n) $f(x) = \frac{1}{x-1} + 3$

o) $f(x) = \frac{1}{x^2+3}$

p) $f(x) = \frac{(x-2)(x+1)}{x+3}$

85. Ermitteln Sie die Unendlichkeitsstelle(n) der folgenden Funktionen
f: $x \mapsto f(x)$ mit $x \in \mathbb{D}_f$.
$\mathbb{D}_f$ ist der maximal mögliche Definitionsbereich.

a) $f(x) = \dfrac{x+1}{x^2 - 3x - 4}$ b) $f(x) = \dfrac{x-1}{x^2 - 2x + 1}$

c) $f(x) = \dfrac{x+1}{x^2 + x}$ d) $f(x) = \dfrac{x+1}{x^2 + 2x}$

e) $f(x) = \dfrac{(x+2)^2}{(x+2)(x-1)^2}$ f) $f(x) = \dfrac{x^2 + x - 6}{(x+3)(2-x)}$

86. Betrachten Sie nachfolgende Abbildungen.

(1)

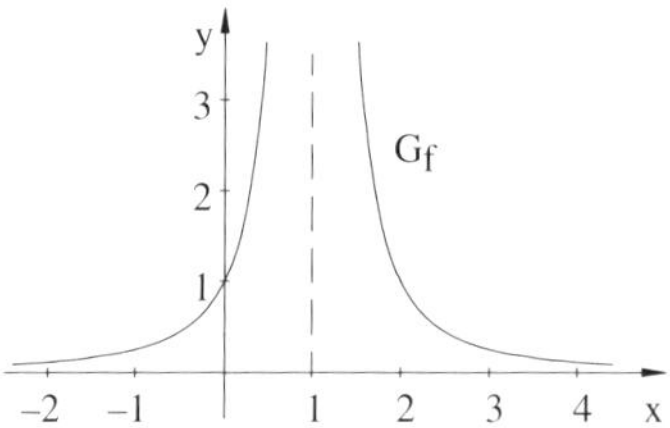

(2)

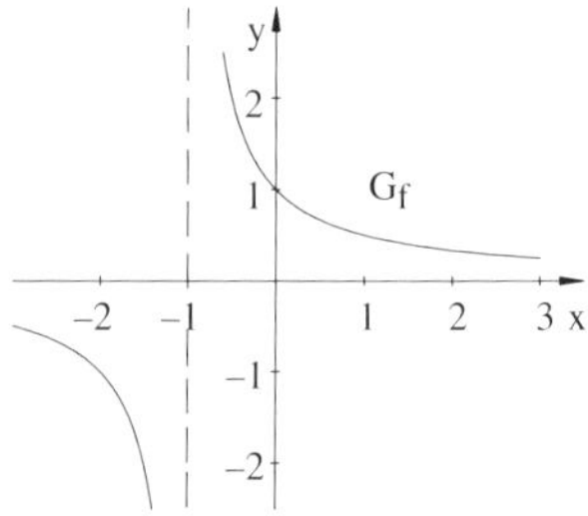

(3)

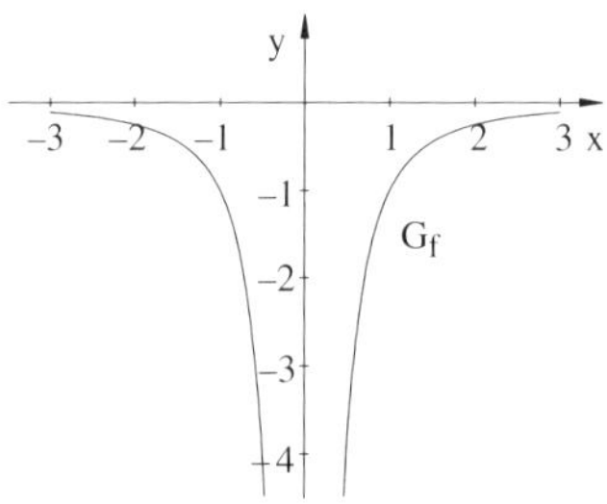

(4)

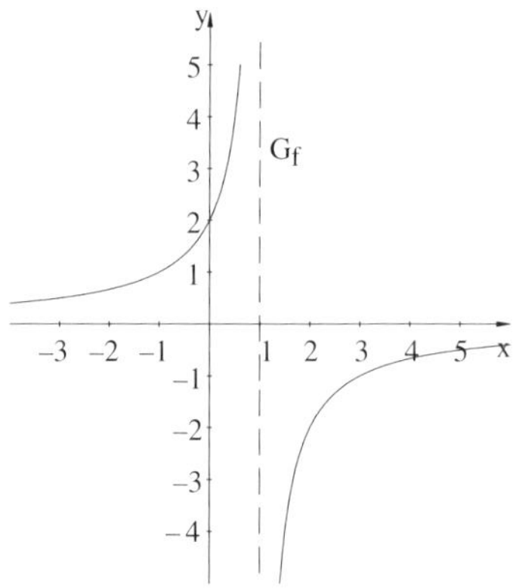

(5)

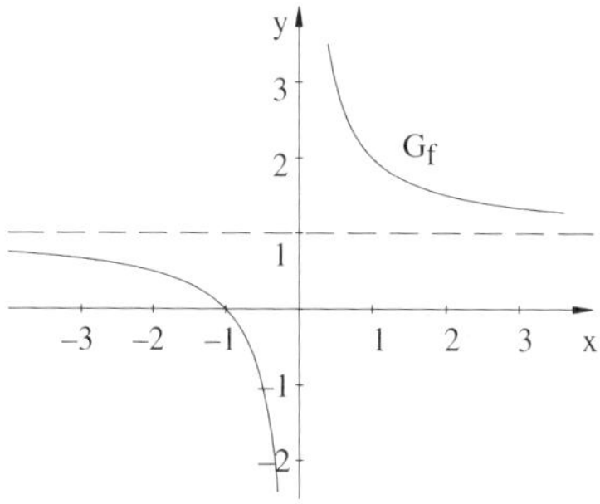

Die Graphen zeigen den groben Verlauf der folgenden Funktionen. Entscheiden Sie, welcher Graph zu welcher Funktionsgleichung gehört!

a) f: $x \mapsto \frac{-1}{x^2}$; $x \in \mathbb{R} \setminus \{0\}$

b) f: $x \mapsto \frac{1}{x+1}$; $x \in \mathbb{R} \setminus \{-1\}$

c) f: $x \mapsto \frac{-2}{x-1}$; $x \in \mathbb{R} \setminus \{1\}$

d) f: $x \mapsto \frac{1}{(x-1)^2}$; $x \in \mathbb{R} \setminus \{1\}$

e) f: $x \mapsto \frac{x^2+x}{x^2}$; $x \in \mathbb{R} \setminus \{0\}$

87. Skizzieren Sie im Wesentlichen anhand der Nullstellen und Unendlichkeitsstellen den ungefähren Verlauf der Graphen folgender Funktionen:

a) f: $x \mapsto \frac{1}{x^2}$; $x \in \mathbb{R} \setminus \{0\}$

b) f: $x \mapsto \frac{1}{x-1}$; $x \in \mathbb{R} \setminus \{1\}$

c) f: $x \mapsto \frac{x^2}{x^2-1}$; $x \in \mathbb{R} \setminus \{1; -1\}$

d) f: $x \mapsto \frac{x+2}{x^2+2x}$; $x \in \mathbb{R} \setminus \{0; -2\}$

e) f: $x \mapsto \frac{x+1}{x^2-x-2}$; $x \in \mathbb{R} \setminus \{-1; 2\}$

f) f: $x \mapsto \frac{x^2-4x}{(x-1)^2}$; $x \in \mathbb{R} \setminus \{1\}$

Vermischte Aufgaben

88. Gegeben ist die Funktion

f: $x \mapsto \frac{12}{x^2+2}$; $x \in \mathbb{R}_0^+$.

Ihr Graph heißt G_f.

a) Zeigen Sie durch Rechnung, dass f streng monoton abnehmend ist.

b) Geben Sie die Wertemenge von f an.

c) Skizzieren Sie G_f.

d) Bestimmen Sie die Funktionsgleichung der Umkehrfunktion f^{-1} und zeichnen Sie den Graphen in die unter Teilaufgabe c angelegte Zeichnung.

89. Gegeben ist die Funktion

$$f:\ x \mapsto \frac{2x}{x+2}$$

mit maximalem Definitionsbereich $\mathbb{D}_f$. Ihr Graph heißt G_f.

a) Geben Sie $\mathbb{D}_f$ an.

b) Zeigen Sie durch Rechnung, dass G_f streng monoton steigt.

c) Skizzieren Sie im Wesentlichen anhand der Nullstellen und der Unendlichkeitsstellen den groben Verlauf von G_f.

d) Es wird nun die Einschränkung g von f betrachtet:

$$g:\ x \mapsto \frac{2x}{x+2};\ x \in\ ]-2; \infty[.$$

Ermitteln Sie den Term der Umkehrfunktion g^{-1} und tragen Sie ihren Graphen $G_{g^{-1}}$ in die unter Teilaufgabe c angelegte Zeichnung ein.

e) Bestimmen Sie rechnerisch den Schnittpunkt der Graphen G_f und $G_{g^{-1}}$.

5 Folgen und Reihen

5.1 Folgen

Explizite und rekursive Definition

Unter einer Folge versteht man eine Funktion mit $\mathbb{D}_f = \mathbb{N}$.

Eine Folge kann auf zwei Arten definiert werden:

- **Explizite Definition:** Die Folge ist durch einen expliziten Term („Bildungsgesetz“) gegeben.
- **Rekursive Definition:** Man gibt das erste Glied a_1 der Folge an, dazu eine Formel, die angibt, wie man aus einem Glied a_n das nachfolgende Glied a_{n+1} erhält.

Arithmetische Folge

Eine Folge heißt **arithmetisch,** wenn die Differenz $a_{n+1} - a_n$ zweier aufeinander folgender Glieder konstant ist.

Für das n-te Glied gilt: $a_n = a_1 + (n - 1)\, d;\; d \in \mathbb{R},\; n \in \mathbb{N}$.

Geometrische Folge

Eine Folge heißt geometrisch, wenn der Quotient

$$q = \frac{a_{n+1}}{a_n}$$

zweier aufeinander folgender Glieder konstant ist.

Für das n-te Glied gilt: $a_n = a_1 \cdot q^{n-1};\; q \in \mathbb{R}\setminus\{0\},\; n \in \mathbb{N}$.

Beispiele

1. **Wir berechnen die Glieder einer Folge.**

   Berechnen Sie die ersten vier Glieder der

   a) explizit definierten Folge $<a_n>: n \mapsto 1 + \frac{1}{n};\; n \in \mathbb{N}$.

   b) rekursiv definierten Folge $a_1 = 2;\; a_{n+1} = a_n + n;\; n \in \mathbb{R}$.

Lösung:

a) $a_1 = 1 + \frac{1}{1} = 2$

$a_2 = 1 + \frac{1}{2} = 1{,}5$

$a_3 = 1 + \frac{1}{3} = \frac{4}{3}$

$a_4 = 1 + \frac{1}{4} = \frac{5}{4}$

b) $a_1 = 2$

$a_2 = a_1 + 1 \quad \Leftrightarrow \quad a_2 = 2 + 1 = 3$

$a_3 = a_2 + 2 \quad \Leftrightarrow \quad a_3 = 3 + 2 = 5$

$a_4 = a_3 + 3 \quad \Leftrightarrow \quad a_4 = 5 + 3 = 8$

2. **Wir zeichnen den Graphen einer Folge**

Zeichnen Sie die Graphen der nachstehenden Folgen!

a) $<a_n>: n \mapsto \frac{n^2+1}{n}; \quad n \in \mathbb{N}$

b) $<b_n>: n \mapsto (-1)^n \cdot \frac{1}{n}; \quad n \in \mathbb{N}$

Lösung:

a) $a_1 = \frac{1^2+1}{1} = 2$

$a_2 = \frac{2^2+1}{2} = 2{,}5$

$a_3 = \frac{3^2+1}{3} = 3\frac{1}{3}$

$a_4 = \frac{4^2+1}{4} = 4{,}25$

$a_5 = \frac{5^2+1}{5} = 5{,}2$

Der Graph besteht aus diskreten Punkten.

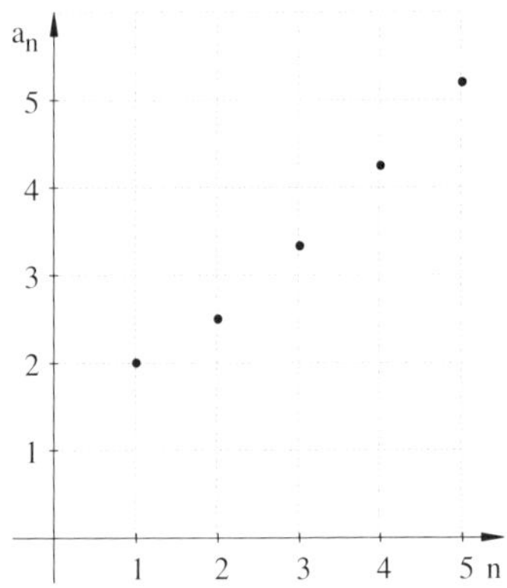

b) $b_1 = (-1)^1 \cdot \frac{1}{1} = -1$

$b_2 = (-1)^2 \cdot \frac{1}{2} = \frac{1}{2} = 0{,}5$

$b_3 = (-1)^3 \cdot \frac{1}{3} = -\frac{1}{3}$

$b_4 = (-1)^4 \cdot \frac{1}{4} = \frac{1}{4} = 0{,}25$

$b_5 = (-1)^5 \cdot \frac{1}{5} = -\frac{1}{5} = -0{,}2$

Der Graph besteht aus diskreten Punkten, die abwechselnd oberhalb und unterhalb der n-Achse liegen.

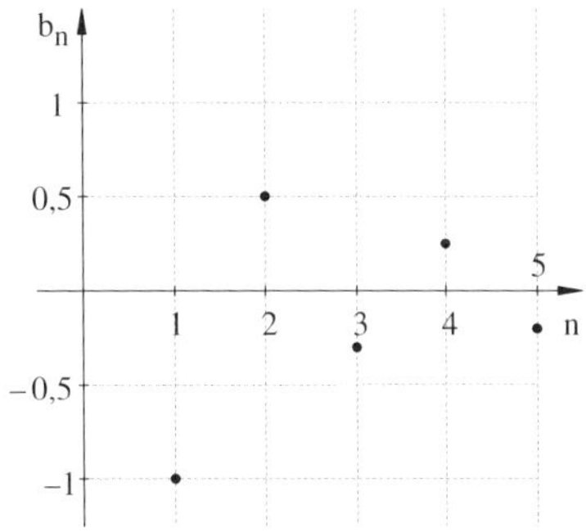

3. **Wir zeichnen den Graphen einer arithmetischen Folge**

Eine Zahlenfolge beginnt mit den Gliedern
2; –1; –4; –7; …

a) Zeigen Sie, dass es sich um eine arithmetische Folge handelt.

b) Zeichnen Sie den Graphen dieser Folge.

c) Geben Sie den Term für das n-te Glied an.

Lösung:

a) $-1 - 2 = -3$

$-4 - (-1) = -4 + 1 = -3$

$-7 - (-4) = -7 + 4 = -3$

Die Differenz aufeinander folgender Glieder ist konstant –3. Demnach ist die Folge eine arithmetische Folge.

b) siehe nebenstehende Abbildung!

c) Allgemein gilt für das n-te Glied:

$a_n = a_1 + (n - 1)\, d$

Mit $a_1 = 2$ und $d = -3$ wird

$a_n = 2 + (n - 1) \cdot (-3)$

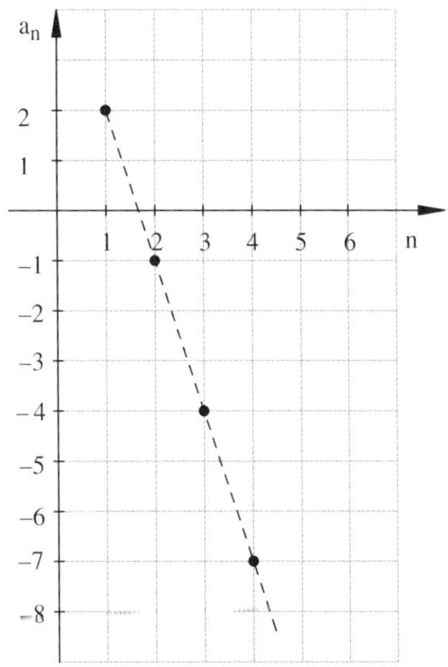

4. **Arithmetische Folge in einer Anwendungsaufgabe**

Etwa 20 m unter der Erdoberfläche herrscht bei uns die (fast) konstante Temperatur von 10 °C. Von da an nimmt die Temperatur alle 35 m um 1 °C zu. In welcher Tiefe beträgt die Temperatur 100 °C?

Lösung:

Die Temperaturen 10 °C, 11 °C, 12 °C, 13 °C … bilden eine arithmetische Folge

$<a_n>: n \mapsto 10 + (n-1) \cdot 1 \quad \text{mit } n \in \mathbb{N}$.

Die zugehörigen Tiefen bilden ebenfalls eine arithmetische Folge:

$<b_n>: n \mapsto 20 + (n-1) \cdot 35 \quad \text{mit } n \in \mathbb{N}$.

Um nun die Tiefe zu bestimmen, in der die Temperatur 100 °C ist, ermitteln wir zunächst das n, für das $a_n = 100$. Aus

$10 + (n-1)\,1 = 100 \quad \text{folgt} \quad n - 1 = 90 \Leftrightarrow n = 91$

Für die zugehörige Tiefe b_{91} gilt dann:

$b_{91} = 20 + (91-1) \cdot 35 = 3\,170$.

In 3 170 m Tiefe herrscht etwa die Temperatur 100 °C.

5. **Wir berechnen die Glieder einer geometrischen Folge**

Eine geometrische Folge beginnt mit

$a_1 = 1,\ a_2 = -\frac{1}{2},\ \dots$

Berechnen Sie a_6.

Lösung:

Eine geometrische Folge ist durch den Quotienten q gekennzeichnet. Wir bestimmen q:

$q = \frac{a_2}{a_1}; \quad q = \frac{-\frac{1}{2}}{1} = -\frac{1}{2}$

Nach der Formel für das 6-te Glied gilt:

$a_6 = a_1\, q^{6-1}$

Also

$a_6 = 1\left(-\frac{1}{2}\right)^5 = -\frac{1}{2^5} = -\frac{1}{32}$

6. **Geometrische Folge in einer Anwendungsaufgabe**

Die Intensität eines Lichtbündels wird beim Durchgang durch eine Glasplatte auf das 0,92-fache ihres Anfangswertes vermindert.
Welche Intensität hat das Lichtbündel, wenn es durch einen Stapel aus 10 solcher Glasplatten gegangen ist?

Lösung:
Bezeichnen wir die Lichtintensität am Anfang mit I_0, so beträgt sie nach Durchdringen

- der ersten Platte $I_1 = (I_0 \cdot 0{,}92)$,
- der zweiten Platte $I_2 = (I_0 \cdot 0{,}92) \cdot 0{,}92 = I_0 \cdot 0{,}92^2$, …
- der zehnten Platte $I_{10} = I_0 \cdot 0{,}92^{10} \approx I_0 \cdot 0{,}43$

Nach dem Durchdringen der zehnten Glasplatte ist die Intensität auf 43 % des Anfangswertes gesunken.

Aufgaben

90. Geben Sie das n-te Glied der Folge $<a_n>$ an für:

a) $a_n = (n+1)^2;\ n = 4$ b) $a_n = 2^{n+1};\ n = 5$

c) $a_n = [1-(-1)^n] \cdot (n+1);\ n = 10$ d) $a_n = (-2)^n\,(-1)^{n+1};\ n = 5$

91. Berechnen Sie für die rekursiv definierten Folgen die ersten 5 Glieder und geben Sie den Term für a_n an:

a) $a_1 = \frac{1}{3};\ a_{n+1} = a_n + \frac{1}{(2n+1)(2n+3)}$

b) $a_1 = \frac{1}{5};\ a_{n+1} = a_n + \frac{1}{(4n+1)(4n+5)}$

c) $a_1 = 4;\ a_{n+1} = 3a_n - 2$

92. Zeichnen Sie die Graphen der folgenden Zahlenfolgen für $n \leq 5$:

a) $n \mapsto -\frac{2}{1+n};\ n \in \mathbb{N}$ b) $n \mapsto \frac{1}{n^2+1};\ n \in \mathbb{N}$

c) $n \mapsto \frac{n^2+2}{n^2+1};\ n \in \mathbb{N}$ d) $n \mapsto (-1)^n \cdot (n-1);\ n \in \mathbb{N}$

93. Eine arithmetische Folge beginnt mit $a_1 = 2,\ a_2 = 5, \ldots$
Berechnen Sie das 31. Glied!

94. Zwischen 4 und 25 sollen 29 Zahlen so eingesetzt werden, dass eine arithmetische Folge entsteht. Wie groß ist ihre Differenz?

95. Welche der angegebenen Folgen sind arithmetische Folgen?

a) 5; 4; 5; 4; 5; …
b) 1; 2; 4; 8; 16; …
c) 7; 4; 1; –2; –5; …
d) –3; 0; 3; 6; 9; …
e) 9,2; 8,6; 8,0; 7,4; …
f) 2^1; 2^2; 2^3; 2^4; …
g) –3; –1; 0; 1; 3; …
h) 5; 1; –3; –7; …
i) $\frac{1}{3}$; $\frac{1}{6}$; $\frac{1}{5}$; $\frac{1}{12}$; …

96. Welche Temperatur herrscht etwa 1 000 m unter der Erdoberfläche? (vgl. Beispiel 4)

97. Zeichnen Sie den Graphen der folgenden Funktion:

a) $n \mapsto 2 - (n - 1);\ n \in \mathbb{N}$
b) $n \mapsto -3 + \frac{n-1}{4};\ n \in \mathbb{N}$

98. Experimentelle Übung: Falten Sie einen Bogen Papier in der Mitte. Legen Sie beide Hälften aufeinander. Verfahren Sie mit dem gefalteten Papier ebenso: Falten Sie es in der Mitte, so dass die zweite Faltachse rechtwinklig zur ersten Faltachse steht und legen Sie die Hälften aufeinander.
Bearbeiten Sie nun folgende Fragen:

a) Wie oft können Sie Ihren Bogen Papier so falten?
b) Hängt die Antwort zu Teilaufgabe a von der Größe des Papiers ab? (Nehmen Sie dazu einen Zeitungsbogen!)

Stellen Sie sich nun vor, dass nach jeder Faltung das Papier längs der Faltachse aufgeschnitten wird, die Papierhälften aufeinander gelegt werden und somit einen immer höher werdenden Turm bilden.

c) Wie hoch ist der Papierturm nach 15-maligem Falten? Die Dicke des nicht gefalteten Blattes sei 0,05 mm. Erst schätzen, dann rechnen!
d) Welcher allgemeine Zusammenhang besteht zwischen der Anzahl der Faltungen und der dazugehörigen Höhe des Papierturms?
e) Wie hoch wäre der Papierturm nach 20 Faltungen, nach 42 Faltungen?

99. Eine geometrische Folge beginnt mit $a_1 = 1$, $a_2 = 2$, … Berechnen Sie a_{10}!

100. Welche der angegebenen Folgen sind geometrische Folgen?

a) 32; 80; 200; 500; …

b) 0,125; −0,25; 0,5; −1; …

c) $\frac{2}{3}$; $\frac{4}{9}$; $\frac{6}{15}$; $\frac{8}{21}$; …

d) 243; 162; 108; 72; …

e) −1 024; 256; −64; 16; …

f) $\frac{2}{5}$; $-\frac{4}{9}$; $\frac{8}{13}$; $-\frac{16}{17}$; …

101. Zwischen je zwei Gliedern der Folge 1, 3, 9, 27, … ist noch eine Zahl so zu setzen, dass wieder eine geometrische Folge entsteht.

102. Zwischen 1 und 5 sollen 4 Zahlen so eingesetzt werden, dass eine geometrische Zahlenfolge von 6 Gliedern entsteht.

Vermischte Aufgaben

103. Die 5 ersten Glieder einer Zahlenfolge lauten:

$\frac{5}{2}, \frac{7}{5}, \frac{9}{10}, \frac{11}{17}, \frac{13}{26}, \dots$

a) Wie heißt das 6. Glied?

b) Geben Sie den Term für das allgemeine Glied a_n an.

104. Gegeben ist die Folge

$<a_n>: \; n \mapsto \frac{2n-7}{n+3}; \quad x \in \mathbb{N}.$

a) Berechnen Sie die ersten 5 Folgenglieder und zeichnen Sie den Graphen für $n \leq 5$.

b) Zeigen Sie, dass $<a_n>$ streng monoton zunimmt.

c) Weisen Sie nach, dass +2 obere Schranke von $<a_n>$ ist.

105. Die Folge $<a_n>$ ist rekursiv gegeben durch die Vorschrift:

$a_1 = \frac{1}{2}; \quad a_{n+1} = \frac{2a_n}{1+a_n}; \quad n \in \mathbb{N}.$

a) Berechnen Sie die ersten 6 Glieder der Folge und geben Sie ihr allgemeines Glied a_n an.

b) Begründen Sie kurz, dass $<a_n>$ nach oben durch 1 und nach unten durch 0 beschränkt ist.

c) Zeigen Sie, dass $<a_n>$ streng monoton zunimmt.

106. Eine Taschenrechnerfabrik liefert am 1. Oktober des Jahres 60 Sonderanfertigungen aus. An jedem folgenden Monatsersten soll die auszuliefernde Anzahl um 20 Stück erhöht werden. Nach wieviel Monaten werden am Monatsersten 840 Geräte ausgeliefert?

107. Bettina hat eine Schallplattensammlung mit einem Gesamtgewicht von 6 kg. Monatlich kauft sie sich eine weitere Platte dazu. Nach wieviel Monaten hat ihre Sammlung ein Gesamtgewicht von 9,6 kg, wenn jede Platte 0,2 kg wiegt?

108. Das 5. Glied einer arithmetischen Folge ist 10, das 15. Glied ist 50. Ermitteln Sie das erste Glied a_1 und die konstante Differenz d.

109. Von einer arithmetischen Folge mit 20 Gliedern ist das Produkt der beiden mittleren Glieder 725 und die Summe des 4. und 11. Glieds gleich 30. Wie groß sind a_1 und d?

110. Von einer arithmetischen Folge sind gegeben $a_{12} = 27$ und $d = 4$. Berechnen Sie a_1!

111. Die Summe des 3. und 5. Glieds einer arithmetischen Folge ist 44, die des 8. und 11. Glieds 99. Berechnen Sie d und a_1.

112. Eine Briefmarkenserie besteht aus 24 Briefmarken mit den Wertzeichen 5 Pf, 10 Pf, 15 Pf, ...

a) Welches Wertzeichen trägt die teuerste Marke?

b) Was kostet die gesamte Serie?

113. Beim Durchdringen einer Glasplatte verliert Licht 8 % seiner Intensität.

a) Wie viel % verliert es, wenn es durch einen Stapel aus 50 solcher Glasplatten geht?

b) Wie viele Glasplatten muss ein Stapel enthalten, bis die Intensität nur noch höchstens 1 % beträgt und der Glasstapel damit für das Auge praktisch undurchsichtig wird?

114. Wachstumsrate von Bakterien:

a) Wie viele Cholerabakterien können sich in 12 Stunden aus einem Cholerabakterium bilden, wenn alle 20 min eine Spaltung erfolgt?

b) Cholerabakterien sind im Mittel 0,001 mm lang. Denken Sie sich alle Bakterien, die nach (1) 2 Stunden, (2) 4 Stunden, (3) 12 Stunden durch fortgesetzte Spaltung aus einem Bakterium theoretisch entstanden sein könnten, zu einem Turm übereinander gestellt. Was schätzen Sie, wie hoch sind die einzelnen Türme? Erreicht der höchste Turm die Spitze des Ulmer Münsters (164 m)?

c) Gleichzeitig mit dem Turmbau startet vom Fuß des Turmes ein Lichtstrahl. Nach der wievielten Teilung etwa holen die Bakterien den Lichtstrahl ein, wenn die Bakterien nach jeder Spaltung „schlagartig", d. h. ohne Zeitverlust übereinander getürmt werden?

115. Rohölreserven:
Im Jahre 1972 betrug der gesamte Weltverbrauch $2{,}7 \cdot 10^{12}\ \ell$. Der Verbrauch erhöhte sich in den folgenden Jahren bis heute jährlich im Mittel um jeweils 5,1 %.
Das gesamte Rohölvorkommen der Erde wurde einschließlich zukünftiger Funde im Jahre 1972 auf $7{,}25 \cdot 10^{13}\ \ell$ geschätzt.

a) Wie hoch war der gesamte Rohölverbrauch im Jahre 1976?

b) Wie hoch wird der gesamte Rohölverbrauch im Jahre 1980 sein, wenn wir annehmen, dass jährlich konstant um 5,1 % mehr verbraucht wird?

c) In wie viel Jahren werden schätzungsweise die Rohölreserven – unter der Voraussetzung, dass der Verbrauch jährlich konstant um 5,1 % steigt – verbraucht sein?

116. Bei der Beobachtung einer Bakterienkultur unter dem Mikroskop stellt man fest, dass von 100 Bakterien in $1\frac{1}{2}$ Stunden 6 zur Teilung gelangen. (Der Bestand nach $1\frac{1}{2}$ Stunden ist 106 Bakterien.)

a) Berechnen Sie die Wachstumsquote k!

Rechnen Sie in der Folge mit k = 0,057 weiter!

b) Nach welcher Zeit verdoppelt sich die Bakterienzahl?

c) Geben Sie das Vielfache der Bakterienzahl nach $2\frac{1}{2}$ Tagen an!

117. Eine geometrische Folge $<a_n>$ beginnt mit den Gliedern
$a_1 = \frac{\sqrt{3}}{15}$; $a_2 = \frac{1}{5}$; $a_3 = \frac{\sqrt{3}}{5}$; ...

a) Wie heißen die nächsten beiden Glieder der Folge $<a_n>$?

b) Wie lautet der Term für das n-te Glied a_n? Berechnen Sie a_{16}!

Durch $b_n = a_{2n}$ ist eine weitere Zahlenfolge $<b_n>$ definiert.

c) Geben Sie die ersten drei Glieder dieser Folge an.

d) Zeigen Sie, dass $<b_n>$ ebenfalls eine geometrische Folge ist.

e) Wie lautet das n-te Glied der Folge $<b_n>$?

118. Zwischen 1 und 7 sind drei Glieder so einzufügen, dass einmal eine arithmetische und das andere Mal eine geometrische Zahlenfolge entsteht. Zeichnen Sie die Graphen dieser Folgen!

119. Im Jahre 1977 meldete eine Tageszeitung: „Eine Million Delfine im Schwarzen Meer. Ungefähr eine Million Delfine gibt es gegenwärtig im Schwarzen Meer. Das hat eine Zählung ergeben, die sowjetische Wissenschaftler vorgenommen haben. Die Jagd auf die Meeressäuger wurde 1965 verboten. Seither hat sich ihr Bestand nach einer Meldung der Moskauer Zeitung ‚Sowjetskaja Rossija' versechsfacht."

Und hier die Aufgaben:

Manche biologische Vorgänge lassen sich mathematisch durch geometrische Folgen beschreiben. Nehmen Sie an, dass dies hier für das Populationswachstum der Delfine zutrifft.

a) Wie viele Delfine lebten Anfang 1966 im Schwarzen Meer?

b) Berechnen Sie den jährlichen Änderungsfaktor für diese Entwicklung.

c) Um wieviel Prozent nahm die Anzahl der Delfine im Zeitraum von 1966–1977 jährlich zu?

d) Wie viele Delfine würden im Jahre 1990 im Schwarzen Meer leben, wenn die Entwicklung mit dem in Teilaufgabe b errechneten jährlichen Änderungsfaktor weiterginge?

5.2 Reihen

Werden die Glieder einer endlichen Zahlenfolge $a_1, a_2, a_3, \ldots, a_n$ addiert, so entsteht eine endliche Reihe mit n Gliedern:

$$a_1 + a_2 + a_3 + \ldots + a_n = \sum_{k=1}^{n} a_k ,$$

lies: „Summe aller a_k von 1 bis n".

Für den Summenwert der **arithmetischen Reihe** mit n Gliedern gilt:

$$s_n = \frac{n}{2} \cdot [2a_1 + (n-1) \cdot d]; \quad a_1 \subset \mathbb{R}, \quad d \in \mathbb{R}, \quad n \in \mathbb{N}.$$

Für den Summenwert der **geometrischen Reihe** mit n Gliedern gilt:

$$s_n = a_1 \cdot \frac{q^n - 1}{q - 1}; \quad a_1 \in \mathbb{R}, \quad q \in \mathbb{R}, \quad n \in \mathbb{N}.$$

Beispiele

1. **Wir benutzen das Summenzeichen**

a) Stellen Sie die folgende Reihe mit dem Summenzeichen dar:

$$\frac{1}{1 \cdot 2} - \frac{1}{2 \cdot 3} + \frac{1}{3 \cdot 4} - \frac{1}{4 \cdot 5} + \frac{1}{5 \cdot 6}$$

b) Berechnen Sie

$$\sum_{k=1}^{4} k^2$$

Lösung:

a) $$\frac{1}{1 \cdot 2} - \frac{1}{2 \cdot 3} + \frac{1}{3 \cdot 4} - \frac{1}{4 \cdot 5} + \frac{1}{5 \cdot 6} = \sum_{k=1}^{5} (-1)^{k+1} \cdot \frac{1}{k \cdot (k+1)}$$

b) $$\sum_{k=1}^{4} k^2 = 1^2 + 2^2 + 3^2 + 4^2 = 1 + 4 + 9 + 16 = 30$$

2. **Wir berechnen den Summenwert einer arithmetischen Reihe**

   Wie groß ist die Summe 1 + 4 + 7 + 10 + … + 148?

   Lösung:

   Die gegebene Summe entsteht aus der arithmetischen Folge 1, 4, 7, … 148 mit dem allgemeinen Glied $a_n = 1 + (n - 1) \cdot 3$.

   Damit wir die Summenwertformel

   $$s_n = \frac{n}{2} \cdot [2a_1 + (n - 1) \cdot d]$$

   anwenden können, müssen wir zunächst die Anzahl n der Summanden wissen.

   Sie ergibt sich aus der Gleichung

   $$148 = 1 + (n - 1) \cdot 3$$
   $$\Leftrightarrow \quad 147 = (n - 1) \cdot 3$$
   $$\Leftrightarrow \quad 49 = n - 1 \quad \Leftrightarrow \quad n = 50$$

   Somit wird

   $$s_{50} = \frac{50}{2} \cdot [2 \cdot 1 + (50 - 1) \cdot 3] = 3\,725$$

3. **Wir berechnen den Summenwert einer geometrischen Reihe**

   Wie groß ist die Summe –2 + 4 – 8 + … + 4 096?

   Lösung:

   Die gegebene Summe entsteht aus der geometrischen Folge –2, 4, –8, … 4 096 mit dem allgemeinen Glied $a_n = (-2) \cdot (-2)^{n-1}$.

   Damit wir die Summenwertformel

   $$s_n = a_1 \cdot \frac{q^n - 1}{q - 1}$$

   anwenden können, müssen wir zunächst die Anzahl der Summanden wissen. Sie ergibt sich aus der Gleichung

   $$4\,096 = (-2) \cdot (-2)^{n-1}$$
   $$\Leftrightarrow 4\,096 = (-2)^{n-1+1}$$
   $$\Leftrightarrow 4\,096 = (-2)^n$$

   Mithilfe des Taschenrechners findet man n = 12.

   Somit wird

   $$s_{12} = (-2) \cdot \frac{(-2)^{12} - 1}{(-2) - 1} = \frac{2}{3} \cdot 4\,095 = 2\,730$$

Aufgaben

120. Schreiben Sie mithilfe des Summenzeichens:

a) $2 \cdot 4 + 3 \cdot 5 + 4 \cdot 6 + \ldots + 8 \cdot 10$

b) $\frac{1}{1^2} - \frac{1}{2^2} + \frac{1}{3^2} - \frac{1}{4^2} + \ldots + \frac{1}{9^2}$

c) $1 - \frac{1}{3} + \frac{1}{5} - \frac{1}{7} + \frac{1}{9} + \ldots - \frac{1}{15}$

121. Berechnen Sie (mithilfe des Taschenrechners):

a) $\sum_{k=1}^{5} \frac{1}{k}$

b) $\sum_{k=1}^{4} k\,(k+1)$

c) $\sum_{k=1}^{5} k^2$

d) $\sum_{k=1}^{5} k^3$

e) $\sum_{k=1}^{5} (-1)^k \cdot 2^{k+1}$

f) $\sum_{k=1}^{4} \frac{1}{(4k-3)(4k+1)}$

122. Entscheiden Sie zunächst, welche der folgenden Reihen eine geometrische und welche eine arithmetische Reihe ist. Berechnen Sie danach den Summenwert.

a) $10 + 11 + 12{,}1 + \ldots + 10 \cdot (1{,}1)^8$

b) $45 + 42 + 39 + \ldots -15$

c) $8 - 12 + 18 - \ldots + 40{,}5$

d) $-\frac{1}{3} + 1 - 3 + \ldots + 6\,561$

Vermischte Aufgaben

123. Schreiben Sie mit dem Summenzeichen:

a) $1 \cdot 3 + 2 \cdot 4 + 3 \cdot 5 + \ldots + 20 \cdot 22$

b) Berechnen Sie $\sum_{k=1}^{10} 3 \cdot (-0{,}8)^{k-1}$

124. Schalten Sie zwischen $a_1 = 15$ und $a_{25} = 135$ so viele Zahlen ein, dass eine arithmetische Folge von 25 Gliedern entsteht.

a) Wie lautet der Term für das n-te Glied der Folge?

b) Wie groß ist der Summenwert der ersten 20 Glieder?

125. Das Theater in Epidaurus fasst ungefähr 15 000 Zuschauer. In der untersten Reihe sind 20 Plätze, in jeder folgenden um 4 Plätze mehr.

a) Wie viele Reihen hat das Theater?

b) Wie viele Besucher haben in der obersten Reihe Platz?

126. Ein Stadion verfügt über 25 Sitzreihen. In der untersten Reihe befinden sich 800 Sitzplätze, in der obersten 2 504.
Wie viele Sitzplätze sind insgesamt vorhanden, wenn die Anzahl der Sitzplätze von Reihe zu Reihe gleichmäßig zunimmt?

127. Ein Ball fällt aus 1 m Höhe zu Boden. Bei jedem Aufprall springt er um 10 % weniger hoch. Welchen Weg legt er bis zum 4. Aufprall zurück?

128. Die Summe einer arithmetischen Folge, deren Anfangsglied gleich der Gliederzahl und deren Differenz d gleich 2 ist, beträgt 190. Wie heißt das Anfangsglied und wie viele Glieder hat die Reihe?

129. Wie viele Glieder der Folge 2, 4, 6, … ergeben den Summenwert 930?

130. Berechnen Sie den Summenwert aller geraden, zweistelligen Zahlen, die durch 3 teilbar sind.

131. Eine Zahlenfolge ist rekursiv definiert durch
$a_1 = 3; \quad a_{n+1} = 2 + a_n; \quad n \in \mathbb{N}.$

a) Berechnen Sie die ersten fünf Glieder der Folge.

b) Welche Art von Folge liegt vor? Geben Sie das allgemeine Glied a_n der Folge an.

c) Berechnen Sie $\sum_{k=1}^{100} a_k$.

132. Wie groß ist die Summe aller Potenzen von 2 (mit natürlichen Exponenten), die kleiner als 10 000 sind?

133. Die Summe der ersten 4 Glieder einer monoton steigenden arithmetischen Folge ist 300; man erhält aus ihnen eine dreigliedrige geometrische Folge, wenn man das dritte Glied weglässt. Wie lautet die arithmetische Folge?

134. Eine Kinderschar pflückt von einem Baum Äpfel. Das erste Kind pflückt einen Apfel, das zweite zwei und jedes folgende einen Apfel mehr. Danach teilen die Kinder die gepflückten Äpfel in gleichen Teilen so untereinander auf, dass jedes Kind sechs Äpfel erhält.
Wie viele Kinder haben Äpfel gepflückt?

6 Lösungen

1. a) $f(0) = 0 + 0 + 2 = 2$
$f(1) = 1 + 2 + 2 = 5$
$f(-1) = 1 - 2 + 2 = 1$
$f(2) = 4 + 4 + 2 = 10$
$f(-\sqrt{2}) = 2 - 2\sqrt{2} + 2 = 4 - 2\sqrt{2}$

b) $f(0) = -0 + 0 - 4 = -4$
$f(1) = -1 + 2 - 4 = -3$
$f(-1) = -1 - 2 - 4 = -7$
$f(2) = -4 + 4 - 4 = -4$
$f(-\sqrt{2}) = -2 - 2\sqrt{2} - 4 = -6 - 2\sqrt{2}$

c) $f(0) = \sqrt{0+2} = \sqrt{2}$
$f(1) = \sqrt{1+2} = \sqrt{3}$
$f(-1) = \sqrt{1+2} = \sqrt{3}$
$f(2) = \sqrt{4+2} = \sqrt{6}$
$f(-\sqrt{2}) = \sqrt{2+2} = 2$

d) $f(0) = \frac{0-2}{0+1} = -2$
$f(1) = \frac{1-2}{1+1} = -\frac{1}{2}$
$f(-1) = \frac{1-2}{1+1} = -\frac{1}{2}$
$f(2) = \frac{4-2}{4+1} = \frac{2}{5}$
$f(-\sqrt{2}) = \frac{2-2}{2+1} = 0$

2. a) $f\colon\ x \mapsto x^2 - 9x;\quad x \in \mathbb{R}$
$f(x) = 0 \Rightarrow x(x-9) = 0$
Ein Produkt ist genau dann null, wenn mindestens ein Faktor null ist,
also: $x = 0 \lor x - 9 = 0 \Leftrightarrow x = 9$
Die Nullstellen heißen 0 und 9.

b) $f(x) = 0 \;\Rightarrow\; (x-1)\cdot(x-3) \;\wedge\; x \in \mathbb{R}$

$$\Leftrightarrow\; x-1=0 \;\vee\; x-3=0$$
$$\Leftrightarrow\; x=1 \;\vee\; x=3$$

Die Nullstellen heißen 1 und 3.

c) $f(x) = 0 \;\Rightarrow\; x-1=0 \;\vee\; -x^2+4x+4=0$

$$\Leftrightarrow\; x=1 \qquad \Leftrightarrow\; x^2-4x-4=0$$
$$\Leftrightarrow\; x^2-4x+4-4=4$$
$$\Leftrightarrow\; (x-2)^2-4=4$$
$$\Leftrightarrow\; (x-2)^2=8$$
$$\Leftrightarrow\; |x-2|=2\sqrt{2}$$
$$\Leftrightarrow\; x=2+2\sqrt{2} \;\vee\; x=2-2\sqrt{2}$$

Die Nullstellen heißen 1; $2+2\sqrt{2}$ und $2-2\sqrt{2}$.

d) $f(x) = 0 \;\Rightarrow\; (x-1)\cdot x-2x^2=0 \;\wedge\; x \in \mathbb{R}$

$$\Leftrightarrow\; x^2-x-2x^2=0 \;\Leftrightarrow\; -x^2-x=0$$
$$\Leftrightarrow\; -x(x+1)=0 \;\Leftrightarrow\; x=0 \;\vee\; x=-1$$

Die Nullstellen heißen 0 und –1.

e) $f(x) = 0 \;\Rightarrow\; -x^2-6x+2=0 \;\wedge\; x \in \mathbb{R}$

$$\Leftrightarrow\; x^2+6x-2=0 \;\Leftrightarrow\; x^2+6x+9-2=9$$
$$\Leftrightarrow\; (x+3)^2-2=9 \;\Leftrightarrow\; (x+3)^2=11$$
$$\Leftrightarrow\; |x+3|=\sqrt{11} \;\Leftrightarrow$$
$$\Leftrightarrow\; x=-3+\sqrt{11} \;\vee\; x=-3-\sqrt{11}$$

Die Nullstellen heißen $-3+\sqrt{11}$ und $-3-\sqrt{11}$.

f) $f(x) = 0 \;\Rightarrow\; 8-x-3x^2=0 \;\wedge\; x \in \mathbb{R}$

$$\Leftrightarrow\; -3x^2-x+8=0 \;\Leftrightarrow\; 3x^2+x-8=0$$
$$\Leftrightarrow\; x^2+\tfrac{1}{3}x-\tfrac{8}{3}=0$$

Wir lösen durch quadratisches Ergänzen

$$x^2+\tfrac{1}{3}x+\tfrac{1}{36}-\tfrac{8}{3}=\tfrac{1}{36} \;\Leftrightarrow\; \left(x+\tfrac{1}{6}\right)^2-\tfrac{8}{3}=\tfrac{1}{36}$$
$$\Leftrightarrow\; \left(x+\tfrac{1}{6}\right)^2=\tfrac{97}{36} \;\Leftrightarrow\; \left|x+\tfrac{1}{6}\right|=\tfrac{\sqrt{97}}{6}$$
$$\Leftrightarrow\; x=\frac{-1+\sqrt{97}}{6} \;\vee\; x=\frac{-1-\sqrt{97}}{6}$$

Wir können aber auch die Lösungen zeitsparend mithilfe der Formel bestimmen:

$$x = \frac{-(-1)+\sqrt{(-1)^2-4\cdot(-3)\cdot 8}}{2\cdot(-3)} \vee x = \frac{-(-1)-\sqrt{(-1)^2-4\cdot(-3)\cdot 8}}{2\cdot(-3)}$$

$$\Leftrightarrow x = \frac{1+\sqrt{97}}{-6} = \frac{-1-\sqrt{97}}{6} \quad \vee x = \frac{1-\sqrt{97}}{-6} = \frac{-1+\sqrt{97}}{6}$$

Die Nullstellen heißen also $\frac{1}{6}(-1-\sqrt{97})$ und $\frac{1}{6}(-1+\sqrt{97})$.

g) $f(x) = 0 \Rightarrow \frac{x^2-2}{x^2+1} = 0 \wedge x \in \mathbb{R}$

$\Leftrightarrow x^2 - 2 = 0$

$\Leftrightarrow x = -\sqrt{2} \vee x = \sqrt{2}$

(Der Nenner $x^2 + 1$ ist immer größer null!)
Die Nullstellen heißen $-\sqrt{2}$ und $\sqrt{2}$.

h) $f(x) = 0 \Rightarrow 3 - \frac{x^2}{3} = 0 \wedge x \in \mathbb{R}$

$\Leftrightarrow 3 = \frac{x^2}{3} \Leftrightarrow 9 = x^2$

$\Leftrightarrow x = 3 \vee x = -3$

Die Nullstellen heißen –3 und 3.

i) $f(x) = 0 \Leftrightarrow \sqrt{x^2 - 4x} = 0 \wedge x \in [4; 8]$

$\Leftrightarrow x^2 - 4x = 0 \Leftrightarrow x(x-4) = 0$

$\Leftrightarrow \quad x = 0 \vee x = 4$

Nur 4 ist Nullstelle, da $0 \notin [4; 8]$.

k) $f(x) = 0 \Leftrightarrow \sin x = 0 \wedge x \in [-\frac{3}{2}\pi;\ 2\pi[$

$\Leftrightarrow x = -\pi \vee x = 0 \vee x = \pi$

Die Nullstellen heißen $-\pi$, 0, π.

3. Die Schnittpunkte S_1 und S_2 des Graphen G_f mit der x-Achse besitzen jeweils die y-Koordinate 0. Also gilt:

$2x^2 + 5x + 2 = 0$

$$\Leftrightarrow x = \frac{-5+\sqrt{25-16}}{4} \vee x = \frac{-5-\sqrt{25-16}}{4}$$

$$\Leftrightarrow x = \frac{-5+3}{4} = -\frac{1}{2} \vee x = \frac{-5-3}{4} = -2$$

$\Rightarrow S_1(-\frac{1}{2}; 0);\ S_2(-2; 0)$

4. a) $x^2 - 1 = 2 \wedge x \in \mathbb{R}$

$\Leftrightarrow x^2 = 3$

$\Leftrightarrow \quad x = -\sqrt{3} \vee x = \sqrt{3}$

An den Stellen $-\sqrt{3}$ und $\sqrt{3}$ nimmt die Funktion f den Wert 2 an.

b) $\frac{x^2}{x^2-1} = 2 \wedge x \in \mathbb{R} \setminus \{-1; 1\}$

$\Leftrightarrow x^2 = 2(x^2 - 1) \Leftrightarrow x^2 = 2x^2 - 2$

$\Leftrightarrow \quad 0 = x^2 - 2 \quad \Leftrightarrow x^2 = 2$

$\Leftrightarrow \quad x = -\sqrt{2} \vee x = \sqrt{2}$

An den Stellen $-\sqrt{2}$ und $\sqrt{2}$ nimmt die Funktion f den Wert 2 an.

5. a) $-x^2 + x + 2 = 2 \wedge x \in \mathbb{R}$

$\Leftrightarrow -x^2 + x = 0 \Leftrightarrow x(-x+1) = 0$

$\Leftrightarrow \quad x = 0 \vee x = 1$

An den Stellen 0 und 1 nimmt f den Wert 2 an.

b) $\frac{x^2-4}{1-x^2} = 2 \wedge x \in \mathbb{R} \setminus \{-1; 1\}$

$\Leftrightarrow x^2 - 4 = 2(1 - x^2) \Leftrightarrow x^2 - 4 = 2 - 2x^2$

$\Leftrightarrow \quad 3x^2 = 6 \quad \Leftrightarrow \quad x^2 = 2$

$\Leftrightarrow \quad x = -\sqrt{2} \vee x = \sqrt{2}$

An den Stellen $-\sqrt{2}$ und $\sqrt{2}$ nimmt f den Wert 2 an.

c) $\frac{1}{4}(x^4 - 8x^2 + 12) = 2 \wedge x \in \mathbb{R}$

$\Leftrightarrow x^4 - 8x^2 + 12 = 8 \Leftrightarrow x^4 - 8x^2 + 4 = 0$

Substitution: $z := x^2$

$\Leftrightarrow \quad z^2 - 8z + 4 = 0 \quad \Leftrightarrow \quad z^2 - 8z + 16 + 4 = 16$

$\Leftrightarrow \quad (z-4)^2 = 12 \quad \Leftrightarrow \quad |z - 4| = 2\sqrt{3}$

$\Leftrightarrow \quad z = 4 - 2\sqrt{3} \quad \vee \quad z = 4 + 2\sqrt{3}$

Resubstitution: $x = -\sqrt{z} \vee x = \sqrt{z}$

$x = -\sqrt{4 - 2\sqrt{3}} \vee x = \sqrt{4 - 2\sqrt{3}} \vee x = -\sqrt{4 + 2\sqrt{3}} \vee x = \sqrt{4 + 2\sqrt{3}}$

An den Stellen $-\sqrt{4 - 2\sqrt{3}}$, $\sqrt{4 - 2\sqrt{3}}$, $-\sqrt{4 + 2\sqrt{3}}$ und $\sqrt{4 + 2\sqrt{3}}$ nimmt f den Wert 2 an.

d) $\frac{x^2-4}{x^2+1} = 2 \ \wedge \ x \in \mathbb{R}$ (Anmerkung: Nenner $x^2 + 1$ ist immer größer null!)

$\Leftrightarrow \quad x^2 - 4 = 2(x^2+1) \quad \Leftrightarrow \quad x^2 - 4 = 2x^2 + 2$

$\Leftrightarrow \quad -6 = x^2$

Also: $\quad \mathbb{L} = \{\}$

Die Funktion f nimmt den Wert 2 nicht an!

e) $\frac{2x+1}{x-1} = 2; \quad x \in [4; \infty[$

$\Leftrightarrow 2x+1 = 2(x-1) \Leftrightarrow 2x+1 = 2x-2$

$\Leftrightarrow \quad 1 = -2$, falsch! $\Rightarrow \mathbb{L} = \{\}$

Die Funktion f nimmt den Wert 2 nicht an!

f) $2\sin x = 2 \ \wedge \ x \in [0; \frac{\pi}{2}]$

$\Leftrightarrow \sin x = 1 \Leftrightarrow x = \frac{\pi}{2}$

Ja, die Funktion f nimmt den Wert 2 an der Stelle $\frac{\pi}{2}$ an.

6. a) $f(0) = \frac{0-2}{2+0} = -1;$

$f(1) = \frac{2-2}{2+1} = 0$

$f(-1) = \frac{-2-2}{2-1} = -4$

$f(-1{,}5) = \frac{-3-2}{2-1{,}5} = \frac{-5}{0{,}5} = -10$

b) $f(0) = 1 + \sin 0 = 1 + 0 = 1$
$f(1) = 1 + \sin 1 \approx 1{,}8415$
$f(-1) = 1 + \sin(-1) \approx 0{,}158529$
$f(-1{,}5) = 1 + \sin(-1{,}5) \approx 0{,}002505$

c) $f(0) = \frac{3}{1+0} = 3$

$f(1) = \frac{3}{1+1} = 1{,}5$

$f(-1) = \frac{3}{1+1} = 1{,}5$

$f(-1{,}5) = \frac{3}{1+2{,}25} \approx 0{,}9231$

7. a) $\sqrt{x^2 - 16} = 3$

$\Rightarrow\ x^2 - 16 = 9 \quad \Leftrightarrow\ x^2 = 25$

$\Leftrightarrow \qquad x = -5 \ \vee\ x = 5$

Da der erste Rechenschritt keine Äquivalenzumformung darstellt, müssen wir die Probe durch Einsetzen machen:

$\sqrt{(-5)^2 - 16} = 3$ und $\sqrt{5^2 - 16} = 3$

An den Stellen x = –5 und x = 5 nimmt f (x) den Wert 3 an.

b) $\sqrt{\frac{2-x}{1+x}} = 3 \Rightarrow \frac{2-x}{1+x} = 9$

$\Leftrightarrow\ 2 - x = 9\,(1 + x) \Leftrightarrow\ 2 - x = 9 + 9x$

$\Leftrightarrow\quad -7 = 10x \qquad \Leftrightarrow \qquad x = -0{,}7$

Probe (vgl. Aufgabe 7 a): $\sqrt{\frac{2-(-0{,}7)}{1+(-0{,}7)}} = \sqrt{\frac{2{,}7}{0{,}3}} = 3$

Für x = – 0,7 nimmt f (x) den Wert 3 an.

c) $\sqrt{-x^2 + 5x - 6} = 3 \Rightarrow -x^2 + 5x - 6 = 9$

$\Leftrightarrow\quad -x^2 + 5x - 15 = 0 \Leftrightarrow\ x^2 - 5x + 15 = 0$

Diskriminante $D = (-5)^2 - 4 \cdot 1 \cdot 15 = 25 - 60 = -35 < 0$

Ergebnis: f (x) nimmt den Wert 3 an keiner Stelle an.

8. a) $f(10) = \sqrt{\frac{100-25}{20+7}} = \sqrt{\frac{75}{27}} = \sqrt{\frac{25}{9}} = \frac{5}{3}$

b) $f(x) = 0 \Rightarrow \sqrt{\frac{x^2-25}{2x+7}} = 0 \ \wedge\ x \in [5; \infty[$

$\Rightarrow\ \frac{x^2-25}{2x+7} = 0 \Leftrightarrow (x^2 - 25 = 0 \ \wedge\ 2x + 7 \neq 0)$

$x^2 - 25 = 0 \Leftrightarrow x^2 = 25 \Leftrightarrow x = -5 \ \vee\ x = 5$

$-5 \notin [5; \infty[$;

Probe für x = 5: $\sqrt{\frac{25-25}{2 \cdot 5 + 7}} = 0$

Für x = 5 liegt eine Nullstelle vor.

c) $\sqrt{\frac{x^2-25}{2x+7}} = 3 \wedge x \in [5; \infty[$

$\Rightarrow \quad \frac{x^2-25}{2x+7} = 9 \quad \Leftrightarrow \quad x^2 - 25 = 9(2x+7)$

$\Leftrightarrow \quad x^2 - 25 = 18x + 63 \Leftrightarrow x^2 - 18x - 88 = 0$

$\Leftrightarrow (x-9)^2 - 88 = 81 \quad \Leftrightarrow \quad (x-9)^2 = 169$

$\Leftrightarrow \quad |x-9| = 13$

$\Leftrightarrow \quad x - 9 = 13 \vee x - 9 = -13$

$\Leftrightarrow \quad x = 22 \vee x = -4$

Probe: $\sqrt{\frac{22^2-25}{2 \cdot 22+7}} = \sqrt{\frac{484-25}{44+7}} = \sqrt{\frac{459}{51}} = \sqrt{9} = 3; \ (-4) \notin [5; \infty[$

Für x = 22 nimmt f(x) den Wert 3 an.

9. a) Schnittpunkte des Graphen G_f mit der x-Achse:

$f(x) = 0 \Rightarrow \frac{8x-12}{x^2+4} = 0 \Leftrightarrow (8x - 12 = 0 \wedge x^2 + 4 \neq 0)$

$8x - 12 = 0 \Leftrightarrow 8x = 12 \Leftrightarrow x = 1{,}5 \in [-6; 4]$

(Für x = 1,5 ist der Nenner größer 0, also liegt eine Nullstelle vor)

$\Rightarrow S_x(1{,}5; 0)$

Schnittpunkte des Graphen G_f mit der y-Achse sind dadurch gekennzeichnet, dass ihre x-Koordinate null ist. Also:

$f(0) = \frac{0-12}{0+4} = -3 \Rightarrow S_y(0; -3)$

b) $f(-1) = \frac{-8-12}{1+4} = \frac{-20}{5} = -4$

$f(-2) = \frac{-16-12}{4+4} = \frac{-28}{8} = \frac{-7}{2} = -3{,}5$

$f(2) = \frac{16-12}{4+4} = \frac{4}{8} = 0{,}5$

$f(4) = \frac{32-12}{16+4} = \frac{20}{20} = 1$

c) $\frac{8x-12}{x^2+4} = -1{,}5 \wedge x \in [-6; 4]$

$\Leftrightarrow \quad 8x - 12 = -1{,}5(x^2+4)$

$\Leftrightarrow \quad 8x - 12 = -1{,}5x^2 - 6$

$\Leftrightarrow 1{,}5x^2 + 8x - 6 = 0$

$$\Leftrightarrow \quad x = \frac{-8 + \sqrt{64 - 4 \cdot 1{,}5 \cdot (-6)}}{3} \quad \vee \quad x = \frac{-8 - \sqrt{64 - 4 \cdot 1{,}5 \cdot (-6)}}{3}$$

$$\Leftrightarrow \quad x = \frac{-8 + 10}{3} = \frac{2}{3} \quad \vee \quad x = \frac{-8 - 10}{3} = -6$$

Beide x-Werte sind in $[-6; 4]$ enthalten; somit nimmt f an den Stellen -6 und $\frac{2}{3}$ den Funktionswert $-1{,}5$ an.

d) In der folgenden Wertetabelle werden neben den bereits aus den Teilaufgaben a, b und d bekannten Werten noch $f(-5)$, $f(-4)$, $f(-3)$, $f(1)$ und $f(3)$ errechnet und ggf. auf eine Dezimale gerundet.

x	−6	−5	−4	−3	−2	−1	0	$\frac{2}{3}$	1	1,5	2	3	4
y	−1,5	−1,8	−2,2	−2,8	−3,5	−4	−3	−1,5	−0,8	0	0,5	0,9	1

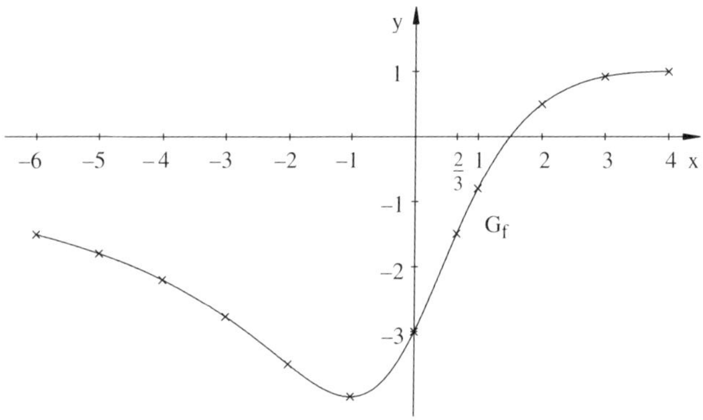

10. a) Das Maximum der Kurve kennzeichnet den Umkehrpunkt des Körpers. Dort hat er seine größte Höhe erreicht.

b) Die Schnittpunkte der Kurve mit der t-Achse entsprechen den Punkten, in denen sich der Körper auf der Abwurfhöhe befindet. Zur Zeit $t = 0$ s wird der Körper hochgeworfen, zur Zeit $t = 4$ s trifft er wieder auf.

c) Die Steigzeit ist gleich der Fallzeit. Dem Diagramm entnimmt man, dass der Körper jeweils 2 s zum Steigen und 2 s zum Fallen benötigt. Die Abwurfgeschwindigkeit v_0 ist (von der Reibung abgesehen) gleich der Auftreffgeschwindigkeit. Für diese Geschwindigkeit gilt:

$v_0 = g \cdot t$ mit $g = 9{,}81 \frac{m}{s^2}$.

$v_0 = 9{,}81 \frac{m}{s^2} \cdot 2\ s = 19{,}62 \frac{m}{s} \approx 20 \frac{m}{s}$

d) Der Körper ist 4 s unterwegs.

e) Direkt aus dem Diagramm lässt sich die Gipfelhöhe von 25 m ablesen.

11. a) Die zur t-Achse parallelen Strecken des Diagramms besagen, dass in Richtung der s-Achse keine Änderung erfolgt; d. h. im Verlauf dieser Zeitintervalle wird kein Weg zurückgelegt. Es handelt sich also um Haltestellen. Das Diagramm weist 5 solche Haltestellen aus.

b) Der Bus fährt dort am schnellsten, wo die Wegänderung Δs pro Zeitintervall Δt am größten, d. h. der Graph am steilsten ist, also im Zeitintervall [45 min; 47,5 min].

12. a) $Z(1940) = 2{,}4 \cdot 10^9 \cdot 2{,}7^{\frac{1940-1940}{60}} = 2{,}4 \cdot 10^9 \cdot 2{,}7^0 = 2{,}4 \cdot 10^9$

$Z(1970) = 2{,}4 \cdot 10^9 \cdot 2{,}7^{\frac{1970-1940}{60}} = 2{,}4 \cdot 10^9 \cdot 2{,}7^{\frac{1}{2}} \approx 3{,}9 \cdot 10^9$

b) $Z(1983) = 2{,}4 \cdot 10^9 \cdot 2{,}7^{\frac{1983-1940}{60}} \approx 4{,}9 \cdot 10^9$

$$\left.\begin{array}{l} \text{Prognose } Z_p = 4\,891 \cdot 10^6 \\ \text{Statistik } Z_s = 4\,685 \cdot 10^6 \end{array}\right\} \Delta Z = (4\,891 - 4\,685) \cdot 10^6 = 206 \cdot 10^6$$

Abweichung $\frac{\Delta Z}{Z_s} \cdot 100\,\% = \frac{206 \cdot 10^6}{4\,685 \cdot 10^6} \cdot 100\,\% \approx 4{,}4\,\%$

c) $\Delta Z = 3{,}9 \cdot 10^9 - 2{,}4 \cdot 10^9 \approx 1{,}5 \cdot 10^9$

$\Delta t = 30a = 30 \cdot 365 \cdot 24 \cdot 60 \text{ min} = 1{,}5768 \cdot 10^7 \text{ min} \approx 1{,}6 \cdot 10^7 \text{ min}$

durchschnittliche Zunahme pro Jahr: $\frac{\Delta Z}{\Delta t} \approx \frac{1{,}5 \cdot 10^9}{30a} = 5{,}0 \cdot 10^7 \text{ a}^{-1}$

durchschnittliche Zunahme pro Minute: $\frac{\Delta Z}{\Delta t} \approx \frac{1{,}5 \cdot 10^9}{1{,}6 \cdot 10^7 \text{ min}} \approx 94 \text{ min}^{-1}$

d) Oberfläche der Erde: $O = 4\,r_E^2\,\pi \Rightarrow$ Festland: $O_F = 0{,}29 \cdot 4 r_E^2 \cdot \pi$

$\overline{Z}\text{ (Welt)} = \frac{5{,}1 \cdot 10^9}{0{,}29 \cdot 4 \cdot (6\,370 \text{ km})^2 \cdot \pi} \approx 34 \frac{1}{\text{km}^2}$

$\overline{Z}\text{ (Bundesrepublik)} = \frac{61{,}6 \cdot 10^6}{248\,852} \approx 246 \frac{1}{\text{km}^2}$

e) $Z(t_2) = 2 \cdot Z(t_1)$

$$2{,}4 \cdot 10^9 \cdot 2{,}7^{\frac{t_2-1940}{60}} = 2 \cdot 2{,}4 \cdot 10^9 \cdot 2{,}7^{\frac{t_1-1940}{60}} \qquad |: 2{,}4 \cdot 10^9$$

$$\Leftrightarrow\ 2{,}7^{\frac{t_2-1940}{60}} = 2 \cdot 2{,}7^{\frac{t_1-1940}{60}} \quad \Leftrightarrow\ 2{,}7^{\frac{t_2-1940-t_1+1940}{60}} = 2$$

$$\Leftrightarrow\ 2{,}7^{\frac{t_2-t_1}{60}} = 2 \qquad \Leftrightarrow\ \frac{t_2-t_1}{60} \cdot \ln 2{,}7 = \ln 2$$

$$\Leftrightarrow\ \frac{\ln 2}{\ln 2{,}7} \cdot 60 = t_2 - t_1 \qquad \Leftrightarrow\ t_2 - t_1 \approx 42$$

In einem Zeitraum von 42 Jahren verdoppelt sich die Bevölkerungszahl.

13.

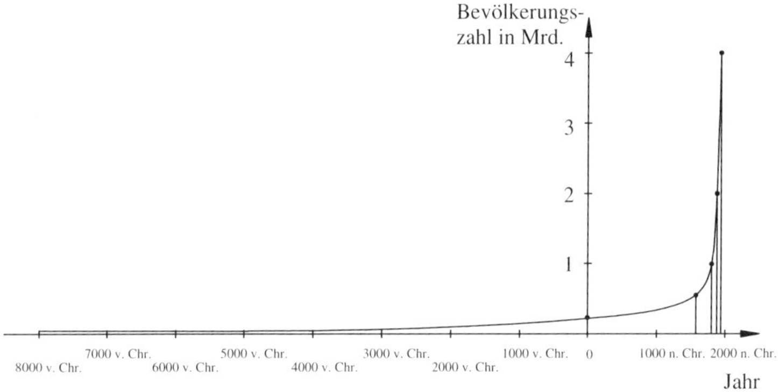

14. f: $x \mapsto 2x - 1$; $\mathbb{D}_f = [-2; +2]$Aus der Abbildung entnehmen wir, dass der Graph G_f von keiner Parallelen zur x-Achse mehr als einmal geschnitten wird.

Deshalb gilt:

$x_1 \neq x_2 \Rightarrow f(x_1) \neq f(x_2)$.

Daher ist

f: $x \mapsto 2x - 1$; $x \in [-2; +2]$

umkehrbar.

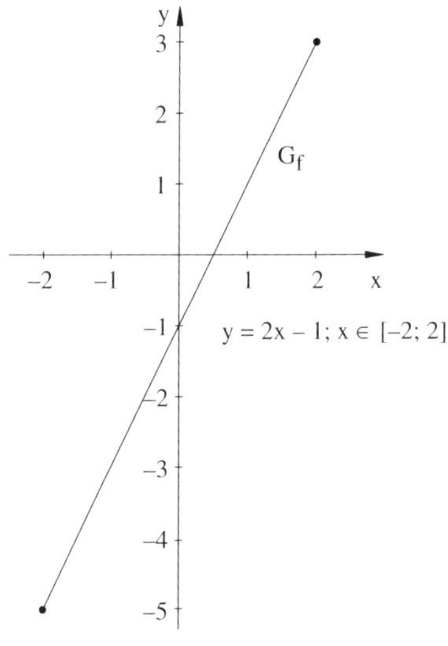

(1) Wir lösen die Funktionsgleichung $y = 2x - 1$ nach x auf:

$$y = 2x - 1$$
$$\Leftrightarrow\ y + 1 = 2x$$
$$\Leftrightarrow\ x = \tfrac{1}{2}(y+1) = 0{,}5y + 0{,}5$$

(2) Wir vertauschen x mit y
$y = 0{,}5x + 0{,}5$

(3) $\mathbb{D}_{f^{-1}} = \mathbb{W}_f$; $\mathbb{W}_f = [-5; 3]$
$\Leftrightarrow \mathbb{D}_{f^{-1}} = [-5; 3]$

(4) Umkehrfunktion:
$f^{-1}: x \mapsto 0{,}5x + 0{,}5;\ x \in [-5; 3]$

15. a) (1) $y = 2x$
Wir lösen nach x auf:
$x = \frac{y}{2}$.

(2) Wir vertauschen x und y:
$y = \frac{x}{2}$.

(3) $\mathbb{W}_f = \mathbb{R}_0^+ \Rightarrow \mathbb{D}_{f^{-1}} = \mathbb{R}_0^+$

(4) f: $x \mapsto \frac{x}{2};\ x \in \mathbb{R}_0^+$

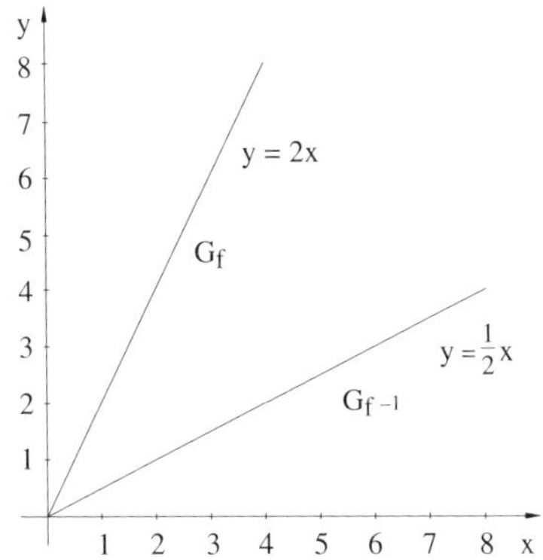

b) f: $x \mapsto -x - 1;\ x \in [-1; 3]$

(1) $y = -x - 1$
$\Leftrightarrow y + 1 = -x$
$\Leftrightarrow -y - 1 = x$

(2) $y = -x - 1$

(3) $\mathbb{W}_f = [-4; 0] \Rightarrow \mathbb{D}_{f^{-1}} = [-4; 0]$

(4) $f^{-1}: x \mapsto -x - 1;\ x \in [-4; 0]$

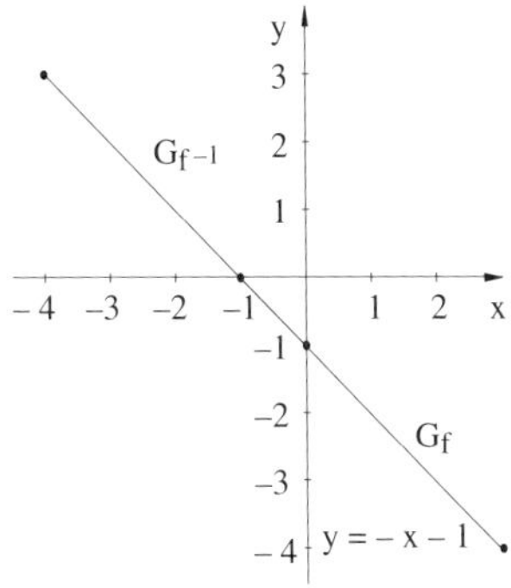

c) f: $x \mapsto \sqrt{x}$; $x \in \mathbb{R}_0^+$

(1) $y = \sqrt{x}$; $y^2 = x$

(2) $y = x^2$

(3) $\mathbb{W}_f = \mathbb{R}_0^+ \Rightarrow \mathbb{D}_{f^{-1}} = \mathbb{R}_0^+$

(4) f^{-1}: $x \mapsto x^2$; $x \in \mathbb{R}_0^+$

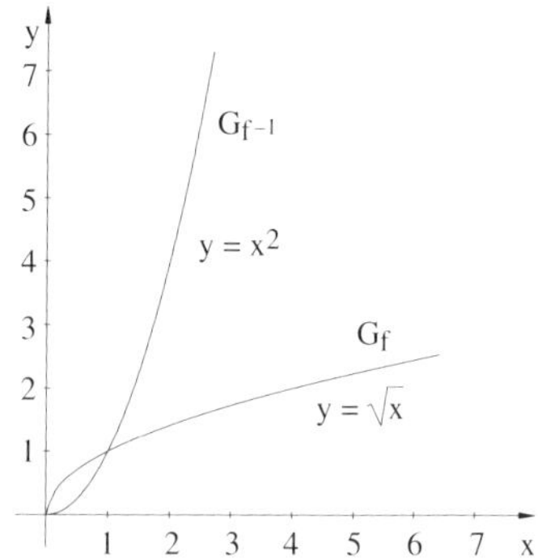

d) f: $x \mapsto \frac{x-3}{2}$; $x \in [-2; +2]$

(1) $y = \frac{x-3}{2}$

$\Leftrightarrow 2y = x - 3$

$\Leftrightarrow x = 2y + 3$

(2) $y = 2x + 3$

(3) $\mathbb{W}_f = [-2{,}5; -0{,}5] \Rightarrow$

$\mathbb{D}_{f^{-1}} = [-2{,}5; -0{,}5]$

(4) f^{-1}: $x \mapsto 2x + 3$;

$x \in [-2{,}5; -0{,}5]$

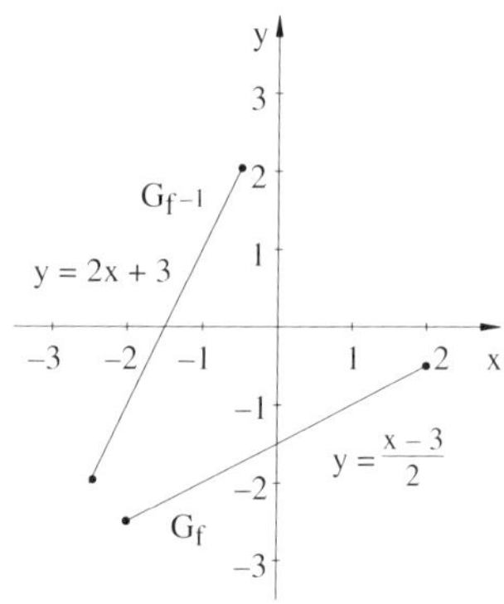

16. f: $x \mapsto \frac{1}{4}x^3 + 1$; $x \in \mathbb{R}_0^+$

(1) $y = \frac{1}{4}x^3 + 1$

$y - 1 = \frac{1}{4}x^3$

$4y - 4 = x^3$

$x = \sqrt[3]{4y - 4}$

(2) $y = \sqrt[3]{4x - 4}$

(3) $\mathbb{W}_f = [1; \infty[\Rightarrow \mathbb{D}_{f^{-1}} = [1; \infty]$

(4) f^{-1}: $x \mapsto \sqrt[3]{4x - 4}$; $x \in [1; \infty[$

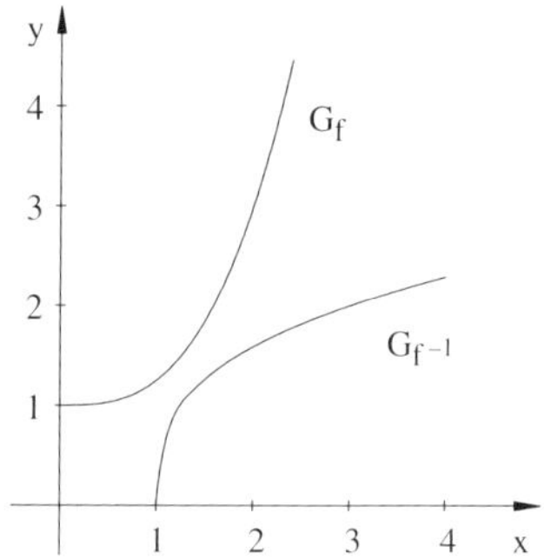

17. Im Falle der Funktion f gibt es Parallelen zur x-Achse, die den Graphen G_f in zwei Punkten schneiden. Das bedeutet, dass zur Funktion f keine Umkehrfunktion existiert.

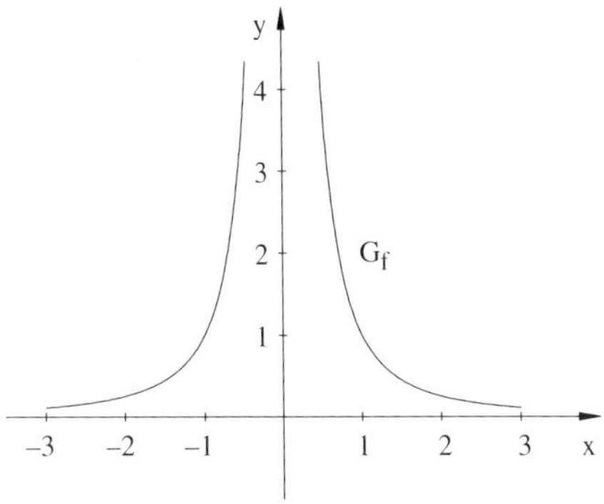

Im Falle der Funktion g schneidet jede Parallele zur x-Achse den Graphen G_g genau einmal. Die umgekehrte Zuordnung ist eindeutig. Zur Funktion g existiert eine Umkehrfunktion.

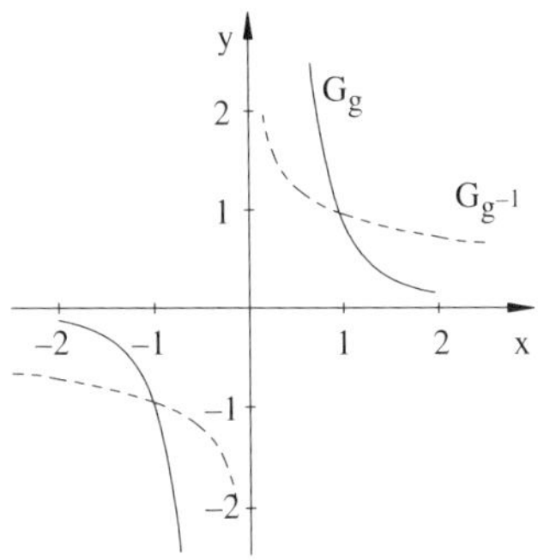

Der Graph der Funktion h wird von jeder Parallelen zur x-Achse in genau einem Punkt geschnitten. Das bedeutet, dass zur Funktion h eine Umkehrfunktion existiert.

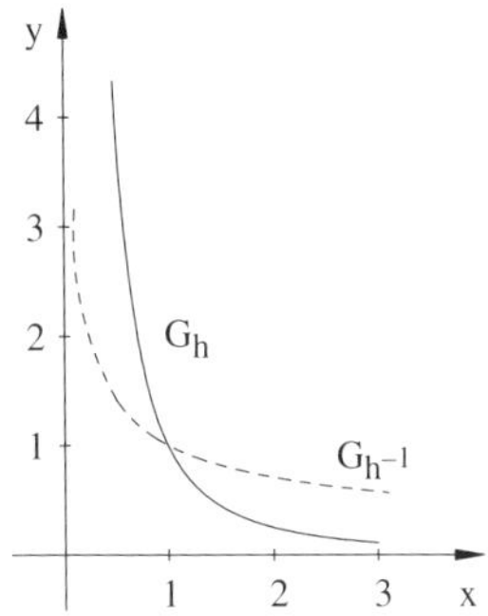

18. f: $x \mapsto x^2 + 1$; $x \in [0; 2]$

(1) $y = x^2 + 1$
$y - 1 = x^2$
$|x| = \sqrt{y-1}$

(2) $|y| = \sqrt{x-1}$

(3) $\mathbb{W}_f = [1; 5] \Rightarrow \mathbb{D}_{f^{-1}} = [1; 5]$
f^{-1}: $x \mapsto \sqrt{x-1}$; $x \in [1; 5]$

g: $x \mapsto 1 + \sqrt{x}$; $x \in [0; 4]$

(1) $y = 1 + \sqrt{x}$
$y - 1 = \sqrt{x}$
$(y-1)^2 = x$

(2) $y = (x-1)^2$

(3) $\mathbb{W}_g = [1; 3] \Rightarrow \mathbb{D}_{g^{-1}} = [1; 3]$
g^{-1}: $x \mapsto (x-1)^2$; $x \in [1; 3]$

h: $x \mapsto \sqrt{9 - x^2}$; $x \in [0; 3]$

(1) $y = \sqrt{9 - x^2}$
$y^2 = 9 - x^2$
$x^2 = 9 - y^2$
$|x| = \sqrt{9 - y^2}$

(2) $|y| = \sqrt{9 - x^2}$

(3) $\mathbb{W}_h = [0; 3] \Rightarrow \mathbb{D}_{h^{-1}} = [0; 3]$

h^{-1}: $x \mapsto \sqrt{9 - x^2}$; $x \in [0; 3]$

19. a) f: $y = \frac{4}{7}x$; $x \in \mathbb{R}$

(1) $x = \frac{7}{4}y$

(2) $y = \frac{7}{4}x$

(3) $\mathbb{W}_f = \mathbb{R} \Rightarrow \mathbb{D}_{f^{-1}} = \mathbb{R}$

f^{-1}: $x \mapsto \frac{7}{4}x$; $x \in \mathbb{R}$

b) f: $y = 2 - \frac{1}{4}x; \quad x \in \mathbb{R}$

(1) $\frac{1}{4}x = 2 - y$
$x = 8 - 4y$

(2) $y = 8 - 4x$

(3) $\mathbb{W}_f = \mathbb{R} \Rightarrow \mathbb{D}_{f^{-1}} = \mathbb{R}$

f^{-1}: $x \mapsto 8 - 4x; \quad x \in \mathbb{R}$

c) f: $y = \sqrt{x-3}; \quad x \geq 3$

(1) $y^2 = x - 3$
$y^2 + 3 = x$

(2) $y = x^2 + 3$

(3) $\mathbb{W}_f = [0; \infty[\;\Rightarrow\; \mathbb{D}_{f^{-1}} = \mathbb{D}_{f^{-1}} = [0; \infty[$

f^{-1}: $x \mapsto x^2 + 3; \quad x \in \mathbb{R}_0^+$

d) f: $y = \sqrt{x+2} - 1; \quad x \geq -2$

(1) $y + 1 = \sqrt{x+2}$
$(y+1)^2 - 2 = x$

(2) $y = (x+1)^2 - 2$

(3) $\mathbb{W}_f = [-1; \infty[\;\Rightarrow\; \mathbb{D}_{f^{-1}} = [-1; \infty[$

f^{-1}: $x \mapsto (x+1)^2 - 2; \quad x \in [-1; \infty[$

e) f: $y = x^2 \cdot \sqrt{x}; \quad x \geq 0$

(1) $y^2 = x^4 \cdot x$
$x^5 = y^2$
$x = \sqrt[5]{y^2}$

(2) $y = \sqrt[5]{x^2}$

(3) $\mathbb{W}_f = [0; \infty[\;\Rightarrow\; \mathbb{D}_{f^{-1}} = [0; \infty[$

f^{-1}: $x \mapsto \sqrt[5]{x^2}; \quad x \in \mathbb{R}_0^+$

f) f: $y = \frac{4}{x-1}$; $x \in \mathbb{R} \setminus \{1\}$

(1) $x - 1 = \frac{4}{y}$

$x = \frac{4}{y} + 1$

(2) $y = \frac{4}{x} + 1$

(3) $\mathbb{W}_f = \mathbb{R} \setminus \{0\} \Rightarrow \mathbb{D}_{f^{-1}} = \mathbb{R} \setminus \{0\}$

f^{-1}: $x \mapsto \frac{4}{x} + 1$; $x \in \mathbb{R} \setminus \{0\}$

g) $y = 4x^2 - 4$; $x \geq 1$

(1) $y + 4 = 4x^2$

$x^2 = \frac{y+4}{4}$

$|x| = \sqrt{\frac{y+4}{4}}$

(2) $|y| = \sqrt{\frac{x+4}{4}}$

(3) $\mathbb{W}_f = [0; \infty[\Rightarrow \mathbb{D}_{f^{-1}} = \mathbb{R}_0^+$

f^{-1}: $x \mapsto \sqrt{\frac{x+4}{4}}$; $x \in \mathbb{R}_0^+$

h) f: $y = \frac{\sqrt{x}}{x-2}$; $x > 2$

(1)
$$y^2 = \frac{x}{(x-2)^2}$$
$$y^2(x-2)^2 = x$$
$$y^2(x^2 - 4x + 4) = x$$
$$x^2y^2 - 4y^2x + 4y^2 - x = 0$$
$$x^2y^2 - x(4y^2 + 1) + 4y^2 = 0$$
$$x = \frac{4y^2 + 1 + \sqrt{(4y^2+1)^2 - 16y^4}}{2y^2} \quad \vee \quad x = \frac{4y^2 + 1 - \sqrt{(4y^2+1)^2 - 16y^4}}{2y^2}$$
$$x = \frac{4y^2 + 1 + \sqrt{8y^2+1}}{2y^2} \quad \vee \quad x = \frac{4y^2 + 1 - \sqrt{8y^2+1}}{2y^2}$$

(2) $y = \frac{4x^2 + 1 + \sqrt{8x^2+1}}{2x^2} \vee y = \frac{4x^2 + 1 - \sqrt{8x^2+1}}{2x^2}$

(3) $\mathbb{W}_f =]0; \infty[\Rightarrow \mathbb{D}_{f^{-1}} =]0; \infty[$

$\mathbb{D}_f =]2; \infty[\Rightarrow \mathbb{W}_{f^{-1}} =]2; \infty[$

f^{-1}: $x \mapsto \frac{4x^2 + 1 + \sqrt{8x^2+1}}{2x^2}$; $x \in [0; \infty[$

20. a) $y = x + 1$

$$\Rightarrow \begin{cases} t = 1 \Rightarrow P(0;1) \in G_f \\ m = 1 = \frac{1}{1} = \frac{\Delta y}{\Delta x} \Rightarrow \text{Steigungsdreieck: } \begin{array}{l} \text{1 LE nach rechts} \\ \text{1 LE nach oben} \end{array} \end{cases}$$

b) $y = -x - 1{,}5$

$\Rightarrow$

$$\begin{cases} t = -1{,}5 \Rightarrow P(0;-1{,}5) \in G_f \\ m = -1 = \frac{-1}{1} = \frac{\Delta y}{\Delta x} \Rightarrow \text{Steigungsdreieck: } \begin{array}{l} \text{1 LE nach rechts} \\ \text{1 LE nach unten (wegen } (-1)) \end{array} \end{cases}$$

c) $y = x - 4$

$$\Rightarrow \begin{cases} t = -4 \Rightarrow P(0;-4) \in G_f \\ m = 1 = \frac{1}{1} = \frac{\Delta y}{\Delta x} \Rightarrow \text{Steigungsdreieck: } \begin{array}{l} \text{1 LE nach rechts} \\ \text{1 LE nach oben} \end{array} \end{cases}$$

d) $3y + 6x - 2 = 0$

$\Leftrightarrow 3y = -6x + 2 \Leftrightarrow y = -2x + \frac{2}{3}$

$$\Rightarrow \begin{cases} t = \frac{2}{3} \Rightarrow P\left(0; \frac{2}{3}\right) \in G_f \\ m = -2 = \frac{-2}{1} = \frac{\Delta y}{\Delta x} \Rightarrow \begin{array}{ll} \text{Steigungs-} & \text{1 LE nach rechts} \\ \text{dreieck:} & \text{2 LE nach unten (wegen } (-2)) \end{array} \end{cases}$$

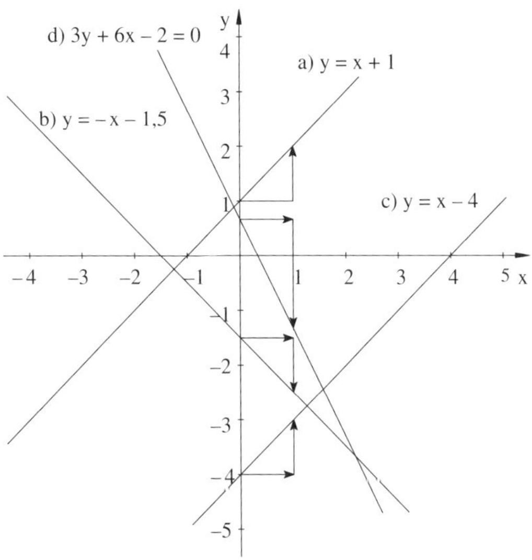

21. a) $y = 2x - 3$

$t = -3 \Rightarrow P(0; -3) \in G_f$

$$m = 2 \Rightarrow \begin{cases} \tan\alpha_1 = 2 \Rightarrow \alpha_1 \approx 63{,}4^\circ \\ \frac{\Delta y}{\Delta x} = \frac{2}{1} \Rightarrow \begin{matrix} \text{1 LE nach rechts} \\ \text{2 LE nach oben} \end{matrix} \end{cases}$$

b) $2y + 3x = 6 \Leftrightarrow 2y = 6 - 3x \Leftrightarrow y = -1{,}5x + 3$

$t = 3 \Rightarrow P(0; 3) \in G_f$

$$m = 1{,}5 \Rightarrow \begin{cases} \tan\alpha_2 = -1{,}5 \Rightarrow \alpha_2 \approx -56{,}3^\circ \\ \frac{\Delta y}{\Delta x} = \frac{-1{,}5}{1} = \frac{-3}{2} \Rightarrow \left.\begin{matrix} \text{1 LE nach rechts} \\ \text{1,5 LE nach unten} \end{matrix}\right\} \vee \left\{\begin{matrix} \text{2 LE nach rechts} \\ \text{3 LE nach unten} \end{matrix}\right. \end{cases}$$

c) $\frac{1}{2}y - 2x = -2 \Leftrightarrow \frac{1}{2}y = 2x - 2 \Leftrightarrow y = 4x - 4$

$t = -4 \Rightarrow P(0; -4) \in G_f$

$$m = 4 \Rightarrow \begin{cases} \tan\alpha_3 = 4 \Rightarrow \alpha_3 \approx 76{,}0^\circ \\ \frac{\Delta y}{\Delta x} = \frac{4}{1} \Rightarrow \begin{matrix} \text{1 LE nach rechts} \\ \text{4 LE nach oben} \end{matrix} \end{cases}$$

d) $4x + 2y = -10$

$\Leftrightarrow 2y = -4x - 10$

$\Leftrightarrow y = -2x - 5$

$t = -5$

$\Rightarrow P(0; -5) \in G_f$

$m = -2$

$$\Rightarrow \begin{cases} \tan\alpha_4 = -2 \\ \frac{\Delta y}{\Delta x} = \frac{-2}{1} \end{cases}$$

$$\Rightarrow \begin{cases} \alpha_4 \approx -63{,}4^\circ \\ \text{1 LE nach rechts} \\ \text{2 LE nach unten} \end{cases}$$

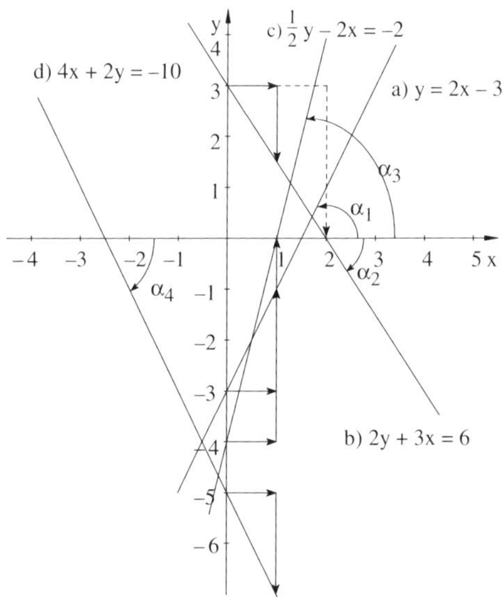

22. a) $P_0(3;-1)$; $m=-2$

$$\left.\begin{array}{l} y = m\cdot x+t \\ -1=(-2)\cdot 3+t \;\Leftrightarrow\; -1=-6+t \;\Leftrightarrow\; t=5 \end{array}\right\} \Rightarrow y=-2x+5$$

b) $P_0(4;3)$; $m=2$

$$\left.\begin{array}{l} y = m\cdot x+t \\ 3=2\cdot 4+t \;\Leftrightarrow\; 3=8+t \;\Leftrightarrow\; t=-5 \end{array}\right\} \Rightarrow y=2x-5$$

c) $P_0(1;0)$; $m=-1{,}5$

$$\left.\begin{array}{l} y = m\cdot x+t \\ 0=(-1{,}5)\cdot 1+t \;\Leftrightarrow\; 0=-1{,}5+t \;\Leftrightarrow\; t=1{,}5 \end{array}\right\} \Rightarrow y=-1{,}5x+1{,}5$$

d) $P_0(-2;2)$; $m=-\frac{2}{3}$

$$\left.\begin{array}{l} y = m\cdot x+t \\ 2=\left(-\frac{2}{3}\right)\cdot(-2)+t \;\Leftrightarrow\; 2=\frac{4}{3}+t \;\Leftrightarrow\; t=\frac{2}{3} \end{array}\right\} \Rightarrow y=-\frac{2}{3}x+\frac{2}{3}$$

e) $P_0(1;3)$; $m=0{,}25$

$$\left.\begin{array}{l} y = m\cdot x+t \\ 3=0{,}25\cdot 1+t \;\Leftrightarrow\; 3=0{,}25+t \;\Leftrightarrow\; t=2{,}75 \end{array}\right\} \Rightarrow y=0{,}25x+2{,}75$$

23. a) $P_0(-1;4)$; $P_1(2;6)$

$$y=m\cdot x+t$$

P_0: (1) $4=m\cdot(-1)+t \Leftrightarrow t=4+m$

P_1: (2) $6=m\cdot 2+t$

(1) in (2) $\quad 6=m\cdot 2+4+m \Leftrightarrow 6=3m+4 \Leftrightarrow m=\frac{2}{3}$

$$\Rightarrow t=4+m=4\tfrac{2}{3}$$

$$\Rightarrow y=\tfrac{2}{3}x+4\tfrac{2}{3}$$

b) $P_0(0;2)$; $P_1(3;0)$

$$y=m\cdot x+t$$

P_0: (1) $2=m\cdot 0+t \Leftrightarrow t=2$

P_1: (2) $0=m\cdot 3+t$

(1) in (2) $\quad 0=3m+2 \Leftrightarrow 3m=-2 \Leftrightarrow m=-\frac{2}{3}$

$$\Rightarrow y=-\tfrac{2}{3}x+2$$

c) $P_0(-2; -1)$; $P_1(0; 0)$

$$y = m \cdot x + t$$

P_0: (1) $-1 = m \cdot (-2) + t$

P_1: (2) $0 = m \cdot 0 + t \quad \Leftrightarrow \quad t = 0$

(2) in (1) $\quad -1 = -2m \;\Leftrightarrow\; m = \frac{1}{2}$

$$\Rightarrow \quad y = \tfrac{1}{2}x$$

d) $P_0(1; 1)$; $P_1(5; 0)$

$$y = m \cdot x + t$$

P_0: (1) $1 = m \cdot 1 + t \;\Leftrightarrow\; t = 1 - m$

P_1: (2) $0 = m \cdot 5 + t$

(1) in (2) $\quad 0 = 5m + (1 - m) \;\Leftrightarrow\; 0 = 4m + 1$

$\Leftrightarrow\; 4m = -1 \qquad \Leftrightarrow\; m = -\frac{1}{4}$

in (1) $\quad t = 1 - \left(-\frac{1}{4}\right) = 1\frac{1}{4}$

$$\Rightarrow \quad y = -\tfrac{1}{4}x + 1\tfrac{1}{4}$$

e) $P_0(-2; 0)$; $P_1(0; 4)$

$$y = m \cdot x + t$$

P_0: (1) $0 = m \cdot (-2) + t$

P_1: (2) $4 = m \cdot 0 + t \quad \Leftrightarrow \quad t = 4$

(2) in (1) $\quad 0 = m \cdot (-2) + 4$

$\Leftrightarrow\; 2m = 4 \qquad \Leftrightarrow\; m = 2$

$$\Rightarrow \quad y = 2x + 4$$

24. a) $P(1; 5)$; g: $y = -2x + 3$

$$\left.\begin{array}{l} P(1;5) \in G_p \quad \Rightarrow (1) \quad 5 = m \cdot 1 + t \\ g \parallel p \;\Rightarrow\; m_g = m_p \Rightarrow (2) \;\; m = -2 \end{array}\right\} \Rightarrow 5 = -2 + t \;\Leftrightarrow\; t = 7$$

$\Rightarrow$ p: $y = -2x + 7$

b) $P(-2; 1)$; g: $x + y = 0 \;\Leftrightarrow\; y = -x$

$$\left.\begin{array}{l} P(-2;1) \in G_p \quad \Rightarrow (1) \quad 1 = m \cdot (-2) + t \\ g \parallel p \;\Rightarrow\; m_g = m_p \Rightarrow (2) \;\; m = -1 \end{array}\right\} \Rightarrow 1 = 2 + t \;\Leftrightarrow\; t = -1$$

$\Rightarrow$ p: $y = -x - 1$

25. $\left.\begin{array}{l} m_1 = +\frac{h}{p} \text{ (steigende Gerade)} \\ m_2 = -\frac{h}{q} \text{ (fallende Gerade)} \\ \text{Höhensatz: } h^2 = p \cdot q \end{array}\right\} \Rightarrow$

$$\Rightarrow m_1 \cdot m_2 = \left(+\frac{h}{p}\right) \cdot \left(-\frac{h}{q}\right) = -\frac{h^2}{p \cdot q} = -\frac{p \cdot q}{p \cdot q} = -1$$

26. a) $g \perp \ell \quad \Leftrightarrow \quad m_g \cdot m_\ell = -1$

$\Leftrightarrow \quad m_\ell = -\frac{1}{m_g} \quad \Rightarrow \quad m_\ell = -\frac{1}{-1} = +1$

$P(2; 0) \in G_\ell \Rightarrow 0 = 1 \cdot 2 + t \Leftrightarrow t = -2$

$\Rightarrow \ell: y = x - 2$

b) $g \perp \ell \quad \Leftrightarrow \quad m_g \cdot m_l = -1$

$\Leftrightarrow \quad m_\ell = -\frac{1}{m_g} \quad \Rightarrow \quad m_\ell = -\frac{1}{2}$

$P(-1; 2) \in G_\ell \Rightarrow 2 = \left(-\frac{1}{2}\right) \cdot (-1) + t$

$2 = \frac{1}{2} + t \Leftrightarrow t = 1{,}5$

$\Rightarrow \ell: y = -0{,}5x + 1{,}5$

27. g_1: $\left.\begin{array}{l} t = 1 \\ m = \frac{\Delta y}{\Delta x} = \frac{2}{3} \end{array}\right\} \Rightarrow y = \frac{2}{3}x + 1$

g_2: $\left.\begin{array}{l} t = 1 \\ m = \frac{\Delta y}{\Delta x} = \frac{3}{2} \end{array}\right\} \Rightarrow y = 1{,}5x + 1$

g_3: $\left.\begin{array}{l} t = 1 \\ m = \frac{\Delta y}{\Delta x} = 0 \end{array}\right\} \Rightarrow y = 1$

g_4: $\left.\begin{array}{l} t = 1 \\ m = \frac{\Delta y}{\Delta x} = \frac{-1}{1} \end{array}\right\} \Rightarrow y = -x + 1$

28. g_k: $y = k \cdot x + 2 - k$; $k \in \mathbb{R}$ Scharparameter

a) Um nachzuweisen, dass P(1; 2) allen Geraden der Schar gemeinsam ist, setzt man P in die Gleichung der Geradenschar ein und zeigt, dass diese Gleichung unabhängig von k erfüllt ist:

g_k: $y = k \cdot x + 2 - k$

P(1; 2) eingesetzt: $2 = k \cdot 1 + 2 - k \Leftrightarrow$

$2 = 2$ (w)

b) g_0: $y = 2$
g_1: $y = x + 1$
g_2: $y = 2x$
g_{-1}: $y = -x + 3$

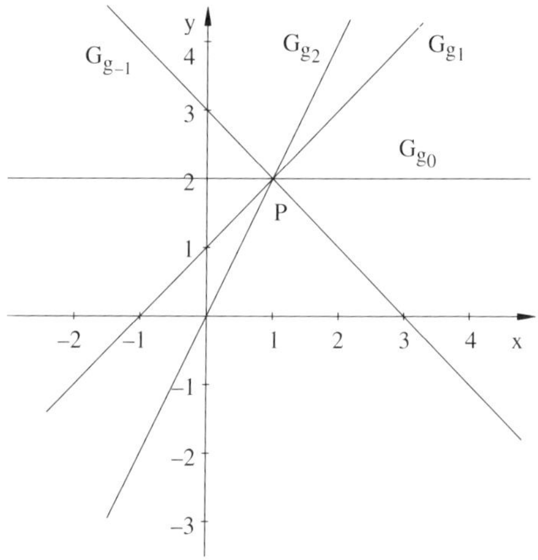

c) Die Parallele zur y-Achse durch P wird nicht erfasst.

29. a) $\left.\begin{array}{l} m = \tan\alpha \Rightarrow m = \tan 60° = \sqrt{3} \\ y = m \cdot x + t \\ 0 = \sqrt{3} \cdot (-2) + t \Leftrightarrow t = 2\sqrt{3} \end{array}\right\} \Rightarrow y = \sqrt{3}x + 2\sqrt{3}$

b) Aus $x = 0 \Rightarrow y = 2\sqrt{3}$

c) $\left.\begin{array}{l} m = -\frac{1}{4};\ P(-2; 0) \\ y = m \cdot x + t \\ 0 = -\frac{1}{4} \cdot (-2) + t \Leftrightarrow t = -\frac{1}{2} \end{array}\right\} \Rightarrow y = -\frac{1}{4}x - \frac{1}{2}$

30. a) $4 = 2 \cdot x_p - 0{,}5$

$\Leftrightarrow 4{,}5 = 2x_p$

$\Leftrightarrow x_p = 2{,}25$

b)

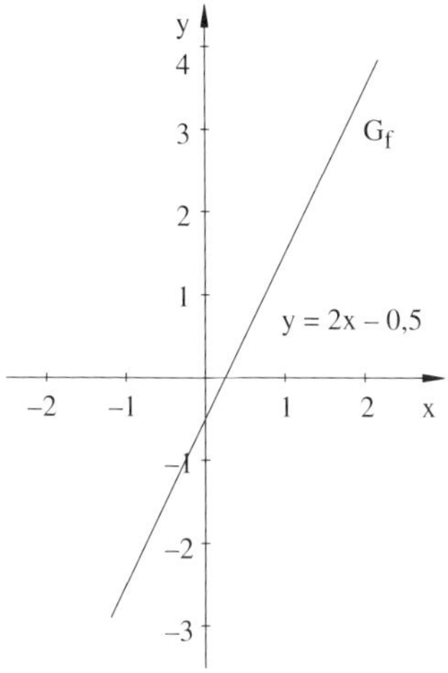

c) $y = 2x - 0{,}5$

Wir lösen nach x auf:

$$2x = y + 0{,}5$$
$$\Leftrightarrow \quad x = 0{,}5y + 0{,}25$$

Wir vertauschen x mit y:

$y = 0{,}5x + 0{,}25$

Definitionsmenge:

$\mathbb{W}_f = \mathbb{R} \Rightarrow \mathbb{D}_{f^{-1}} = \mathbb{R}$

$\Rightarrow f^{-1}: x \mapsto 0{,}5x + 0{,}25; \quad x \in \mathbb{R}$

d) Aus $y = 0$

$$\Rightarrow 0 = 0{,}5x + 0{,}25 \Leftrightarrow -0{,}25 = 0{,}5x$$
$$\Leftrightarrow x = -0{,}5$$
$$\Rightarrow S_x(-0{,}5; 0)$$

Aus $x = 0$

$$\Rightarrow \quad y = f^{-1}(0) = 0{,}5 \cdot 0 + 0{,}25$$
$$\Rightarrow S_y(0; 0{,}25)$$

e) $G_f \cap G_{f^{-1}}$:

$$2x - 0{,}5 = 0{,}5x + 0{,}25$$
$$\Leftrightarrow \quad 1{,}5x = 0{,}75 \Leftrightarrow x = 0{,}5$$
$$f(0{,}5) = 2 \cdot 0{,}5 - 0{,}5 = 0{,}5$$

$\Rightarrow$ Die Graphen schneiden sich im Punkt S (0,5; 0,5).

$\ell \perp G_{f^{-1}} \Rightarrow m_\ell = -\frac{1}{m_{f^{-1}}} \Rightarrow m_\ell = -\frac{1}{0{,}5} = -2$

Ansatz für die Gleichung der Geraden ℓ: $y = m_\ell \cdot x + t$.
Wir setzen darin $m_\ell = -2$ und die Koordinaten von S (0,5; 0,5) ein:
$0{,}5 = -2 \cdot 0{,}5 + t \Leftrightarrow t = 1{,}5$
Also: ℓ: $y = -2x + 1{,}5$

31. a) f_1: $x \mapsto -x^2 + 3$; $x \in \mathbb{R}$

Wir spiegeln die Normalparabel an der x-Achse und verschieben sie anschließend um 3 LE nach oben.

Scheitel:
S (0; 3)

Nullstellen:
$-\sqrt{3}$; $\sqrt{3}$

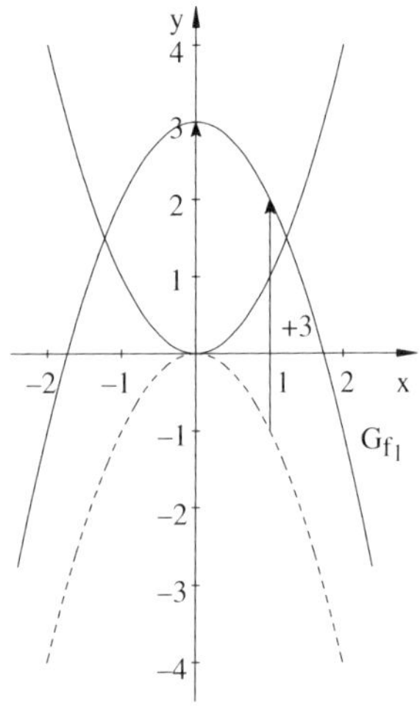

b) f_2: $x \mapsto -(x-1)^2 + 2$; $x \in \mathbb{R}$

Wir spiegeln die Normalparabel an der x-Achse und verschieben sie anschließend um 1 LE nach rechts und 2 LE nach oben

Scheitel:
S (1; 2)

Nullstellen:
$1 - \sqrt{2}$; $1 + \sqrt{2}$

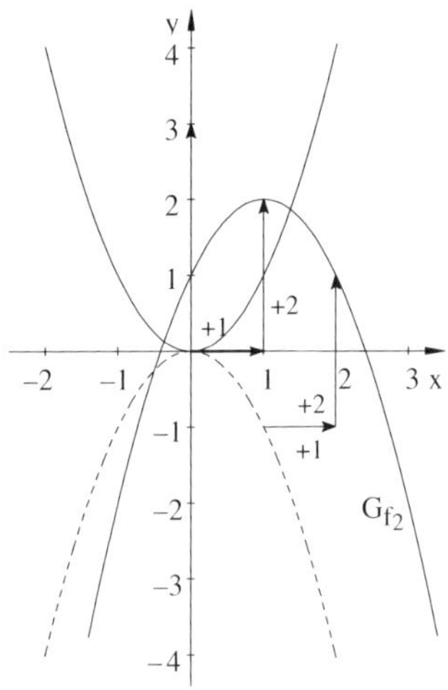

c) f_3: $x \mapsto (x + 1)^2 + 2$; $x \in \mathbb{R}$

Wir verschieben die Normalparabel um 1 LE nach links und 2 LE nach oben

Scheitel:
S (–1; 2)

Nullstellen: keine

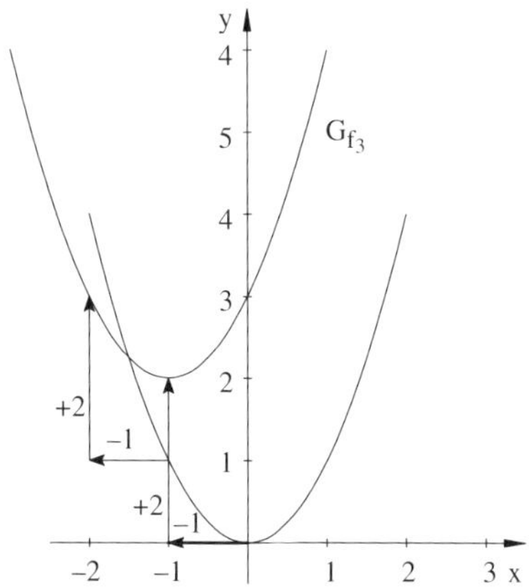

d) Mithilfe der quadratischen Ergänzung erhalten wir:
f_4: $x \mapsto (x - 1)^2$; $x \in \mathbb{R}$

Wir verschieben die Normalparabel um 1 LE nach rechts.

Scheitel:
S (1; 0)

Nullstelle: 1

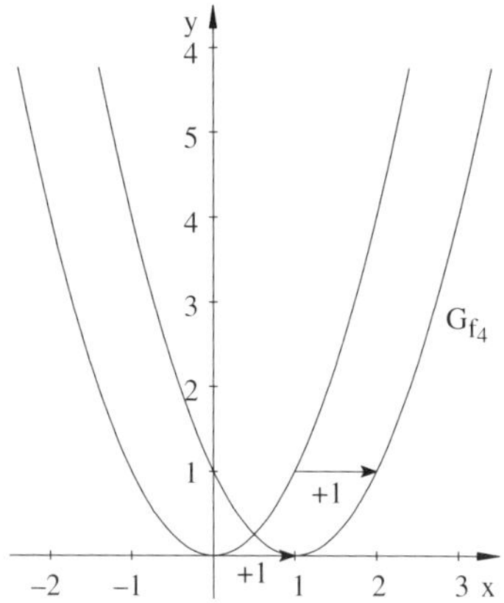

32. a) Aus der Abbildung lesen wir ab:
$\mathbb{L} = \{0; 4\}$

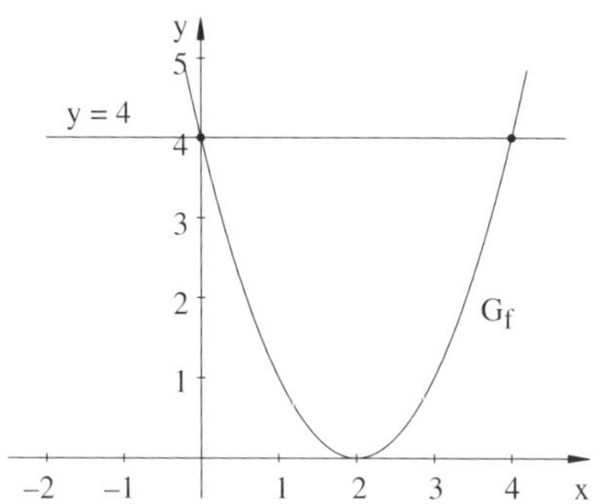

b) Aus der Abbildung entnehmen wir, dass in den Intervallen $]-\infty; 1]$ und $[3; \infty[$ die Funktionswerte größer oder gleich 1 sind.

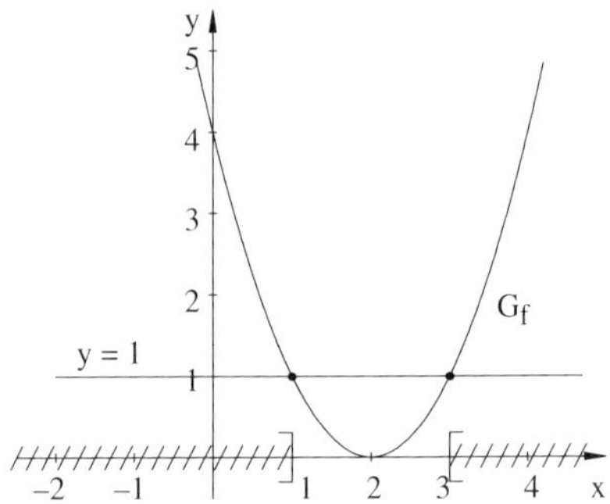

c) $\mathbb{L} = \{ \}$

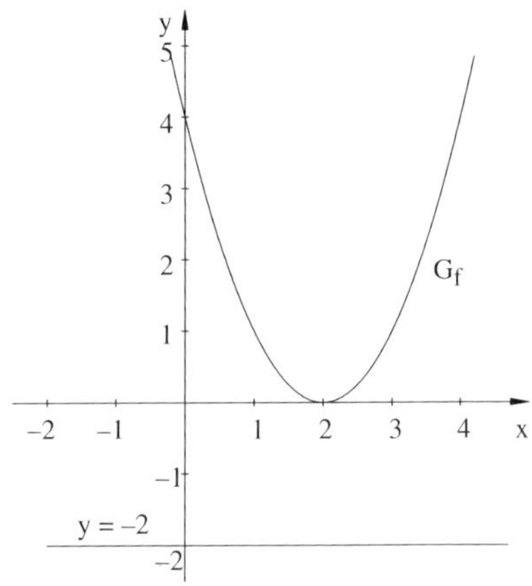

d) $x \in]0; 1[\cup]3; 4[$

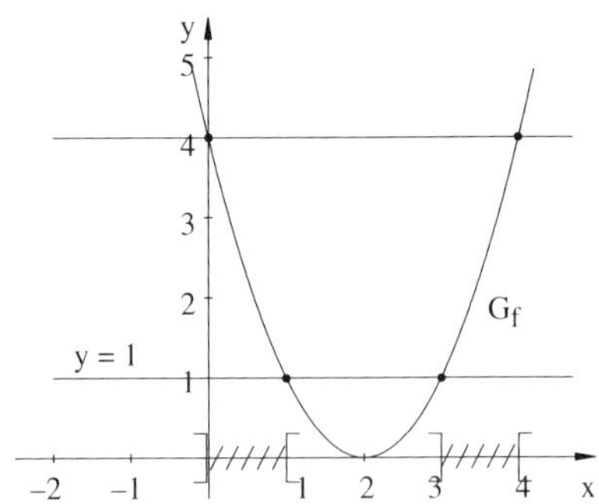

33. a) (1) $f(0)=-1 \Rightarrow a\cdot 0+b\cdot 0+c=-1 \Leftrightarrow c=-1$

(2) $f(2)=1 \Rightarrow a\cdot 4+b\cdot 2+c=1$

(3) $f(-2)=1 \Rightarrow a\cdot 4-b\cdot 2+c=1$

(1) in (2): $a\cdot 4+b\cdot 2-1=1 \Leftrightarrow 4a+2b=2$ (4)

(1) in (3): $a\cdot 4-b\cdot 2-1=1 \Leftrightarrow 4a-2b=2$ (5)

$\left.\begin{array}{l}(4)\ 2a+b=1\\(5)\ 2a-b=1\end{array}\right\}$ (4)+(5) $4a=2 \Leftrightarrow a=\frac{1}{2}$

in (4): $2\cdot\frac{1}{2}+b=1 \Leftrightarrow b=0$

$\Rightarrow f(x)=\frac{1}{2}x^2-1$

b) (1) $f(0)=2\frac{1}{4} \Rightarrow a\cdot 0+b\cdot 0+c=2\frac{1}{4} \Leftrightarrow c=2\frac{1}{4}$

(2) $f(-1)=2 \Rightarrow a\cdot 1-b\cdot 1+c=2$

(3) $f(1)=3 \Rightarrow a\cdot 1+b\cdot 1+c=3$

(1) in (2): $a-b+2\frac{1}{4}=2 \Leftrightarrow a-b=-\frac{1}{4}$ (4)

(1) in (3): $a+b+2\frac{1}{4}=3 \Leftrightarrow a+b=\frac{3}{4}$ (5)

(4)+(5): $2a=\frac{1}{2} \Leftrightarrow a=\frac{1}{4}$

in (5): $\frac{1}{4}+b=\frac{3}{4} \Leftrightarrow b=\frac{1}{2}$

$\Rightarrow f(x)=\frac{1}{4}x^2+\frac{1}{2}x+2\frac{1}{4}$

c) (1) $f(1)=-2 \Rightarrow a\cdot 1+b\cdot 1+c=-2 \Leftrightarrow a+b+c=-2 \Leftrightarrow c=-2-a-b$

(2) $f(2)=-3 \Rightarrow a\cdot 4+b\cdot 2+c=-3 \Leftrightarrow 4a+2b+c=-3$

(3) $f(-2)=-11 \Rightarrow a\cdot 4-b\cdot 2+c=-1 \Leftrightarrow 4a-2b+c=-11$

(1) in (2): $4a+2b-2-a-b=-3 \Leftrightarrow 3a+b=-1 \Leftrightarrow b=-1-3a$ (4)

(1) und (4) in (3): $4a-2(-1-3a)-2-a-(-1-3a)=-11$

$\Leftrightarrow 4a+2+6a-2-a+1+3a=-11$

$\Leftrightarrow 12a+1=-11$

$\Leftrightarrow 12a=-12$

$\Leftrightarrow a=-1$

in (4): $b=-1-3\cdot(-1)=2$

in (1): $c=-2-(-1)-2=-3$

$\Rightarrow f(x)=-x^2+2x-3$

34. f: $x \mapsto -x^2 + 4$; $x \in \,]-8; +4[$
Wir spiegeln die Normalparabel im angegebenen $\mathbb{D}$ an der x-Achse und verschieben sie anschließend um 4 LE nach oben.
Dann lesen wir ab:
Für $x \in \,]-8; -2[\, \cup \,]2; 4[$
sind die Funktionswerte negativ.

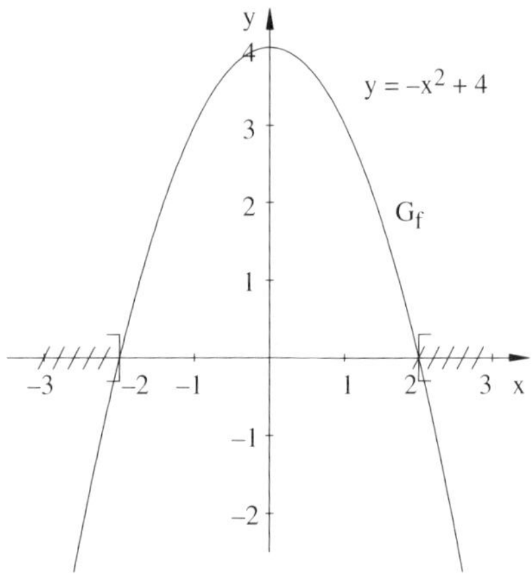

35. a) $f(x) = -(x-2)^2 + 3$; der Scheitel S (2; 3) ist der höchste Punkt.

b) $f(x) = -\frac{1}{4}x^2 - 1$; der Scheitel S (0; −1) ist der höchste Punkt.

c) $f(x) = 2x^2 + x = 2 \cdot \left(x^2 + \frac{1}{2}x\right) = 2 \cdot \left(x^2 + \frac{1}{2}x + \frac{1}{16} - \frac{1}{16}\right)$

$= 2 \cdot \left(x + \frac{1}{4}\right)^2 - 2 \cdot \frac{1}{16} = 2\left(x + \frac{1}{4}\right)^2 - \frac{1}{8}$

Der Scheitel $S\left(-\frac{1}{4}; -\frac{1}{8}\right)$ ist der tiefste Punkt.

d) $f(x) = \frac{1}{2}x^2 + 4x + 1 = \frac{1}{2}(x^2 + 8x) + 1 = \frac{1}{2}(x^2 + 8x + 16 - 16) + 1$

$= \frac{1}{2}(x+4)^2 - \frac{16}{2} + 1 = \frac{1}{2}(x+4)^2 - 7$

Der Scheitel S (−4; −7) ist der tiefste Punkt.

e) $f(x) = -\frac{1}{2}x^2 + 2x + 1 = -\frac{1}{2}(x^2 - 4x) + 1 = -\frac{1}{2}(x^2 - 4x + 4 - 4) + 1$

$= -\frac{1}{2}(x-2)^2 - \left(-\frac{4}{2}\right) + 1 = -\frac{1}{2}(x-2)^2 + 3$

Der Scheitel S (2; 3) ist der höchste Punkt.

f) $f(x) = x^2 - 10x + 1 = x^2 - 10x + 25 - 25 + 1 = (x-5)^2 - 24$
Der Scheitel S (5; −24) ist der tiefste Punkt.

g) $f(x) = -x^2 + 4x + 1 = -(x^2 - 4x + 4 - 4) + 1 = -(x-2)^2 + 4 + 1$
$= -(x-2)^2 + 5$
Der Scheitel S (2; 5) ist der höchste Punkt.

h) $f(x) = 2x^2 - 6x + 1 = 2(x^2 - 3x) + 1 = 2(x^2 - 3x + 2{,}25 - 2{,}25) + 1$
$= 2(x - 1{,}5)^2 - 2 \cdot 2{,}25 + 1 = 2(x - 1{,}5)^2 - 3{,}5$
Der Scheitel S (1,5; –3,5) ist der tiefste Punkt.

i) $f(x) = -x^2 - 6x - 5 = -(x^2 + 6x) - 5 = -(x^2 + 6x + 9 - 9) - 5$
$= -(x+3)^2 + 9 - 5 = -(x+3)^2 + 4$
Der Scheitel S (–3; 4) ist der höchste Punkt.

36. a) Gleichung der Parabel in der Scheitelform: $f(x) = a(x - x_s)^2 + y_s$
Scheitel $S(x_s; y_s)$ mit $x_s = 1 \Rightarrow \quad f(x) = a(x-1)^2 + y_s$

$$P(-1;0) \in G_f \Rightarrow f(-1) = 0 \Rightarrow a \cdot ((-1)-1)^2 + y_s = 0$$
$$\Leftrightarrow \quad 4a + y_s = 0$$
$$\Leftrightarrow \quad y_s = -4a \qquad (1)$$

$$Q(2;-1{,}5) \in f \Rightarrow f(2) = -1{,}5 \Rightarrow a \cdot (2-1)^2 + y_s = -1{,}5$$
$$\Leftrightarrow \quad a + y_s = -1{,}5$$
$$\Leftrightarrow \quad a = -1{,}5 - y_s \qquad (2)$$

(1) in (2): $a = -1{,}5 - (-4a) = -1{,}5 + 4a$
$\Leftrightarrow \ 0 = -1{,}5 + 3a$
$\Leftrightarrow \ 3a = 1{,}5$
$\Leftrightarrow \ a = \frac{1}{2}$ (3)

(3) in (1): $y_s = -4 \cdot \frac{1}{2} = -2 \Rightarrow$ Scheitel S (1; –2)

$\Rightarrow f(x) = \frac{1}{2}(x-1)^2 - 2 = \frac{1}{2}x^2 - \frac{1}{2} \cdot 2x + \frac{1}{2} \cdot 1 - 2$

$\Leftrightarrow f(x) = \frac{1}{2}x^2 - x - \frac{3}{2}$

b) Schnitt mit der x-Achse: $f(x) = 0 \Leftrightarrow \frac{1}{2}x^2 - x - \frac{3}{2} = 0$

$$x_{1/2} = \frac{-(-1) \pm \sqrt{(-1)^2 - 4 \cdot \frac{1}{2} \cdot \left(-\frac{3}{2}\right)}}{2 \cdot \frac{1}{2}} = 1 \pm \sqrt{1+3} = 1 \pm 2\,;$$

$x_1 = 3 \vee x_2 = -1$
Schnitt mit der y-Achse: $x = 0 \Rightarrow f(0) = -1{,}5 \Rightarrow S_y(0; -1{,}5)$

c)

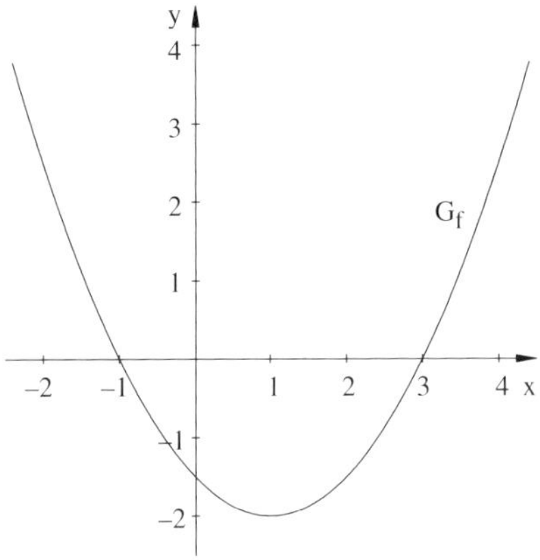

37. $f_1(x) = -(x-2)^2 + 3 = -x^2 + 4x - 4 + 3 = -x^2 + 4x - 1$

Der Graph G_{f_2} ist eine Gerade mit der Steigung $m = \frac{\Delta y}{\Delta x} = \frac{-1}{4}$

und dem y-Abschnitt $t = -\frac{1}{4}$.

Also: $f_2(x) = -\frac{1}{4}x - \frac{1}{4}$

38. $\left.\begin{array}{l} f(1) = -2 \Rightarrow a(1-1)^2 + b = -2 \Leftrightarrow b = -2 \\ f(-1) = 0 \Rightarrow a(-1-1)^2 + b = 0 \Leftrightarrow 4a + b = 0 \end{array}\right\}$

$\Rightarrow 4a + (-2) = 0 \Leftrightarrow a = \frac{1}{2}$

$\Rightarrow f(x) = \frac{1}{2}(x-1)^2 - 2 = \frac{1}{2}x^2 - \frac{1}{2} \cdot 2x + \frac{1}{2} \cdot 1 - 2 = \frac{1}{2}x^2 - x - \frac{3}{2}$

39. a) Aus der Abbildung entnehmen wir:
$x \in [0; 2]$
Rechnerische Überprüfung:
$f(0) = 1$;
$f(1) = 2$;
$f(2) = 1$

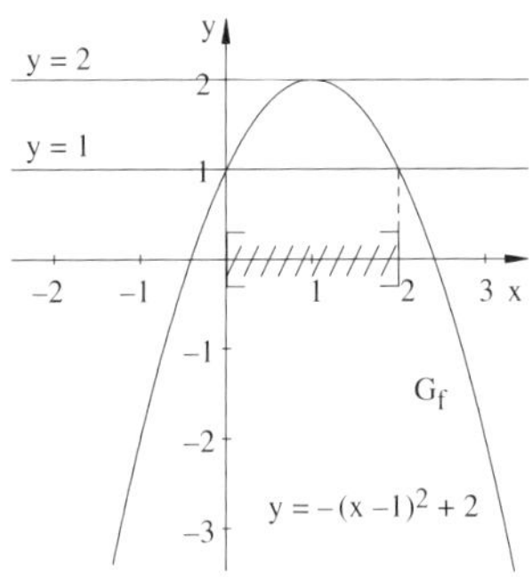

b) Berechnung der x-Koordinaten der Schnittpunkte P und Q

$$-(x-1)^2+2=x$$
$$\Leftrightarrow \quad -x^2+2x+1=x$$
$$\Leftrightarrow \quad -x^2+x=-1$$
$$\Leftrightarrow \quad x^2-x=1$$
$$\Leftrightarrow \quad (x-0,5)^2=1+0,25$$
$$\Leftrightarrow \quad |x-0,5|=1,25$$
$$\Leftrightarrow \quad x=0,5-\sqrt{1,25}\approx -0,62$$
$$\vee \quad x=0,5+\sqrt{1,25}\approx 1,62$$

Aus der Zeichnung entnehmen wir:
$x \in [0,5-\sqrt{1,25};\ 0,5+\sqrt{1,25}]$

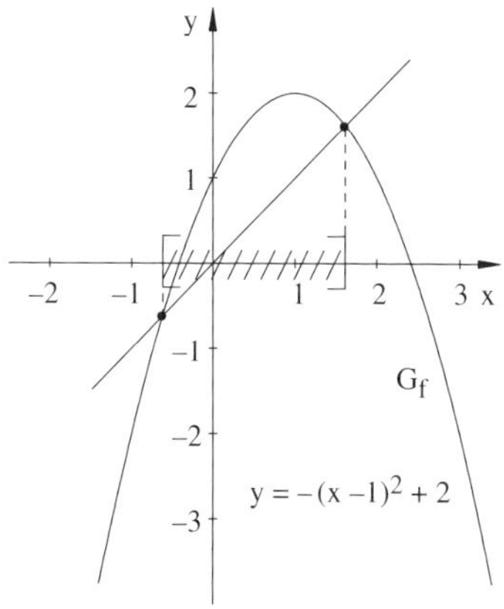

40. $f(0)=0$;
$f(6)=-36+24=-12$
$y=-x^2+4x=-(x^2-4x+2^2-2^2)=-(x-2)^2+4 \Rightarrow S(2;4)$
↑
Parabel ist nach unten geöffnet.
Also: $\mathbb{W}_f=[-12;4]$

41. a) $x=-3$ ist Symmetrieachse der Parabel.
$\Rightarrow$ -5 ist die zweite Nullstelle der Parabel.

b) $S(-3;4)$: $4=a(-3)^2+b\cdot(-3)+c$ (1)
$A(-1;0)$: $0=a\cdot(-1)^2+b\cdot(-1)+c \Leftrightarrow c=b-a$ (2)
$B(-5;0)$: $0=a\cdot(-5)^2+b\cdot(-5)+c \Leftrightarrow c=5b-25a$ (3)
(2) in (3): $b-a=5b-25a \Leftrightarrow 6a=b$
in (2): $c=5a$
in (1): $4=9a-18a+5a \Leftrightarrow a=-1;\ b=-6;\ c=-5$
Also: $y=-x^2-6x-5$

42. a) $\mathbb{D}_{max}=\mathbb{R}_0^+=[0;\infty[$

b) $\mathbb{D}_{max}=]0;\infty[$

c) $x\geq 1 \Rightarrow \mathbb{D}_{max}=[1;\infty[$

d) $\mathbb{D}_{max}=[0;\infty[$

e) $2x^2 + 15 \geq 0 \Rightarrow \mathbb{D}_{max} = \mathbb{R}$

f) $x - 4 > 0 \Rightarrow \mathbb{D}_{max} =]4; \infty[$

g) $\mathbb{D}_{max} = \mathbb{R}$

h) $\mathbb{D}_{max} = \mathbb{R}$

i) $\mathbb{D}_{max} = \mathbb{R}_0^+$

j) $\mathbb{D}_{max} = \mathbb{R}_0^+$

k) $\mathbb{D}_{max} = \mathbb{R}_0^+$

l) $\mathbb{D}_{max} = [1; \infty[$

m) $\mathbb{D}_{max} = \mathbb{R} \setminus \{0\}$

n) $\mathbb{D}_{max} = \mathbb{R}_0^+$

o) In $\mathbb{R}_{max} \setminus \{2; -2\}$ gilt:
$\frac{x-2}{x^2-4} = \frac{(x-2)}{(x-2)(x+2)} = \frac{1}{x+2}$; $\frac{1}{x+2} \geq 0 \Rightarrow \mathbb{D}_{max} =]-2; \infty[\setminus \{2\}$

p) $\frac{x-2}{x+3} \geq 0$;
$(x - 2 \geq 0 \wedge x + 3 > 0) \Leftrightarrow (x \geq 2 \wedge x > -3) \Rightarrow L_1 = [2; \infty[$
$(x - 2 \leq 0 \wedge x + 3 < 0) \Leftrightarrow (x \leq 2 \wedge x < -3) \Rightarrow L_2 =]-\infty; -3[$
$\Rightarrow \mathbb{D}_{max} = L_1 \cup L_2 =]-\infty; -3[\cup [2; \infty[$

q) In $\mathbb{R}_{max} \setminus \{1; -1\}$ gilt:
$\frac{x-1}{x^2-1} = \frac{1}{x+1}$; $\frac{1}{x+1} \geq 0 \Rightarrow \mathbb{D}_{max} =]-1; \infty[\setminus \{1\}$

r) $x^2 - 5 > 0 \Rightarrow \mathbb{D}_{max} = \mathbb{R} \setminus [-\sqrt{5}; \sqrt{5}]$

s) $\frac{x^2-25}{2x+7} \geq 0$;
$(x^2 - 25 \geq 0 \wedge 2x + 7 > 0) \Leftrightarrow (x \in \mathbb{R} \setminus]-5; 5[\wedge x > -3{,}5) \Rightarrow L_1 = [5; \infty[$
$(x^2 - 25 \leq 0 \wedge 2x + 7 < 0) \Leftrightarrow (x \in [-5; 5] \wedge x < -3{,}5) \Rightarrow L_2 = [-5; -3{,}5[$
$\Rightarrow \mathbb{D}_{max} = L_1 \cup L_2 = [-5; -3{,}5[\cup [5; \infty[$

t) Nullstellen des Nenners: $x^2 - 2x - 3 = 0$

$\Leftrightarrow (x + 1)(x - 3) = 0 \Leftrightarrow x = -1 \lor x = 3$

Der Graph von $y = x^2 - 2x - 3$ ist eine nach oben geöffnete Parabel $\Rightarrow$

Nenner ist für $x \in \mathbb{R} \setminus]-1; 3[$ positiv und für $x \in]-1; 3[$ negativ.

Zähler $x + 3$ ist für $x \in]-\infty; -3[$ negativ und für $x \in]-3; \infty[$ positiv.

Wir überlegen uns die Vorzeichenverteilung auf dem Zahlenstrahl:

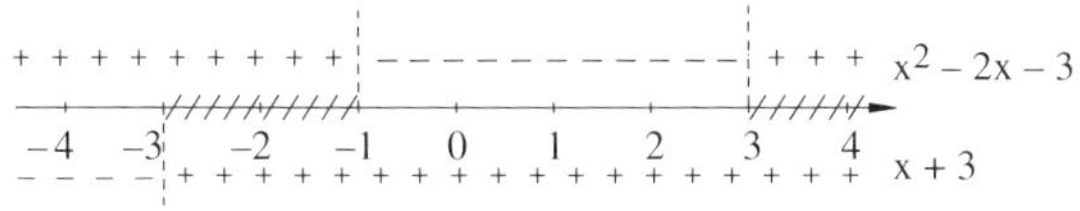

$\mathbb{D}_{max} = [-3; -1[\cup]3; \infty[$

u) $-2x - 1 \geq 0 \Leftrightarrow 2x + 1 \leq 0 \Rightarrow \mathbb{D}_{max} =]-\infty; -0{,}5]$

v) $\sin x \neq 0 \Rightarrow x \in \mathbb{R} \setminus \{x \mid x = k \cdot \pi; k \in \mathbb{Z}\}$

w) Der Graph von $y = x^2 - 8x + 4$ ist eine nach oben geöffnete Parabel; ihre Nullstellen sind

$x = \frac{1}{2}(8 + \sqrt{64 - 16}) = 4 + 2\sqrt{3} \lor x = 4 - 2\sqrt{3}$

$\Rightarrow x^2 - 8x + 4 \geq 0$ für $x \in]-\infty; 4 - 2\sqrt{3}] \lor x \in [4 + 2\sqrt{3}; \infty[$

$\Rightarrow \mathbb{D}_{max} = \mathbb{R} \setminus]4 - 2\sqrt{3}; 4 + 2\sqrt{3}[$

x) Der Graph von $y = x^2 + 8x + 4$ ist eine nach oben geöffnete Parabel; ihre Nullstellen sind

$x = \frac{1}{2}(-8 + \sqrt{64 - 16}) = -4 + 2\sqrt{3} \lor x = -4 - 2\sqrt{3}$

$\Rightarrow x^2 + 8x + 4 \geq 0$ für $x \in]-\infty; -4 - 2\sqrt{3}] \lor x \in [-4 + 2\sqrt{3}; \infty[$

$\Rightarrow \mathbb{D}_{max} = \mathbb{R} \setminus]-4 - 2\sqrt{3}; -4 + 2\sqrt{3}[$

43. a) $16 - x^2 \geq 0 \Leftrightarrow 16 \geq x^2 \Rightarrow \mathbb{D}_{max} = [-4; 4]$

b) $1 + x^2 \geq 0 \Rightarrow \mathbb{D}_{max} = \mathbb{R}$

c) $\sin x \neq 0 \Rightarrow \mathbb{D}_{max} = \mathbb{R} \setminus \{x \mid x = k \cdot \pi; k \in \mathbb{Z}\}$

d) $x - 1 \neq 0 \Rightarrow \mathbb{D}_{max} = \mathbb{R} \setminus \{1\}$

e) $4 - x^2 \neq 0 \Rightarrow \mathbb{D}_{max} = \mathbb{R} \setminus \{-2; 2\}$

f) $\frac{1}{x - 1} \geq 0 \land x - 1 \neq 0 \Rightarrow \mathbb{D}_{max} =]1; \infty[$

44. a) $\mathbb{D}_{max} = \mathbb{R}$

b) $\mathbb{D}_{max} = \mathbb{R}$

c) $\frac{1}{\cos x}$ ist genau dann definiert, wenn der Nenner ungleich null ist. Also:

$\mathbb{D}_{max} = \mathbb{R} \setminus \{x \mid x = (2k+1) \cdot \frac{\pi}{2};\ k \in \mathbb{Z}\}$

d) $\mathbb{D}_{max} = \mathbb{R}$

45. a) $x^2 - 16 \geq 0 \Rightarrow \mathbb{D}_g = \mathbb{R} \setminus]-4; 4[$

b) $\sqrt{x^2 - 16} = 3$
$x^2 - 16 = 9$
$x^2 = 25$
$x = -5 \vee x = 5$

c) Wertetabelle:

x	−8	−7	−6	−5	−4	4	5	6	7	8
g(x)	6,9	5,7	4,5	3	0	0	3	4,5	5,7	6,9

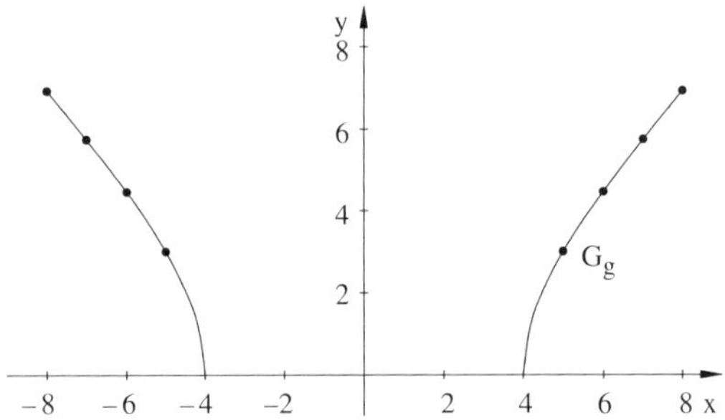

46. a)

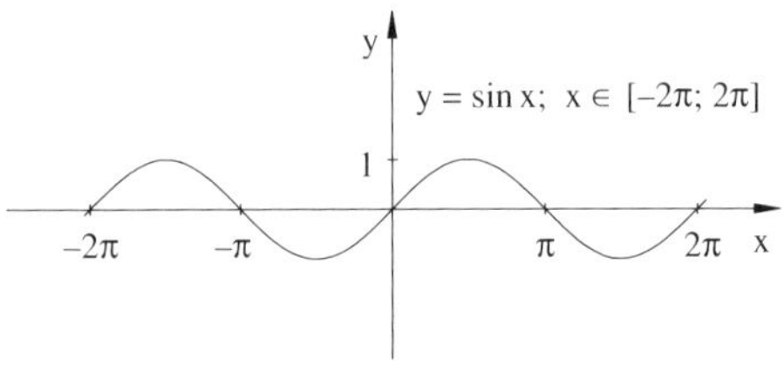

b)

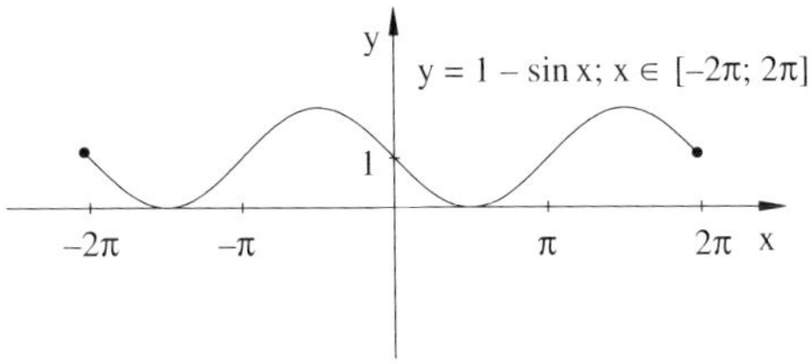
y
y = 1 – sin x; x ∈ [–2π; 2π]
1
–2π
–π
π
2π
x

c)

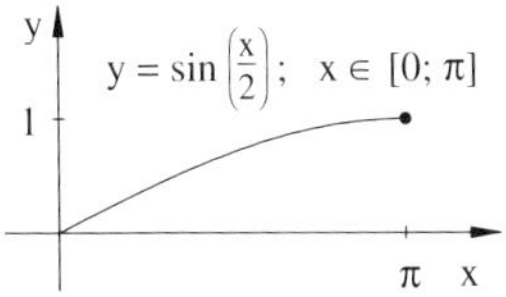
y
y = sin (x/2); x ∈ [0; π]
1
π
x

d)

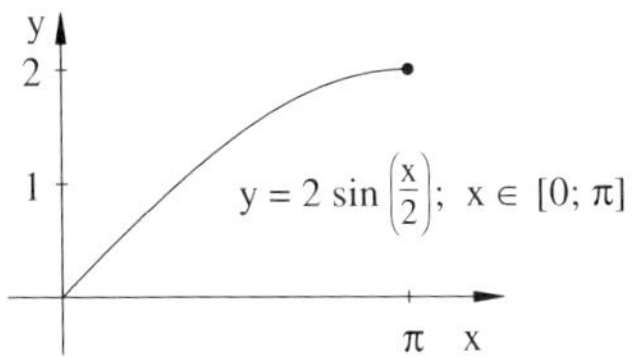
y
2
1
y = 2 sin (x/2); x ∈ [0; π]
π
x

e)

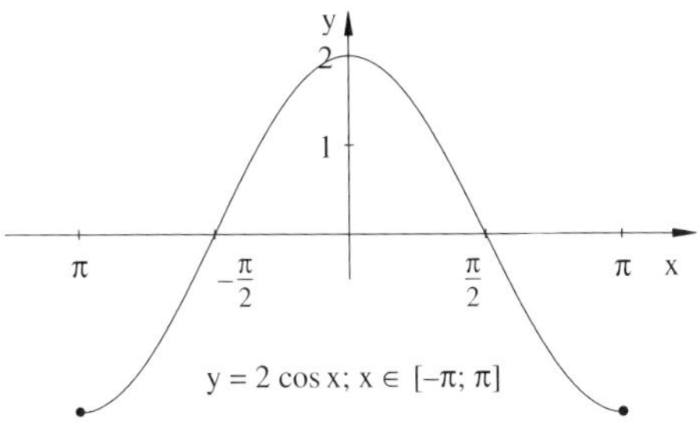
y
2
1
π
–π/2
π/2
π
x
y = 2 cos x; x ∈ [–π; π]

f)

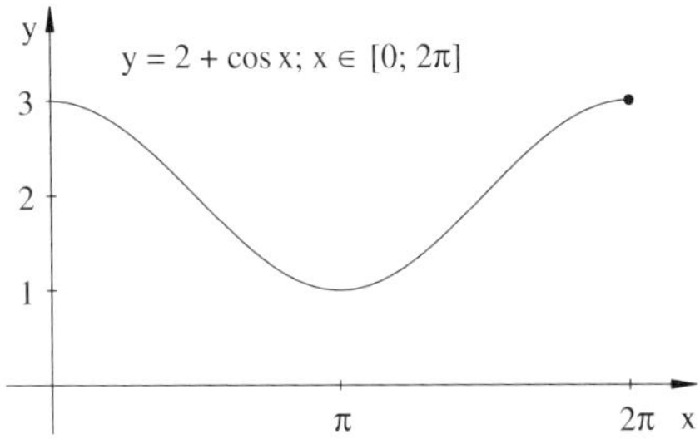
y
y = 2 + cos x; x ∈ [0; 2π]
3
2
1
π
2π
x

47. a) $-\sqrt{4x - x^2}$ ist genau dann definiert, wenn $4x - x^2 \geq 0$.
$y = 4x - x^2$ ist eine nach unten geöffnete Parabel. Ihre Nullstellen sind wegen
$4x - x^2 + 0 \Leftrightarrow x(4 - x) = 0$
die x-Werte 0 und 4.
Also gilt:
$4x - x^2 \geq 0$
für $x \in \mathbb{D}_f = [0; 4]$

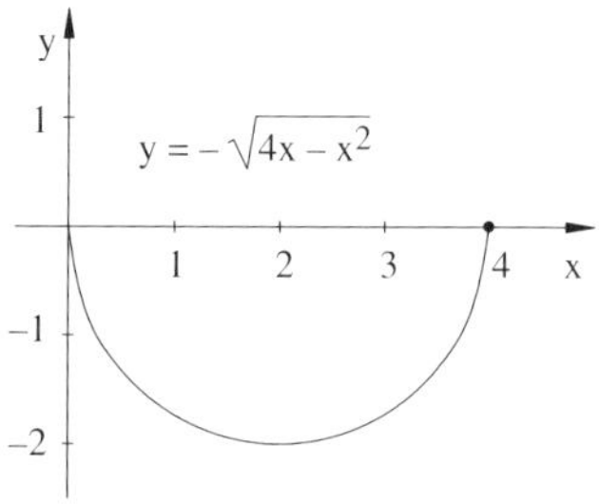

b)

x	0	0,5	1	1,5	2	2,5	3	3,5	4
f(x)	0	−1,3	−1,7	−1,9	−2	−1,9	−1,7	−1,3	0

c) f ist in $\mathbb{D}_f$ nicht umkehrbar, da jedem $f(x) \neq -2$ aus dem Wertebereich $\mathbb{W}_f = [-2; 0]$ zwei x-Werte zugeordnet werden.
$\Rightarrow$ Umkehrung nicht eindeutig.

d) $f_1\colon\ x \mapsto -\sqrt{4x - x^2}$; $\mathbb{D}_{f_1} = [0; 2]$; $\mathbb{W}_{f_1} = [-2; 0]$

$y = -\sqrt{4x - x^2}$; $y^2 = 4x - x^2$; $-y^2 = x^2 - 4x$;
$4 - y^2 = x^2 - 4x + 4$; $4 - y^2 = (x - 2)^2$;
$|x - 2| = \sqrt{4 - y^2}$
$\Leftrightarrow x = 2 + \sqrt{4 - y^2} \lor x = 2 - \sqrt{4 - y^2}$
$\mathbb{D}_{f_1} \rightarrow \mathbb{W}_{f_1^{-1}} \land \mathbb{W}_{f_1} \rightarrow \mathbb{D}_{f_1^{-1}}$
$\Rightarrow x = 2 - \sqrt{4 - y^2}$
$\Rightarrow f^{-1}\colon\ x \mapsto 2 - \sqrt{4 - x^2}$

48. a) $3 - 2x - x^2 = 0$
$\Leftrightarrow x^2 + 2x - 3 = 0 \Leftrightarrow (x + 3)(x - 1) = 0$
$\Leftrightarrow x = -3 \lor x = 1$

b) $y = 3 - 2x - x^2$
$\Leftrightarrow y = -(x^2 + 2x) + 3 \Leftrightarrow y = -(x^2 + 2x + 1) + 1 + 3$
$\Leftrightarrow y = -(x + 1)^2 + 4 \quad \Rightarrow H(-1; 4)$

c) $\bar{f}: x \mapsto 3 - 2x - x^2;\ x \in\ ]-\infty; -1] = \mathbb{D}_{\bar{f}} \to \mathbb{W}_{\bar{f}^{-1}};$

$$\mathbb{W}_{\bar{f}} =]-\infty, 4] \to \mathbb{D}_{\bar{f}^{-1}}$$

$$y = 3 - 2x - x^2 \Leftrightarrow x^2 + 2x + (y-3) = 0$$

$$\Leftrightarrow (x^2 + 2x + 1) + (y - 3 - 1) = 0 \Leftrightarrow (x+1)^2 = 4 - y$$

$$\Leftrightarrow x + 1 = \sqrt{4-y} \quad \vee \quad x + 1 = -\sqrt{4-y}$$

$$\Leftrightarrow \quad x = -1 + \sqrt{4-y} \quad \vee \quad x = -1 - \sqrt{4-y}$$

$\mathbb{W}_{\bar{f}^{-1}} =]-\infty; -1]$

$$\Rightarrow \bar{f}^{-1}: x \mapsto -1 - \sqrt{4-x}\ ;\ \ \mathbb{D}_{\bar{f}^{-1}} =]-\infty; 4]$$

d)

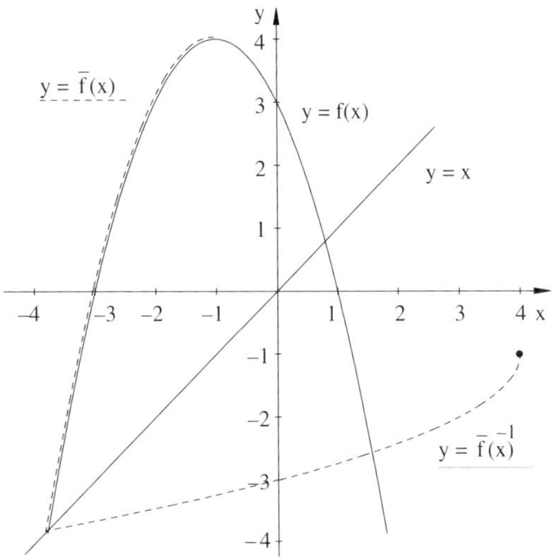

e) Dem Graphen entnehmen wir:
$x \approx -3{,}8;\ y \approx -3{,}8$
Durch Rechnung:
Bedingung für den Schnittpunkt:
$\bar{f}(x) = \bar{f}(x)$, also
$3 - 2x - x^2 = -1 - \sqrt{4-x}\ .$

Das führt jedoch auf eine zu komplizierte Rechnung. Leichter finden wir das Ergebnis, wenn wir überlegen, dass der Schnittpunkt auf der Geraden g: $x \mapsto g(x) = x$ liegt:

$g(x) = \bar{f}(x)$, also

$x = 3 - 2x - x^2 \Leftrightarrow x^2 + 3x - 3 = 0;$

$x_{1/2} = \frac{1}{2}(-3 \pm \sqrt{9 - 4 \cdot (-3)}) = \frac{1}{2}(-3 \pm \sqrt{21})$

$x_1 \approx 0{,}8 \notin \mathbb{D}_{\bar{f}}$; $x_2 \approx -3{,}8 \in \mathbb{D}_{\bar{f}}$

in $g(x) \Rightarrow y \approx -3{,}8$

$\Rightarrow S(-3{,}8; -3{,}8)$

49. a) $f(-4) = \sqrt{\frac{(-4^2) - 25}{2 \cdot (-4) + 7}} = \sqrt{\frac{16 - 25}{-8 + 7}} = \sqrt{\frac{-9}{-1}} = 3$

b) $\sqrt{\frac{x^2 - 25}{2x + 7}} = 0$

$\Rightarrow \frac{x^2 - 25}{2x + 7} = 0 \Rightarrow x^2 - 25 = 0$

$\Rightarrow x = 5 \vee x = -5$

c) (1) $2x + 7 \neq 0 \Leftrightarrow x \neq -3{,}5$

(2) $\frac{x^2 - 25}{2x + 7} \geq 0 \Leftrightarrow (x^2 - 25 \geq 0 \wedge 2x + 7 > 0) \vee (x^2 - 25 \leq 0 \wedge 2x + 7 < 0)$

$\Leftrightarrow [(x \leq -5 \vee x \geq 5) \wedge x > -3{,}5] \vee (-5 \leq x \leq 5 \wedge x < -3{,}5)$

$x \in [5; \infty[\qquad \vee \; x \in [-5; -3{,}5[$

$\Rightarrow \mathbb{D}_f = [-5; -3{,}5[\cup [5; \infty[$

d) $\sqrt{\frac{x^2 - 25}{2x + 7}} = 3 \Rightarrow \frac{x^2 - 25}{2x + 7} = 9$

$\Leftrightarrow x^2 - 25 = 9(2x + 7) \Leftrightarrow x^2 - 25 = 18x + 63$

$\Leftrightarrow x^2 - 18x - 88 = 0 \quad \Leftrightarrow x^2 - 18x + 81 - 81 - 88 = 0$

$\Leftrightarrow (x - 9)^2 = 169 \quad \Leftrightarrow x = 9 + 13 \vee x = -4$

$\Leftrightarrow x = 22 \vee x = -4$

(vgl. Teilaufgabe a)

e) g ist eine Einschränkung von f, da f auch dann definiert ist, wenn im Radikanden sowohl Zähler als auch Nenner negativ sind, während bei $g(x)$ $x^2 - 25 \geq 0$ und $2x + 7 > 0$ gelten muss.

$\mathbb{D}_f = [-5; -3{,}5[\cup [5; \infty[\supset [5; \infty[= \mathbb{D}_g$

50. a) $x^2 - 4x \geq 0 \Leftrightarrow x(x-4) \geq 0$.

Der Graph von $y = x^2 - 4x$ ist eine nach oben geöffnete Parabel mit den Nullstellen 0 und 4. Also gilt: $x^2 - 4x \geq 0$ für $x \in \mathbb{R} \setminus]0; 4[$.

$\mathbb{W}_f = \mathbb{R}_0^+$

b) Wertetabelle

x	–2	–1	0	4	5	6
f(x)	≈ 3,5	≈ 2,2	0	0	≈ 2,2	≈ 3,5

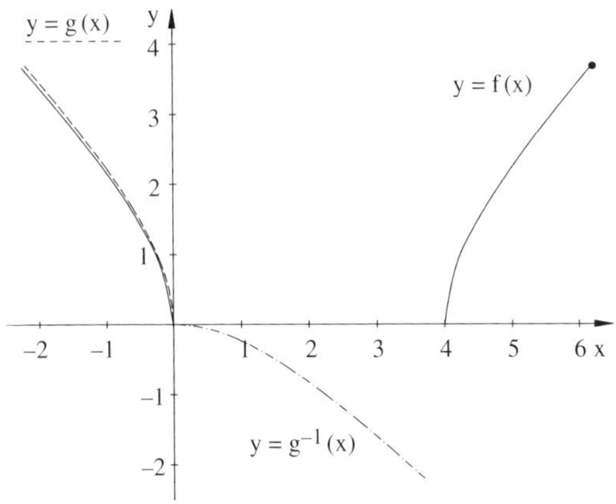

c) $\mathbb{D}_g = \mathbb{R}_0^- \rightarrow \mathbb{W}_{g^{-1}}$; $\mathbb{W}_g = \mathbb{R}_0^+ \rightarrow \mathbb{D}_{g^{-1}}$

$y = \sqrt{x^2 - 4x} \Rightarrow y^2 = x^2 - 4x$

$\Leftrightarrow x^2 - 4x - y^2 = 0 \Leftrightarrow x^2 - 4x + 4 - (4 + y^2) = 0$

$\Leftrightarrow (x-2)^2 = 4 + y^2$

$\Leftrightarrow x - 2 = \sqrt{4 + y^2} \quad \vee \quad x - 2 = -\sqrt{4 + y^2}$

$\Leftrightarrow \quad x = 2 + \sqrt{4 + y^2} \quad \vee \quad x = 2 - \sqrt{4 + y^2}$

Wegen $\mathbb{W}_{g^{-1}} = \mathbb{R}_0^-$ ist g^{-1}: $x \mapsto 2 - \sqrt{4 + x^2}$; $x \in \mathbb{R}_0^+$

Wertetabelle:

x	0	1	2	3	4
$g^{-1}(x)$	0	≈ –0,2	≈ –0,8	≈ –1,6	≈ –2,5

51. a) $2x - 3 = 0 \Leftrightarrow x = 1{,}5$

$\Rightarrow \mathbb{D}_f = [-2; 1{,}5[\cup [1{,}5; 2]$

$$x \mapsto \begin{cases} 2x - 3 & \text{für } 1{,}5 \le x \le 2 \\ 3 - 2x & \text{für } -2 \le x < 1{,}5 \end{cases}$$

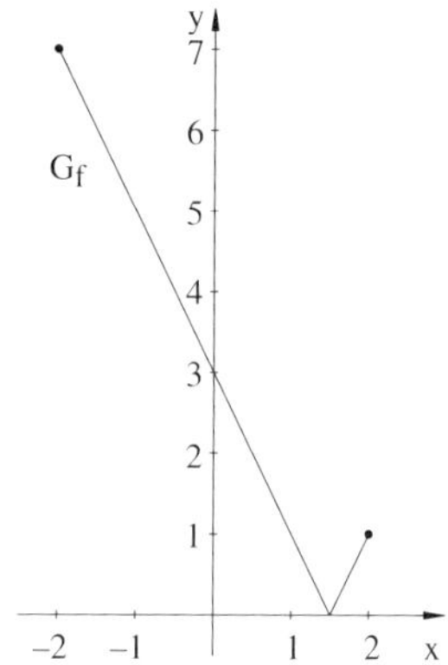

b) $2x - 1 = 0 \Leftrightarrow x = 0{,}5$

$\Rightarrow \mathbb{D}_f = \mathbb{R} =]-\infty; 0{,}5[\cup [0{,}5; \infty[$

$$x \mapsto \begin{cases} 1 - (2x - 1) & \text{für } x \ge 0{,}5 \\ 1 - [-(2x - 1)] & \text{für } x < 0{,}5 \end{cases}$$

$$x \mapsto \begin{cases} -2x + 2 & \text{für } x \ge 0{,}5 \\ 2x & \text{für } x < 0{,}5 \end{cases}$$

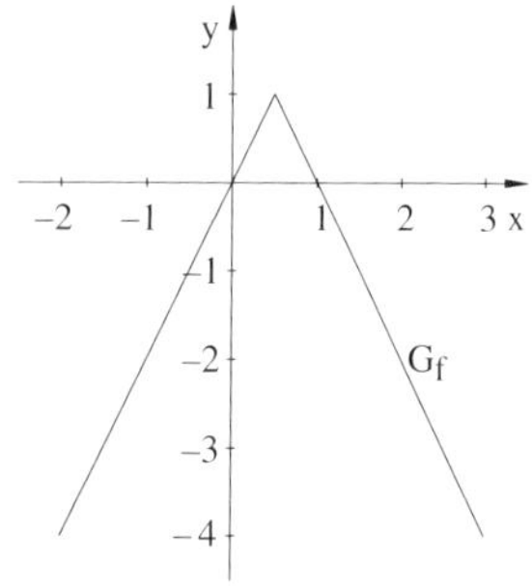

c) $\frac{1}{2}x - 1 = 0 \Leftrightarrow x = 2$

$\Rightarrow \mathbb{D}_f = \mathbb{R} =]-\infty; 2[\cup [2; \infty[$

$$x \mapsto \begin{cases} 2 - \left(\frac{1}{2}x - 1\right) & \text{für } x \ge 2 \\ 2 - \left[-\left(\frac{1}{2}x - 1\right)\right] & \text{für } x < 2 \end{cases}$$

$$x \mapsto \begin{cases} -\frac{1}{2}x + 3 & \text{für } x \ge 2 \\ \frac{1}{2}x + 1 & \text{für } x < 2 \end{cases}$$

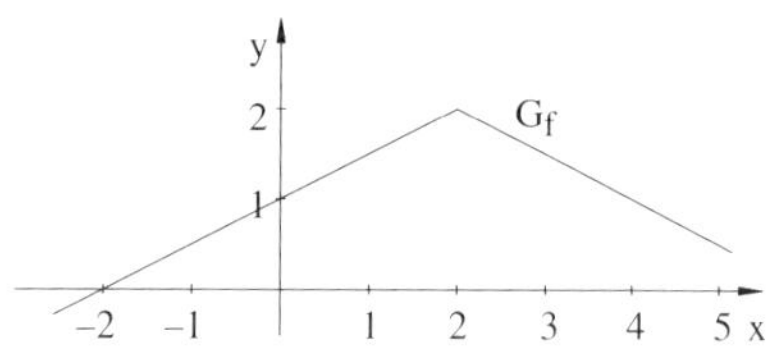

d) $\frac{1}{2}x + 1 = 0 \iff x = -2$

$\Rightarrow \mathbb{D}_f = \mathbb{R} =]-\infty; -2[\cup [-2; \infty[$

$$x \mapsto \begin{cases} 2 \cdot \left(\frac{1}{2}x + 1\right) & \text{für } x \geq -2 \\ 2 \cdot \left[-\left(\frac{1}{2}x + 1\right)\right] & \text{für } x < -2 \end{cases}$$

$$x \mapsto \begin{cases} x + 2 & \text{für } x \geq -2 \\ -x - 2 & \text{für } x < -2 \end{cases}$$

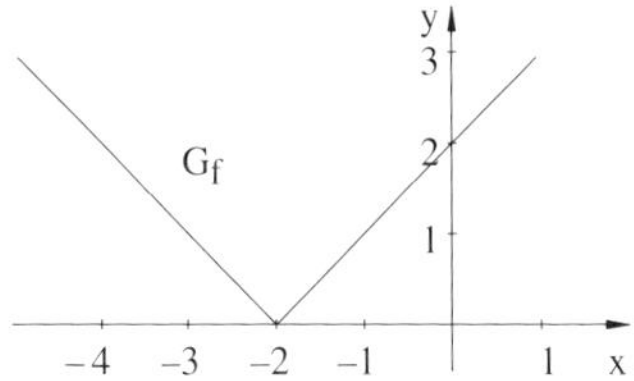

e) $x - 2 = 0 \iff x = 2$

$\Rightarrow \mathbb{D}_f = [-4; 4]$

$= [-4; 0[\cup [0; 2] \cup$

$[2; 4]$

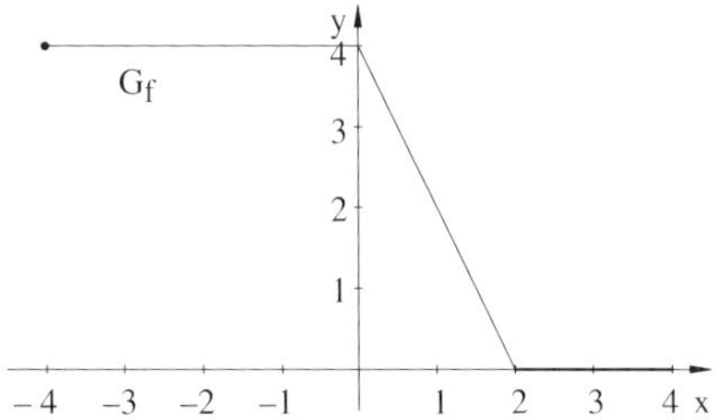

$$x \mapsto \begin{cases} (x-2) - x + 2 & \text{für } 2 \leq x \leq 4 \\ -(x-2) - x + 2 & \text{für } 0 \leq x < 2 \\ -(x-2) - (-x) + 2 & \text{für } -4 \leq x < 0 \end{cases}$$

$$x \mapsto \begin{cases} 0 & \text{für } 2 \leq x \leq 4 \\ -2x + 4 & \text{für } 0 \leq x < 2 \\ 4 & \text{für } -4 \leq x < 0 \end{cases}$$

f) $x + 2 = 0 \iff x = -2;$

$2x - 2 = 0 \iff x = 1$

$\Rightarrow \mathbb{D}_f = \mathbb{R}$

$=]-\infty; -2[\cup [-2; 0[\cup$

$[0; 1[\cup [1; \infty[$

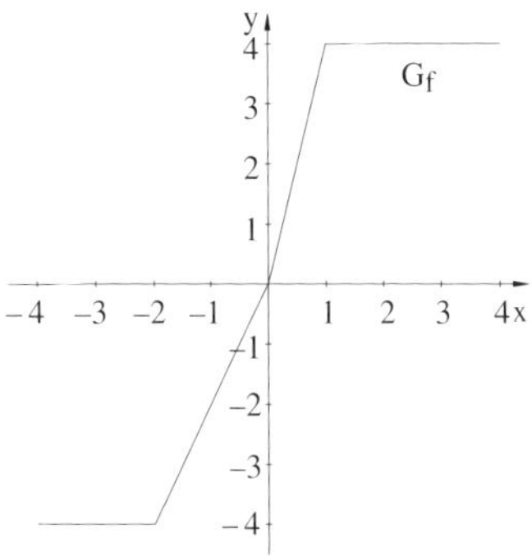

$$x \mapsto \begin{cases} (x+2) - (2x-2) + x & \text{für } 1 \leq x < \infty \\ (x+2) - [-(2x-2)] + x & \text{für } 0 \leq x < 1 \\ (x+2) - [-(2x-2)] + (-x) & \text{für } -2 \leq x < 0 \\ -(x+2) - [-(2x-2)] + (-x) & \text{für } -\infty < x < -2 \end{cases}$$

$$x \mapsto \begin{cases} 4 & \text{für} \quad 1 \le x < \infty \\ 4x & \text{für} \quad 0 \le x < 1 \\ 2x & \text{für} \quad -2 \le x < 0 \\ -4 & \text{für} \quad -\infty < x < -2 \end{cases}$$

52. a) $\mathbb{D}_f = [-1;0] \cup]0;1]$

$$x \mapsto \begin{cases} x^2 & \text{für} \quad 0 < x \le 1 \\ -x^2 & \text{für} \quad -1 \le x \le 0 \end{cases}$$

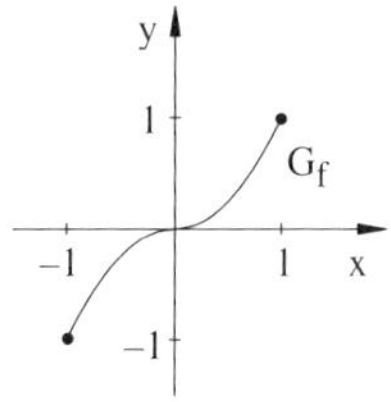

b) $-x^2 + 1 = 0 \Leftrightarrow x = -1 \vee x = 1$

$\Rightarrow \mathbb{D}_f = [-2;-1[\cup [-1;1] \cup]1;2]$

$$x \mapsto \begin{cases} -(-x^2+1) & \text{für} \quad 1 < x \le 2 \\ -x^2+1 & \text{für} \quad -1 \le x \le 1 \\ -(-x^2+1) & \text{für} \quad -2 \le x < -1 \end{cases}$$

$$x \mapsto \begin{cases} x^2-1 & \text{für} \quad x \in [-2;-1] \cup]1;2] \\ -x^2+1 & \text{für} \quad x \in]-1;1] \end{cases}$$

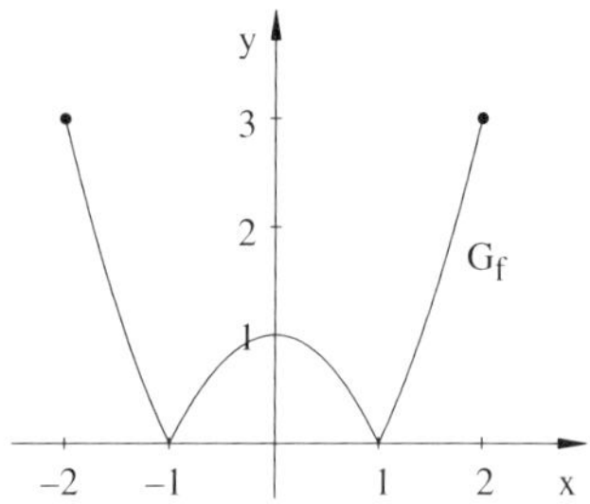

c) $4 - x^2 = 0 \Leftrightarrow x = -2 \vee x = 2$

$\Rightarrow \mathbb{D}_f = [-3;3]$

$= [-3;-2[\cup [-2;2] \cup$

$]2;3]$

$$x \mapsto \begin{cases} -(4-x^2) & \text{für} \quad 2 < x \le 3 \\ 4-x^2 & \text{für} \quad -2 \le x \le 2 \\ -(4-x^2) & \text{für} \quad -3 \le x < -2 \end{cases}$$

$$x \mapsto \begin{cases} x^2-4 & \text{für} \quad x \in [-3;-2[\cup]2;3] \\ 4-x^2 & \text{für} \quad x \in [-2;2] \end{cases}$$

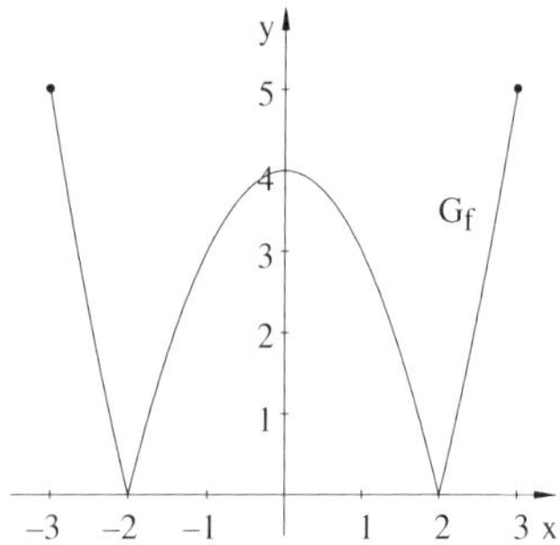

d) $\frac{1}{2}x^2 - 2 = 0 \Leftrightarrow x = -2 \vee x = 2$

$\Rightarrow \mathbb{D}_f = \mathbb{R}$

$=]-\infty; -2] \cup]-2; 2] \cup]2; \infty[$

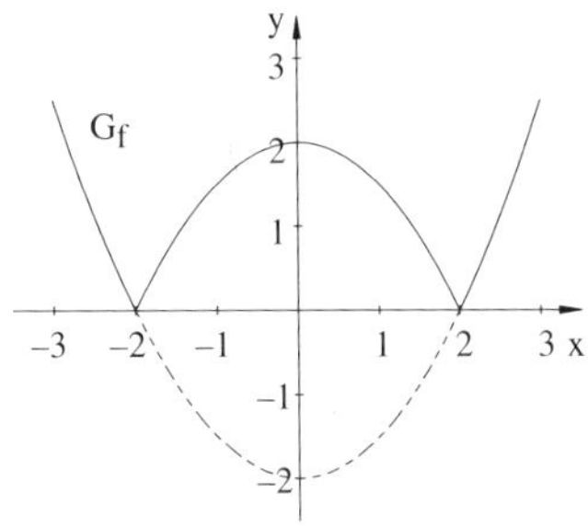

$$x \mapsto \begin{cases} \frac{1}{2}x^2 - 2 & \text{für } x \in]-\infty; -2] \cup]2; \infty[\\ -\left(\frac{1}{2}x^2 - 2\right) = 2 - \frac{1}{2}x^2 & \text{für } x \in]-2; 2] \end{cases}$$

e) $x - 1 = 0 \Leftrightarrow x = 1$

$\Rightarrow \mathbb{D}_f = \mathbb{R} =]-\infty; 1[\cup [1; \infty[$

$$x \mapsto \begin{cases} (x+1)(x-1) & \text{für } 1 \le x < \infty \\ (x+1)(1-x) & \text{für } -\infty < x < 1 \end{cases}$$

$$x \mapsto \begin{cases} x^2 - 1 & \text{für } 1 \le x < \infty \\ 1 - x^2 & \text{für } -\infty < x < 1 \end{cases}$$

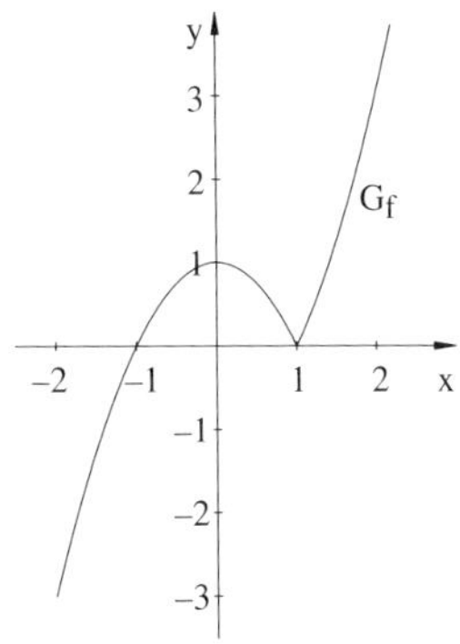

f) $\mathbb{D}_f = \mathbb{R} =]-\infty; 0[\cup [0; \infty[$

$$x \mapsto \begin{cases} \frac{1}{2}x^2 + \frac{1}{2}x - 1{,}5x & \text{für } x \ge 0 \\ \frac{1}{2}x^2 + \frac{1}{2}x - 1{,}5(-x) & \text{für } x < 0 \end{cases}$$

$$x \mapsto \begin{cases} \frac{1}{2}x^2 - x & \text{für } x \ge 0 \\ \frac{1}{2}x^2 + 2x & \text{für } x < 0 \end{cases}$$

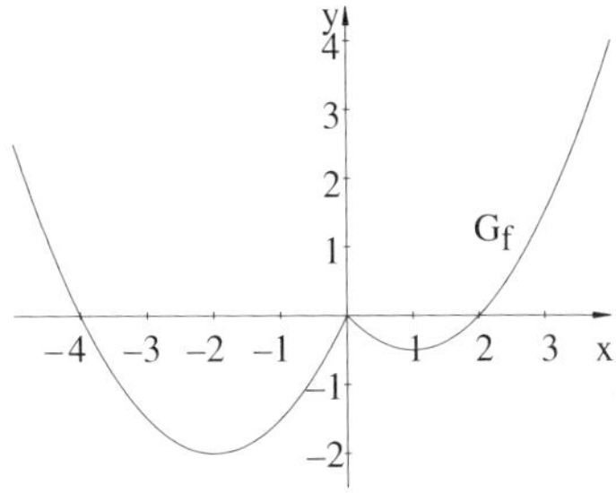

g) $x + \frac{3}{2} = 0 \Leftrightarrow x = -\frac{3}{2}$

$\Rightarrow \mathbb{D}_f = \mathbb{R}$

$=]-\infty; -\frac{3}{2}[\cup [-\frac{3}{2}; \infty[$

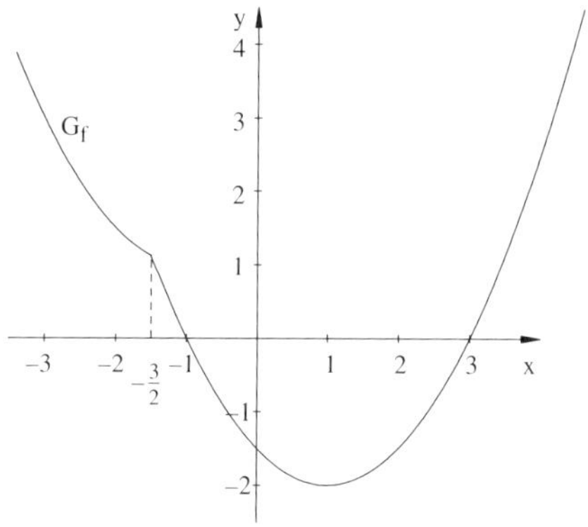

$$x \mapsto \begin{cases} \frac{1}{2}x^2 - \left(x + \frac{3}{2}\right) & \text{für } -\frac{3}{2} \le x < \infty \\ \frac{1}{2}x^2 - \left[-\left(x + \frac{3}{2}\right)\right] & \text{für } -\infty < x < -\frac{3}{2} \end{cases}$$

$$x \mapsto \begin{cases} \frac{1}{2}x^2 - x - \frac{3}{2} & \text{für } -\frac{3}{2} \le x < \infty \\ \frac{1}{2}x^2 + x + \frac{3}{2} & \text{für } -\infty < x < -\frac{3}{2} \end{cases}$$

h) $\mathbb{D}_f = [-2; 2] = [-2; 0[\cup [0; 2]$

$$x \mapsto \begin{cases} \frac{1}{5}x^3 & \text{für } 0 \le x \le 2 \\ -\frac{1}{5}x^3 & \text{für } -2 \le x < 0 \end{cases}$$

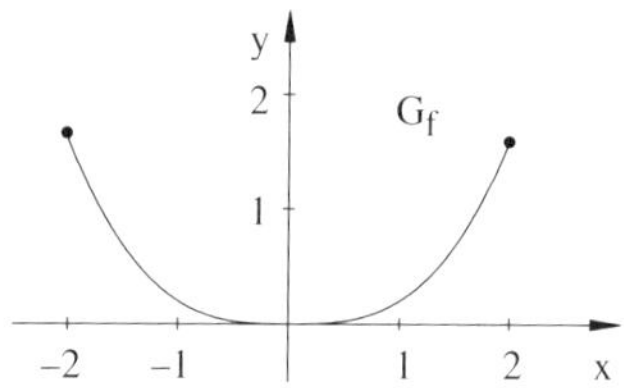

i) $\mathbb{D}_f = [-2\pi; 2\pi] = [-2\pi; -\pi] \cup]-\pi; 0] \cup]0; \pi] \cup]\pi; 2\pi]$

$$x \mapsto \begin{cases} \sin x & \text{für } x \in [-2\pi; -\pi] \cup [0; \pi] \\ -\sin x & \text{für } x \in]-\pi; 0[\cup]\pi; 2\pi] \end{cases}$$

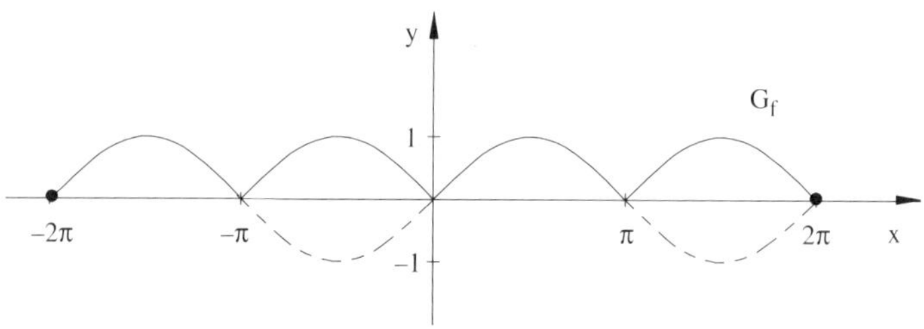

j) $\mathbb{D}_f = [-2\pi; 2\pi]$
Der Graph der Funktion $y = \cos x;\ x \in \mathbb{D}_f$ ist symmetrisch zur y-Achse und es gilt: $\cos x = \cos(-x) = \cos|x|$

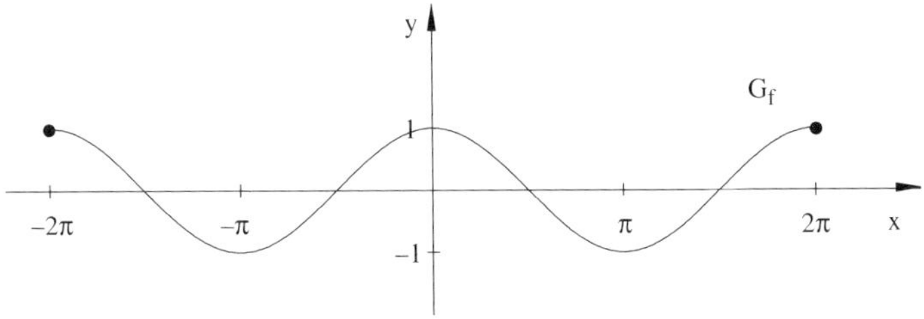

k) $\mathbb{D}_f = [-\pi; \pi]$

$$\sin|x| = \begin{cases} \sin x & \text{für } x \in [0; \pi] \\ \sin(-x) & \text{für } x \in [-\pi; 0[\end{cases}$$

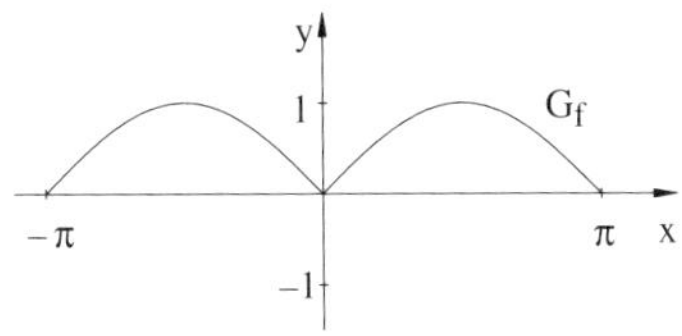

damit ist $\sin|x| \geq 0$

$\Rightarrow \sin|x| = |\sin|x||$

Also:

$$x \mapsto |\sin|x|| = \begin{cases} \sin x & \text{für } x \in [0; \pi] \\ \sin(-x) & \text{für } x \in [-\pi; 0[\end{cases}$$

53. a) $$f(x) = \begin{cases} \frac{1}{2}x - \frac{1}{2} & \text{für } x \geq 1 \\ -\frac{1}{2}x + \frac{1}{2} & \text{für } x < 1 \end{cases}$$

oder

$f(x) = \left|\frac{1}{2}x - \frac{1}{2}\right|;\quad x \in \mathbb{R}$

b) $$f(x) = \begin{cases} x + 2 & \text{für } x > -2 \\ -x - 2 & \text{für } x \leq -2 \end{cases}$$

oder

$f(x) = |x + 2|;\quad x \in \mathbb{R}$

c) $$f(x) = \begin{cases} (x-2)^2 - 1 = x^2 - 4x + 3 & \text{für } x \geq 2 \\ -x^2 + 3 & \text{für } x < 2 \end{cases}$$

oder

$f(x) = x \cdot |x - 2| - 2x + 3$

d) $f(x) = \begin{cases} (x-1)^2 - 1 = x^2 - 2x & \text{für } x \geq 1 \\ x^2 - 2 & \text{für } x < 1 \end{cases}$

oder
$f(x) = x^2 - |x-1| - x - 1$

54. a) $y = \frac{1}{2}(x+5)\cdot(1-x) = -\frac{1}{2}x^2 - 2x + 2{,}5$

$= -\frac{1}{2}(x^2 + 4x + 4) - \left(-\frac{1}{2}\right)\cdot 4 + 2{,}5 = -\frac{1}{2}(x+2)^2 + 4{,}5$

Der Graph ist eine nach unten geöffnete Parabel; ihr Scheitel ist $S(-2; 4{,}5) \Rightarrow f(x) \leq 4{,}5$

b)

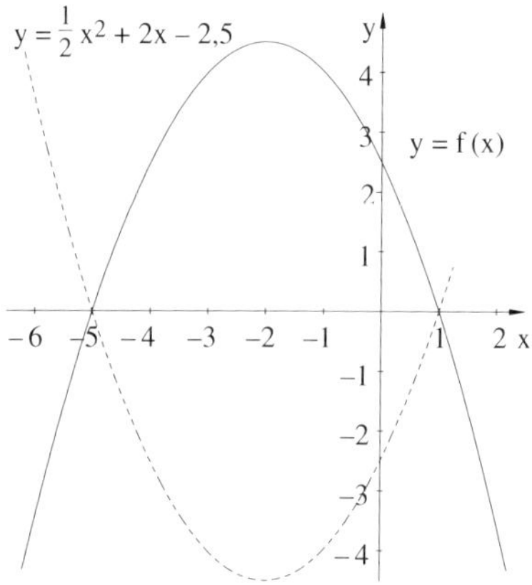

c)

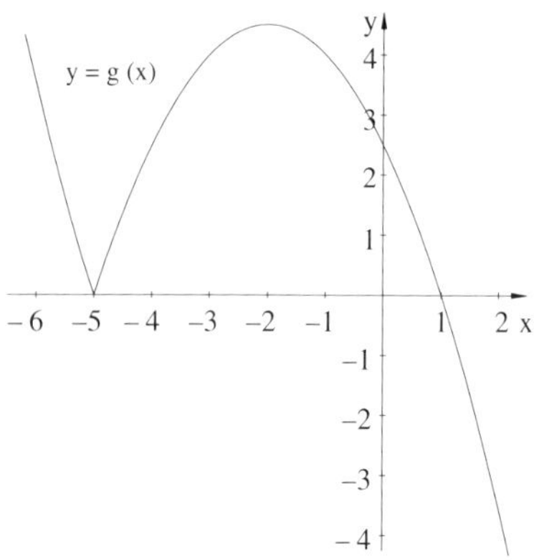

d) $x + 5 = 0 \Leftrightarrow x = -5$, also
$\mathbb{D}_f =]-\infty; -5[\cup [-5; \infty[$

$$g\colon x \mapsto \begin{cases} \frac{1}{2}(x+5)\cdot(1-x) & \text{für } x \geq -5 \\ \frac{1}{2}[-(x+5)]\cdot(1-x) & \text{für } x < -5 \end{cases}$$

$$g\colon x \mapsto \begin{cases} -\frac{1}{2}x^2 - 2x + 2{,}5 & \text{für } x \geq -5 \\ \frac{1}{2}x^2 + 2x - 2{,}5 & \text{für } x < -5 \end{cases}$$

55. $x - 1 = 0 \Leftrightarrow x = 1$

$$f\colon x \mapsto \begin{cases} -(x-1) = 1 - x & \text{für } -2 \leq x < 1 \\ x - 1 & \text{für } 1 \leq x < 2 \\ -x^2 + 4x - 3 & \text{für } 2 \leq x \leq 4 \end{cases}$$

Der Graph von f besteht aus zwei Strecken und einem Parabelbogen mit der Funktionsgleichung
$y = -x^2 + 4x - 3; \quad 2 \leq x \leq 4$
$y = -(x^2 - 4x) - 3$
$y = -[(x-2)^2 - 4] - 3$
$y = -(x-2)^2 + 1$
$\Rightarrow$ nach unten geöffnete Normalparabel mit dem Scheitel (2; 1)

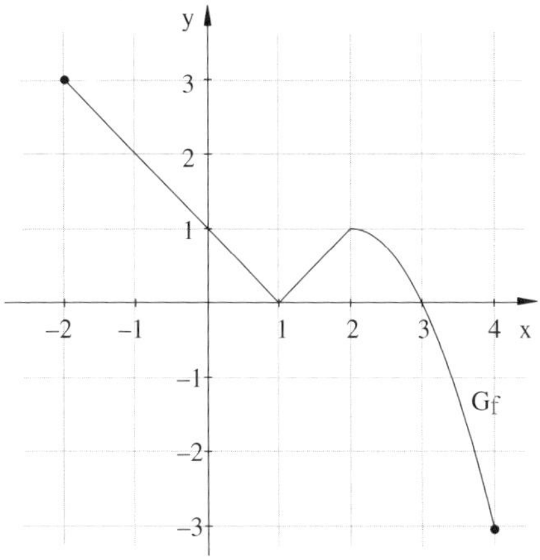

56. a) Nenner darf nicht null werden $\Rightarrow \mathbb{D}_f = \mathbb{R} \setminus \{-4\}$

b) $|x^2 - 3| \geq 0 \Rightarrow \mathbb{D}_f = \mathbb{R}$

c) $x + 1 > 0 \Leftrightarrow x > -1 \Rightarrow \mathbb{D}_f =]-1; \infty[$

d) $\left.\begin{array}{l} x + 2 > 0 \wedge x + 1 \neq 0 \\ \Leftrightarrow x > -2 \wedge x \neq -1 \end{array}\right\} \Rightarrow \mathbb{D}_f =]-2; -1[\cup]-1; \infty[$

e) Nenner darf nicht null werden $\Rightarrow \mathbb{D}_f = \mathbb{R} \setminus \{-1\}$

f) Nenner darf nicht null werden $\Rightarrow \mathbb{D}_f = \mathbb{R} \setminus \{-2\}$

57. a) Aus $x + 1 = 0 \Leftrightarrow x = -1$ und $x - 3 = 0 \Leftrightarrow x = 3$ folgt, dass wir den Definitionsbereich $\mathbb{D}_f = \mathbb{R}$ in die Intervalle $]-\infty; -1[$, $[-1; 3]$ und $]3; \infty[$ einteilen. Also:

$$f(x) = \begin{cases} 4 & \text{für} \quad x > 3 \\ 2x - 2 & \text{für} \quad -1 \leq x < 3 \\ -4 & \text{für} \quad x < -1 \end{cases}$$

b) $0{,}5x + 1 = 4 \quad \Leftrightarrow x = 6 \quad \Rightarrow S_1(6; 4)$
$0{,}5x + 1 = 2x - 2 \quad \Leftrightarrow x = 2 \quad \Rightarrow S_2(2; 2)$
$0{,}5x + 1 = -4 \quad \Leftrightarrow x = -10 \quad \Rightarrow S_3(-10; -4)$

58. a) $f(-x) = (-x)^3 + 2(-x) = -x^3 - 2x$
$= -(x^3 + 2x) = -f(x) \Rightarrow$ punktsymmetrisch zum Ursprung

b) $f(-x) = 2(-x)^2 - 3 = 2x^2 - 3$
$= f(x) \Rightarrow$ achsensymmetrisch zur y-Achse

c) $f(-x) = -2(-x) - (-x)^5 = 2x + x^5$
$= -f(x) \Rightarrow$ punktsymmetrisch zum Ursprung

d) $f(-x) = -2(-x) = 2x$
$= -f(x) \Rightarrow$ punktsymmetrisch zum Ursprung

e) $f(-x) = -x + \frac{1}{-x} = -x - \frac{1}{x}$
$= -\left(x + \frac{1}{x}\right) = -f(x) \Rightarrow$ punktsymmetrisch zum Ursprung

f) $f(-x) = \frac{1}{(-x)^2} = \frac{1}{x^2}$
$= f(x) \Rightarrow$ achsensymmetrisch zur y-Achse

59. a) $f(-x) = 3 + |-x| \cdot (-x) = 3 - |x| x$

$$\neq \begin{cases} f(x) = 3 + |x| \cdot x \\ -f(x) = -3 - |x| \cdot x \end{cases} \Rightarrow$$ weder Symmetrie zur y-Achse noch zum Ursprung

b) $f(-x) = 3(-x)^3 - (-x) = -3x^3 + x$
$= -f(x) \Rightarrow$ punktsymmetrisch zum Ursprung

c) $f(-x) = |3(-x)^3 - (-x)| = |-3x^3 + x|$
$= |-(3x^3 - x)| = |3x^3 - x|$
$= f(x) \Rightarrow$ achsensymmetrisch zur y-Achse

d) $f(-x) = 3|-x|^3 - |-x| = 3|x|^3 - |x|$
$= f(x) \Rightarrow$ achsensymmetrisch zur y-Achse

e) $f(-x) = \frac{-x}{(-x)^2 + 2} = \frac{-x}{x^2 + 2}$
$= -f(x) \Rightarrow$ punktsymmetrisch zum Ursprung

f) $f(-x) = \frac{|-x|}{(-x)^2 + 2} = \frac{|x|}{x^2 + 2}$
$= f(x) \Rightarrow$ achsensymmetrisch zur y-Achse

60. a) $f(-x) = |-x| = |x|$
$= f(x) \Rightarrow$ achsensymmetrisch zur y-Achse

b) $f(-x) = -x + \frac{1}{|-x|} = -x + \frac{1}{|x|} \Rightarrow$ weder Symmetrie zur y-Achse noch zum Ursprung

c) $f(-x) = 3(-x)^4 + (-x)^2 - 1 = 3x^4 + x^2 - 1$
$= f(x) \Rightarrow$ achsensymmetrisch zur y-Achse

d) $f(-x) = [1 - (-x)]^2 = (1 + x)^2 \Rightarrow$ weder Symmetrie zur y-Achse noch zum Ursprung

e) $f(-x) = \sqrt{|-x|} = \sqrt{|x|}$
$= f(x) \Rightarrow$ achsensymmetrisch zur y-Achse

f) $f(-x) = \frac{5 \cdot (-x)}{(-x)^2 + 8} = \frac{-5x}{x^2 + 8} = -f(x) \Rightarrow$ punktsymmetrisch zum Ursprung

61. a) $\mathbb{D}_f = \mathbb{R} =]-\infty; 0[\cup [0; \infty[$

$$f\colon x \mapsto \begin{cases} x^2 + 2x & \text{für } x \geq 0 \\ x^2 - 2x & \text{für } x < 0 \end{cases}$$

b) $f(x) = x^2 + 2|x| = f(-x)$, da $x^2 = (-x)^2$ und $|x| = |-x|$
$\Rightarrow$ G_f ist symmetrisch zur y-Achse

c) 1. Fall: $x^2 + 2x = 0 \;\wedge\; x \geq 0$
$\Leftrightarrow \quad x(x+2) = 0$
$\Leftrightarrow \; x = 0 \;\vee\; x = -2$
$\Rightarrow$ Nullstelle für $x = 0$

2. Fall: $x^2 - 2x = 0 \;\wedge\; x < 0$
$\Leftrightarrow \; x = 0 \;\vee\; x = 2$
$\Rightarrow$ keine weitere Nullstelle

d)

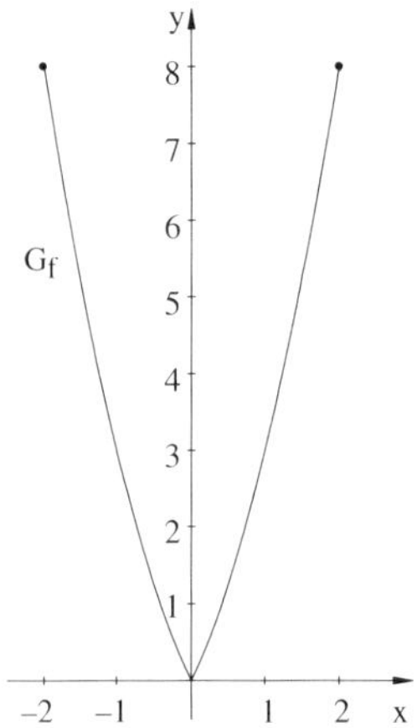

62. a) Voraussetzung: $x_1 < x_2 \wedge x \in \,]-0{,}5;\, 5]$
$\Leftrightarrow x_2 - x_1 > 0 \wedge x \in \,]-0{,}5;\, 5]$

$$f(x_2) - f(x_1) = \left(1 - \frac{1}{0{,}5 + x_2}\right) - \left(1 - \frac{1}{0{,}5 + x_1}\right) = 1 - \frac{1}{0{,}5 + x_2} - 1 + \frac{1}{0{,}5 + x_1}$$

$$= -\frac{1}{0{,}5 + x_2} + \frac{1}{0{,}5 + x_1} = \frac{-(0{,}5 + x_1) + (0{,}5 + x_2)}{(0{,}5 + x_2)(0{,}5 + x_1)}$$

$$= \frac{-0{,}5 - x_1 + 0{,}5 + x_2}{(0{,}5 + x_2)(0{,}5 + x_1)} = \frac{\overbrace{x_2 - x_1}^{>0}}{\underbrace{(0{,}5 + x_2)}_{>0}\underbrace{(0{,}5 + x_1)}_{>0}} > 0$$

$\Rightarrow$ f ist streng monoton zunehmend.

63. Voraussetzung: $x_1 < x_2 \wedge x \in \,]1; \infty[$

$$\Leftrightarrow x_2 - x_1 > 0 \wedge x \in \,]1; \infty[$$

$$f(x_2) - f(x_1) = \frac{-x_2+2}{x_2-1} - \frac{-x_1+2}{x_1-1} = \frac{(-x_2+2)(x_1-1)-(-x_1+2)(x_2-1)}{(x_2-1)(x_1-1)}$$

$$= \frac{(-x_1x_2+x_2+2x_1-2)-(-x_1x_2+x_1+2x_2-2)}{(x_2-1)(x_1-1)}$$

$$= \frac{-x_1x_2+x_2+2x_1-2+x_1x_2-x_1-2x_2+2}{(x_2-1)(x_1-1)} = \frac{\overbrace{x_1-x_2}^{<0}}{\underbrace{(x_2-1)}_{>0}\underbrace{(x_1-1)}_{>0}} < 0$$

$\Rightarrow$ f ist streng monoton abnehmend.

64. Voraussetzung: $x_1 < x_2 \wedge x \in [0; 8[$

$$\Leftrightarrow x_2 - x_1 > 0 \wedge x \in [0; 8[$$

$$f(x_2) - f(x_1) = (-x_2^2+4)-(-x_1^2+4) = -x_2^2+4+x_1^2-4$$

$$= x_1^2 - x_2^2 = \underbrace{(x_1-x_2)}_{<0}\underbrace{(x_1+x_2)}_{>0} < 0$$

$\Rightarrow$ f ist streng monoton abnehmend.

65. a) A: $x = 0;\quad f(0) = \frac{-2\cdot 0+6}{0+1} = 6$

B: $\frac{2x-6}{x+1} = 0 \Rightarrow 2x-6=0 \Leftrightarrow x=3$

$\Rightarrow A(0; 6);\quad B(3; 0)$

b) $y = m \cdot x + t$

A(0; 6): $6 = m\cdot 0 + t \Leftrightarrow t = 6$ (1)

B(3; 0): $0 = m \cdot 3 + t$ (2)

(1) in (2) $0 = 3m + 6 \Leftrightarrow m = -2 \Rightarrow y = -2x + 6$

c) $\ell \perp g \Leftrightarrow m_\ell = \frac{1}{m_g};\quad p(0; 0) \in \ell;$

g: $y = -2x + 6 \Rightarrow m_g = -2 \Rightarrow m_\ell = -\frac{1}{-2} = \frac{1}{2}$

$$\left.\begin{array}{l}\ell:\ y = m_\ell \cdot x + t_\ell \\ P(0;0) \in \ell\end{array}\right\}\ 0 = \tfrac{1}{2}\cdot 0 + t_\ell \Leftrightarrow t_\ell = 0$$

$\Rightarrow \ell: y = \frac{1}{2}x$

d) Voraussetzung: $x_1 < x_2 \wedge x \in [0; 8[$

$$\Leftrightarrow x_2 - x_1 > 0 \wedge x \in [0; 8[$$

$$f(x_2) - f(x_1) = \frac{-2x_2+6}{x_2+1} - \frac{-2x_1+6}{x_1+1} = \frac{(-2x_2+6)(x_1+1) - (-2x_1+6)(x_2+1)}{(x_2+1)(x_1+1)}$$

$$= \frac{(-2x_1x_2 - 2x_2 + 6x_1 + 6) - (-2x_1x_2 - 2x_1 + 6x_2 + 6)}{(x_2+1)(x_1+1)}$$

$$= \frac{-2x_2x_1 - 2x_2 + 6x_1 + 6 + 2x_1x_2 + 2x_1 - 6x_2 - 6}{(x_2+1)(x_2+1)}$$

$$= \frac{\overbrace{8(x_1 - x_2)}^{<0}}{\underbrace{(x_2+1)}_{>0}\underbrace{(x_1+1)}_{>0}} < 0$$

$\Rightarrow$ f ist streng monoton abnehmend.

e) $$y = \frac{-2x+6}{x+1} \Leftrightarrow y(x+1) = -2x+6$$

$$\Leftrightarrow yx + y = -2x + 6 \Leftrightarrow yx + 2x = -y + 6$$

$$\Leftrightarrow x(y+2) = -y + 6 \Leftrightarrow x = \frac{-y+6}{y+2}$$

$$\Rightarrow f^{-1}\text{: } y = \frac{-x+6}{x+2}; \quad \mathbb{D}_{f^{-1}} = \left]-\tfrac{10}{9}; 6\right] = \mathbb{W}_f$$

f) (1) Aus Teilaufgabe a und der Abb.: $f(x) \geq 0$ für $0 \leq x \leq 3$

(2) $$\left.\begin{array}{l} f(x) \leq 1 \Rightarrow \frac{-2x+6}{x+1} \overset{!}{\leq} 1 \\ x \in [0; 8[\Rightarrow x+1 > 0 \end{array}\right\} \Rightarrow -2x + 6 \leq x + 1 \Leftrightarrow -3x \leq -5 \Leftrightarrow x \geq \frac{5}{3}$$

Aus (1) und (2) $0 \leq f(x) \leq 1$ für $\frac{5}{3} \leq x \leq 3$.

(Die Monotonie garantiert, dass die Funktion nirgends in $\mathbb{D}_f$ „ausbricht“)

66. a) $$1 - \frac{1}{0{,}5+x} = 0 \Leftrightarrow 1 = \frac{1}{0{,}5+x} \Leftrightarrow 0{,}5 + x = 1 \Leftrightarrow x = 0{,}5$$

b) $$f(-0{,}25) = 1 - \frac{1}{0{,}5+(-0{,}25)} = 1 - \frac{1}{0{,}25} = 1 - 4 = -3;$$

$$f(0) = 1 - \frac{1}{0{,}5+0} = 1 - 2 = -1;$$

$$f(0{,}25) = 1 - \frac{1}{0{,}5+0{,}25} = 1 - \frac{1}{0{,}75} = 1 - \frac{4}{3} = -\frac{1}{3};$$

$$f(2) = 1 - \frac{1}{0{,}5+2} = 1 - \frac{1}{2{,}5} = 0{,}6$$

c) $\frac{3}{4} = 1 - \frac{1}{0{,}5 + x} \Leftrightarrow \frac{1}{4} = \frac{1}{0{,}5 + x} \Leftrightarrow 0{,}5 + x = 4 \Leftrightarrow x = 3{,}5$

d) siehe Abbildung in Teilaufgabe g!

e) Voraussetzung: $x_1 < x_2 \wedge x \in \,]-0{,}5;\, 4]$
$\Leftrightarrow x_2 - x_1 > 0 \wedge x \in \,]-0{,}5;\, 4]$

$$f(x_2) - f(x_1) = \left(1 - \frac{1}{0{,}5 + x_2}\right) - \left(1 - \frac{1}{0{,}5 + x_1}\right) = 1 - \frac{1}{0{,}5 + x_2} - 1 + \frac{1}{0{,}5 + x_1}$$

$$= -\frac{1}{0{,}5 + x_2} + \frac{1}{0{,}5 + x_1} = \frac{-(0{,}5 + x_1) + (0{,}5 + x_2)}{(0{,}5 + x_2)(0{,}5 + x_1)}$$

$$= \frac{-0{,}5 - x_1 + 0{,}5 + x_2}{(0{,}5 + x_2)(0{,}5 + x_1)} = \frac{\overbrace{x_2 - x_1}^{>0}}{\underbrace{(0{,}5 + x_2)}_{>0}\underbrace{(0{,}5 + x_1)}_{>0}} > 0$$

$\Rightarrow$ f ist streng monoton zunehmend.

f) $f(4) = 1 - \frac{1}{0{,}5 + 4} = 1 - \frac{1}{4{,}5} = 1 - \frac{2}{9} = \frac{7}{9} \approx 0{,}7$

$\mathbb{W}_f = \left]-\infty;\, \frac{7}{9}\right]$

g) Wertetabelle

x	f(x)	g(x)
–3,5	n. def.	$\frac{4}{3}$
–2,5	n. def.	1,5
–2	n. def.	$\frac{5}{3}$
–1	n. def.	3
–0,25	–3	–3
0	–1	–1
0,25	$-\frac{1}{3}$	$-\frac{1}{3}$
2	0,6	0,6
4	$\frac{7}{9}$	$\frac{7}{9}$

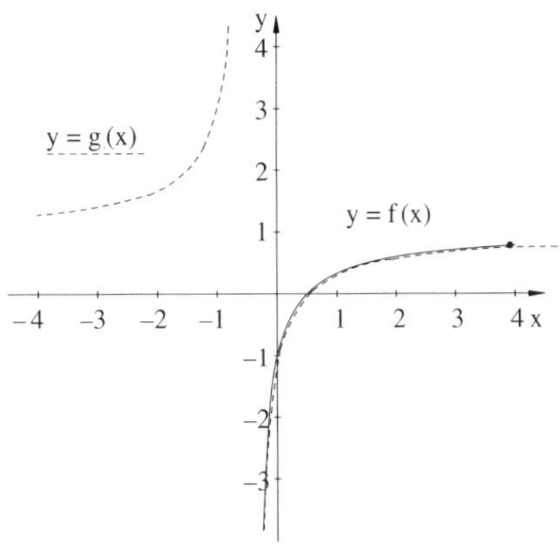

67. a)
d)

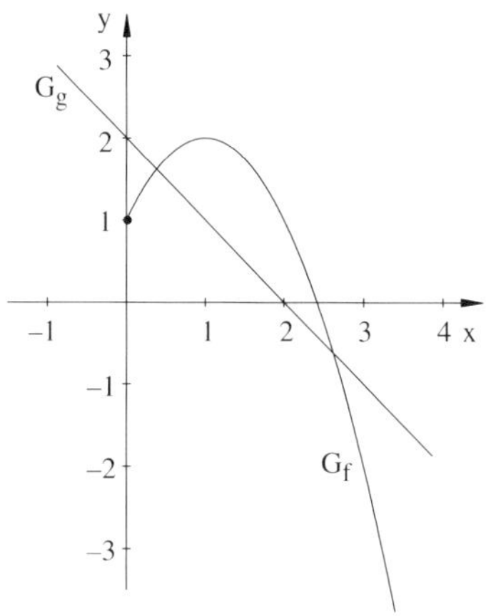

b) Aus der Abbildung entnehmen wir, dass für $x \in [0; 2]$ gilt:
$1 \leq f(x) \leq 2$.

c) Voraussetzung: $x_1 < x_2 \ \wedge \ x \in [1; \infty[$

$$\Leftrightarrow x_2 - x_1 > 0 \ \wedge \ x \in [1; \infty[$$

$$\begin{aligned}
f(x_2) - f(x_1) &= [-(x_2 - 1)^2 + 2] - [-(x_1 - 1)^2 + 2] \\
&= -(x_2 - 1)^2 + 2 + (x_1 - 1)^2 - 2 \\
&= -x_2^2 + 2x_2 - 1 + x_1^2 - 2x_1 + 1 \ = -x_2^2 + 2x_2 + x_1^2 - 2x_1 \\
&= (x_1^2 - x_2^2) + 2(x_2 - x_1) \\
&= (x_1 - x_2)(x_1 + x_2) - 2(x_1 - x_2) \\
&= \underbrace{(x_1 - x_2)}_{<0}\underbrace{(x_1 + x_2 - 2)}_{>0} < 0
\end{aligned}$$

$\Rightarrow$ f ist streng monoton abnehmend.

d) siehe Abbildung in Teilaufgabe a!

e) $m_s = -\frac{1}{m_g} \Leftrightarrow m_s = -\frac{1}{-1} = 1$

$$\left.\begin{array}{l} y = m_s \cdot x + t \\ P(1; 1) \in s \end{array}\right\} \Rightarrow 1 = 1 \cdot 1 + t \Leftrightarrow t = 0 \Rightarrow s\colon\ y = x$$

f) $G_f \cap G_g$: $f(x) = g(x)$

$$-(x-1)^2+2 = -x+2 \quad \Leftrightarrow \quad -x^2+2x-1+2 = -x+2$$
$$\Leftrightarrow \quad -x^2+3x-1=0 \quad \Leftrightarrow \quad x^2-3x+1=0$$
$$\Leftrightarrow \quad (x-1,5)^2 = -1+2,25 \quad \Leftrightarrow \quad |x-1,5| = \sqrt{1,25} = \tfrac{1}{2}\sqrt{5}$$
$$\Leftrightarrow \quad x = \frac{3+\sqrt{5}}{2} \;\vee\; x = \frac{3-\sqrt{5}}{2}$$

Aus der Abbildung entnehmen wir:

$f(x) \geq g(x)$ für $\frac{3-\sqrt{5}}{2} \leq x \leq \frac{3+\sqrt{5}}{2}$

g) (1) Auflösen nach x:

$$y = -(x-1)^2 + 2 \quad \Leftrightarrow \quad (x-1)^2 = 2-y$$
$$\Leftrightarrow \quad |x-1| = \sqrt{2-y}$$
$$\Leftrightarrow \quad x = 1+\sqrt{2-y} \;\vee\; x = 1-\sqrt{2-y}$$

(2) Vertauschen von x und y:

$$\left.\begin{array}{l} y = 1+\sqrt{2-x} \;\vee\; y = 1-\sqrt{2-x} \\ \mathbb{D}_f = \mathbb{W}_{f^{-1}} = [1; \infty[\end{array}\right\} \Rightarrow f^{-1}(x) = 1+\sqrt{2-x}$$

(3) $\mathbb{W}_f =]-\infty; 2] = \mathbb{D}_{f^{-1}}$

68. a) $2-\frac{1}{x^2} = \frac{3}{4} \quad \Leftrightarrow \quad \frac{5}{4} = \frac{1}{x^2}$

$$\Leftrightarrow \quad x^2 = \tfrac{4}{5}$$
$$\Leftrightarrow \quad x = -\sqrt{\tfrac{4}{5}} \;\vee\; x = \sqrt{\tfrac{4}{5}}$$
$$\Leftrightarrow \quad x = \tfrac{2}{5}\sqrt{5} \;\vee\; x = -\tfrac{2}{5}\sqrt{5}$$

b) $2-\frac{1}{x^2} = 0 \quad \Leftrightarrow \quad 2 = \frac{1}{x^2}$

$$\Leftrightarrow \quad x^2 = \tfrac{1}{2}$$
$$\Leftrightarrow \quad x = -\sqrt{\tfrac{1}{2}} \;\vee\; x = \sqrt{\tfrac{1}{2}}$$
$$\Leftrightarrow \quad x = -\tfrac{1}{2}\sqrt{2} \;\vee\; x = \tfrac{1}{2}\sqrt{2}$$

c) Voraussetzung: $x_1 < x_2 \wedge x \in \mathbb{R}^+$

$$\Leftrightarrow x_2 - x_1 > 0 \wedge x \in \mathbb{R}^+$$

$$f(x_2) - f(x_1) = \left(2 - \frac{1}{x_2^2}\right) - \left(2 - \frac{1}{x_1^2}\right) = 2 - \frac{1}{x_2^2} - 2 + \frac{1}{x_1^2}$$

$$= -\frac{1}{x_2^2} + \frac{1}{x_1^2} = \frac{-x_1^2 + x_2^2}{x_2^2\, x_1^2}$$

$$= \frac{x_2^2 - x_1^2}{x_2^2\, x_1^2} = \frac{\overbrace{(x_2 - x_1)}^{>0}\overbrace{(x_2 + x_1)}^{>0}}{\underbrace{x_2^2\, x_1^2}_{>0}} > 0$$

$\Rightarrow$ f ist streng monoton zunehmend.

69. a) $(t+1)\,x - |t| = 0 \Leftrightarrow (t+1)\,x = |t|$

$$\Leftrightarrow x = \frac{|t|}{t+1};\quad t \in \mathbb{R} \setminus \{-1\}$$

b) Voraussetzung: $x_1 < x_2 \wedge x \in \mathbb{R}$

$$\Leftrightarrow x_2 - x_1 > 0 \wedge x \in \mathbb{R}$$

$$f(x_2) - f(x_1) = \left[(t+1)\cdot x_2 - |t|\right] - \left[(t+1)\cdot x_1 - |t|\right]$$

$$= (t+1)\cdot x_2 - |t| - (t+1)\cdot x_1 + |t|$$

$$= (t+1)\cdot x_2 - (t+1)\cdot x_1$$

$$= (t+1)\cdot\overbrace{(x_2 - x_1)}^{>0} \begin{cases} > 0 \text{ für } t+1 > 0 \Leftrightarrow t > -1 \\ = 0 \text{ für } t+1 = 0 \Leftrightarrow t = -1 \\ < 0 \text{ für } t+1 < 0 \Leftrightarrow t < -1 \end{cases} \Rightarrow$$

$$\Rightarrow f_t \text{ ist } \begin{cases} \text{streng monoton zunehmend für } t > -1 \\ \text{weder zunehmend noch abnehmend für } t = -1 \\ \text{streng monoton abnehmend für } t < -1 \end{cases}$$

c) Auflösen nach x:

$$y = (t+1)\cdot x - |t| \Leftrightarrow x = \frac{y + |t|}{t+1};\quad t \in \mathbb{R} \setminus \{-1\}$$

Vertauschen von x und y:

$$y = \frac{x + |t|}{t+1};\quad t \in \mathbb{R} \setminus \{-1\}$$

d) $\frac{x + |t|}{t+1} = 0 \Leftrightarrow x + |t| = 0 \Leftrightarrow x = -|t|$

70. a) f ist nach unten beschränkt.
0 ist die größte untere Schranke.

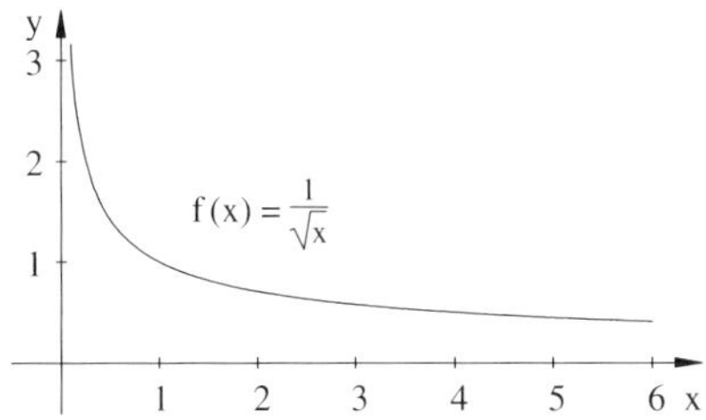

b) f ist nach unten nicht beschränkt.

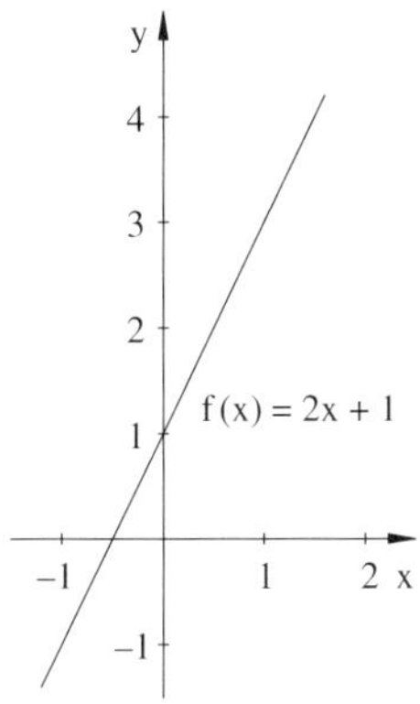

c) f ist nach unten beschränkt.
1 ist die größte untere Schranke

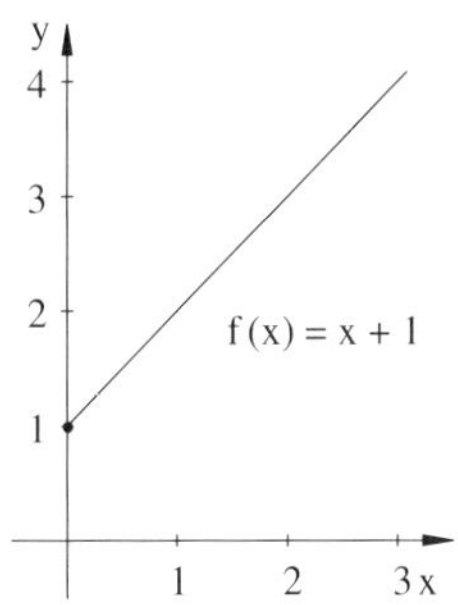

d) f ist nach unten beschränkt.
1 ist die größte untere Schranke.

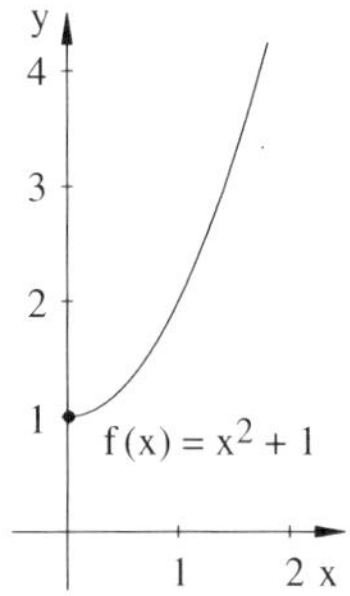

e) f ist nach unten beschränkt.
0 ist die größte untere Schranke.

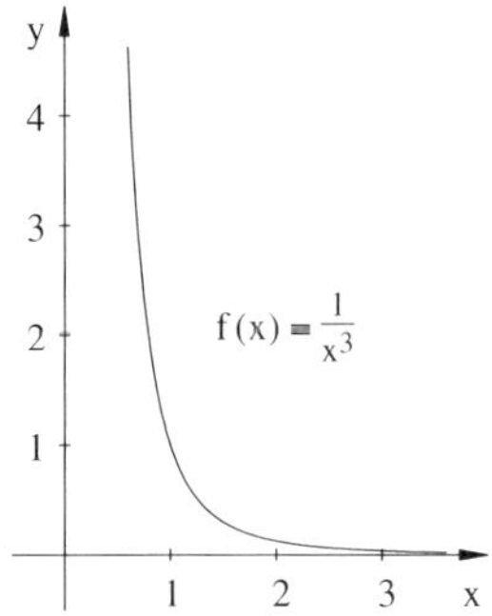

71. a) f ist nach oben beschränkt.
3 ist die kleinste obere Schranke.

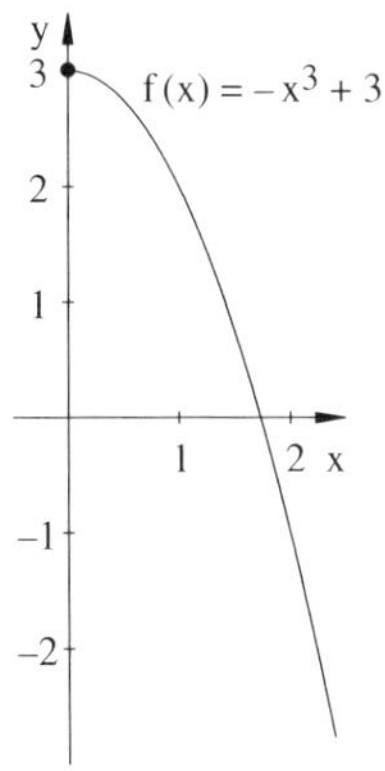

b) f ist nicht nach oben beschränkt.

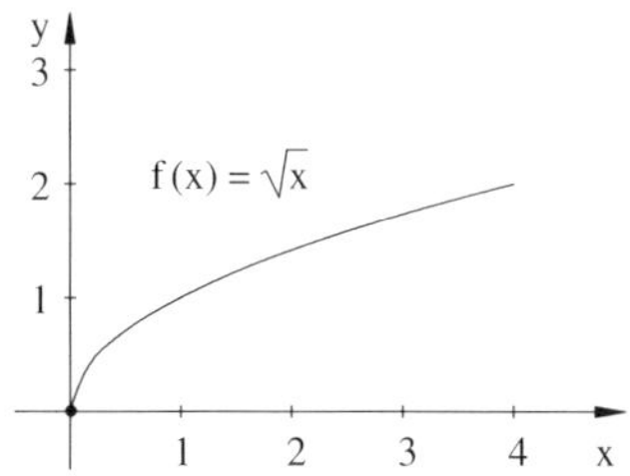

c) f ist nach oben beschränkt.
2 ist die kleinste obere Schranke.

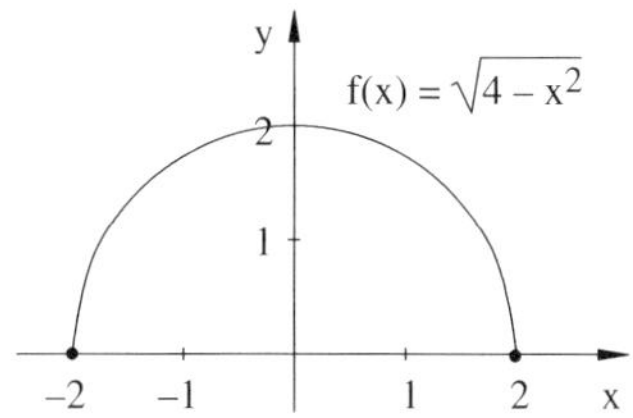

d) f ist nach oben beschränkt.
1 ist die kleinste obere Schranke.

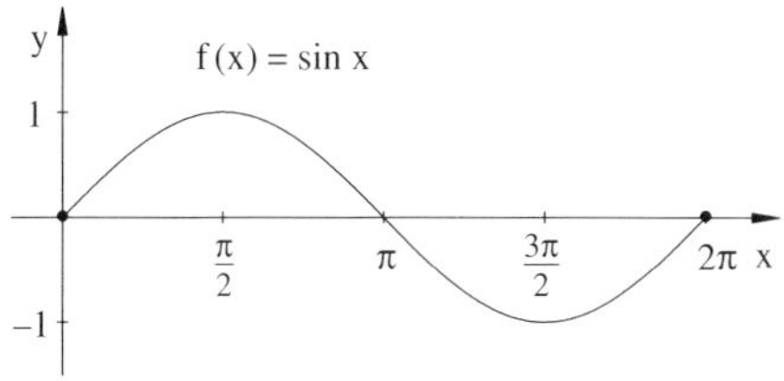

e) f ist nach oben beschränkt.
5 ist die kleinste obere Schranke.

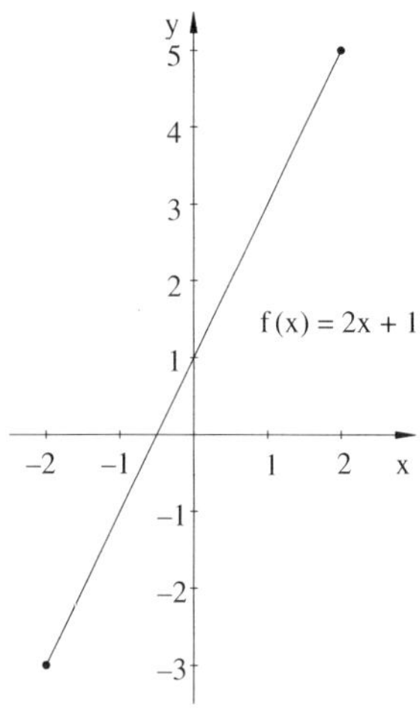

72. a) f ist beidseitig beschränkt.
1 ist die kleinste obere Schranke.
–1 ist die größte untere Schranke.

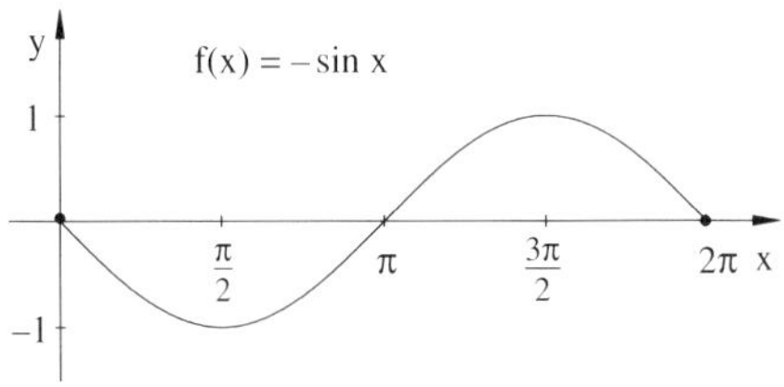

b) f ist beidseitig beschränkt.
5 ist die kleinste obere Schranke.
–3 ist die größte untere Schranke.

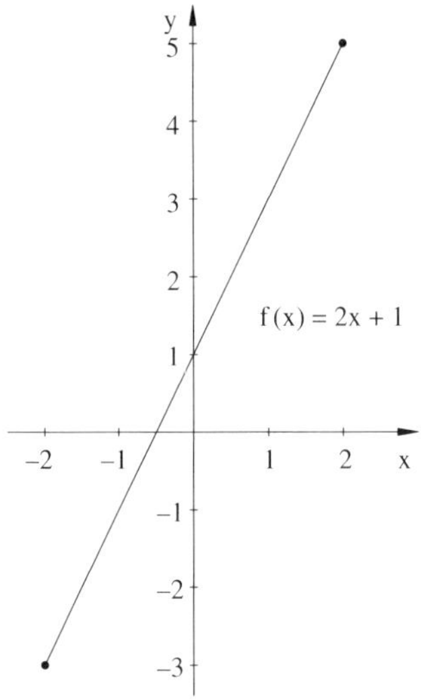

c) f ist beidseitig beschränkt.
2 ist die kleinste obere Schranke.
0 ist die größte untere Schranke.

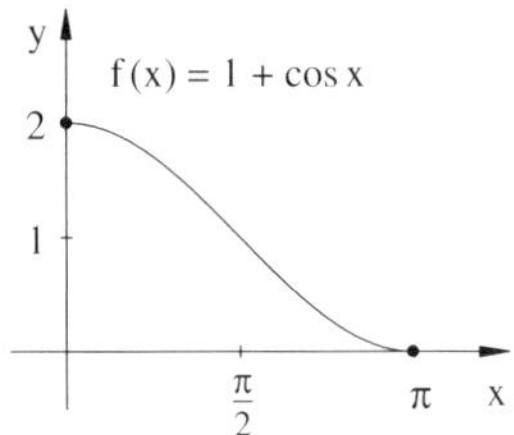

d) f ist beidseitig beschränkt.
1 ist die kleinste obere Schranke.
0 ist die größte untere Schranke.

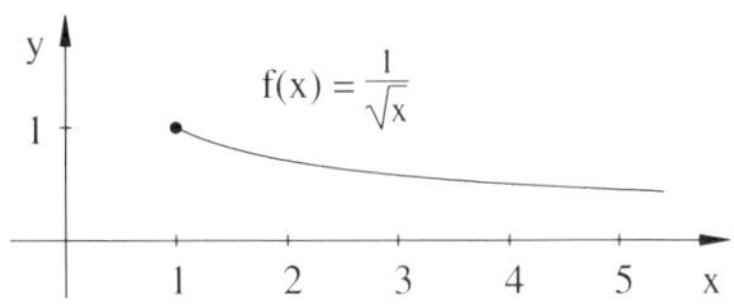

e) f ist beidseitig beschränkt.
4 ist die kleinste obere Schranke.
0 ist die größte untere Schranke.

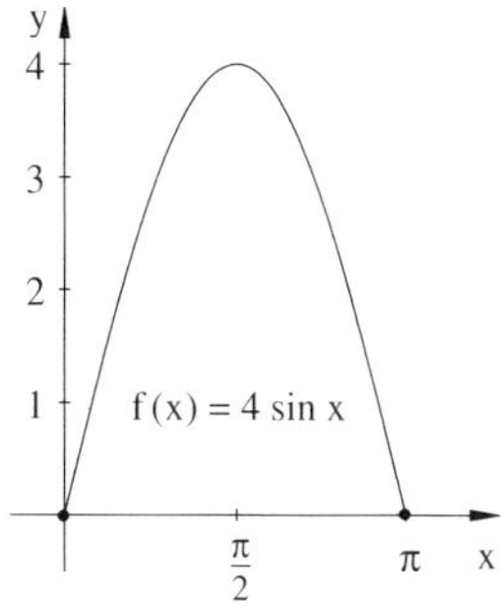

f) f ist beidseitig beschränkt.
2 ist die kleinste obere Schranke.
0 ist die größte untere Schranke.

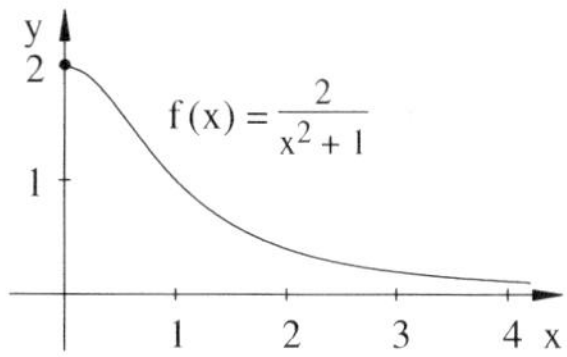

g) f ist beidseitig beschränkt.
4 ist die kleinste obere Schranke.
0 ist die größte untere Schranke.

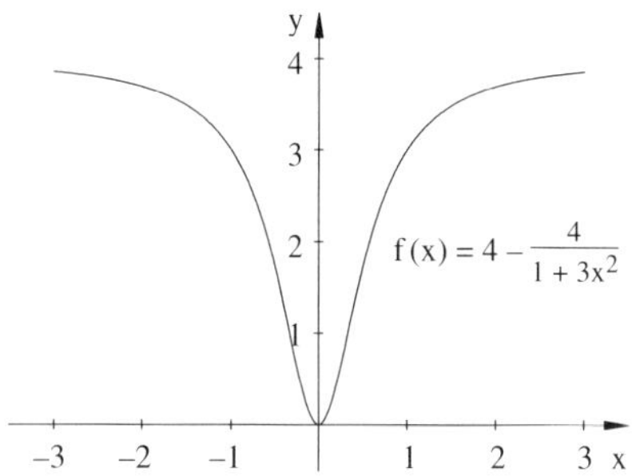

73. a) $\frac{-x+2}{x-1} = 0$

$\Leftrightarrow \; -x+2 = 0 \;\wedge\; x-1 \neq 0$
$\Leftrightarrow \; x = 2 \;\wedge\; x \neq 1$

$f(2) = 0$

b) Voraussetzung: $x_2 > x_1 \Leftrightarrow x_2 - x_1 > 0 \wedge x \in]1; \infty[$

$$f(x_2) - f(x_1) = \frac{-x_2+2}{x_2-1} - \frac{-x_1+2}{x_1-1} = \frac{(-x_2+2)\cdot(x_1-1)-(-x_1+2)(x_2-1)}{(x_2-1)(x_1-1)}$$

$$= \frac{-x_1x_2+x_2+2x_1-2+x_1x_2-x_1-2x_2+2}{(x_2-1)(x_1-1)}$$

$$= \frac{\overbrace{x_1-x_2}^{<0}}{\underbrace{(x_2-1)}_{>0}\underbrace{(x_1-1)}_{>0}} < 0$$

$\Rightarrow$ G_f ist streng monoton fallend.

c) $x \to +\infty \Rightarrow f(x) \to -1 \Rightarrow -1$ wird nicht angenommen (s. Abb.)

Begründung durch Rechnung:

$\frac{-x+2}{x-1} = -1 \Leftrightarrow -x+2 = -x+1 \Leftrightarrow 2 = 1$ Widerspruch!

d) 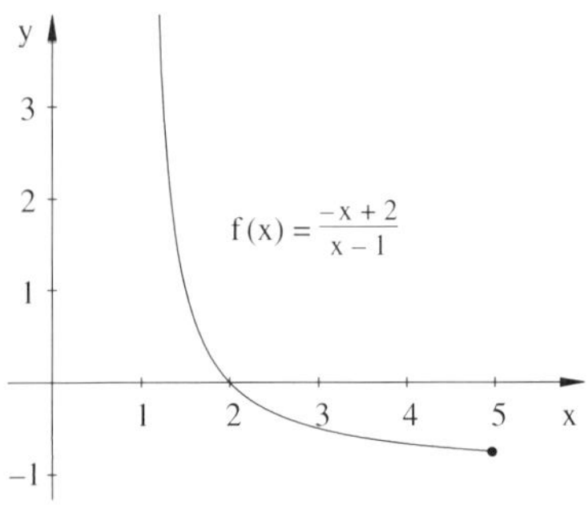

e) (1) Auflösen nach x:

$$y = \frac{-x+2}{x-1} \Leftrightarrow (x-1)\cdot y = -x+2$$

$$\Leftrightarrow xy - y + x = 2 \quad \Leftrightarrow \quad xy + x = y + 2$$

$$\Leftrightarrow x(y+1) = y+2 \quad \Leftrightarrow \quad x = \frac{y+2}{y+1}$$

(2) Vertauschen von x und y:

$$y = \frac{x+2}{x+1}$$

(3) $\mathbb{D}_f =]1; \infty[\Rightarrow W_{f^{-1}} =]1; \infty[$

$W_f =]-1; \infty[\Rightarrow \mathbb{D}_{f^{-1}} =]-1; \infty[$

(4) f^{-1}: $x \mapsto \frac{x+2}{x+1}$; $x \in]-1; \infty[$

74. a) $f\colon\ x \mapsto f(x) = \begin{cases} \frac{1}{x-1} & \text{für } x > 1 \\ \frac{1}{1-x} & \text{für } x < 1 \end{cases}$

b) $\mathbb{D}_f = [-5;\, 0{,}5]$; Voraussetzung: $x_2 > x_1 \Leftrightarrow x_2 - x_1 > 0$

$$f(x_2) - f(x_1) = \frac{1}{1-x_2} - \frac{1}{1-x_1} = \frac{(1-x_1)-(1-x_2)}{(1-x_2)(1-x_1)} = \frac{\overbrace{x_2 - x_1}^{>0}}{\underbrace{(1-x_2)}_{>0}\underbrace{(1-x_1)}_{>0}} > 0$$

$\Rightarrow$ f ist streng monoton zunehmend.

c) 2 ist die kleinste obere Schranke; 2 wird von der Funktion angenommen.
$\frac{1}{6}$ ist die größte untere Schranke; sie wird ebenfalls von der Funktion angenommen (s. Abb.).

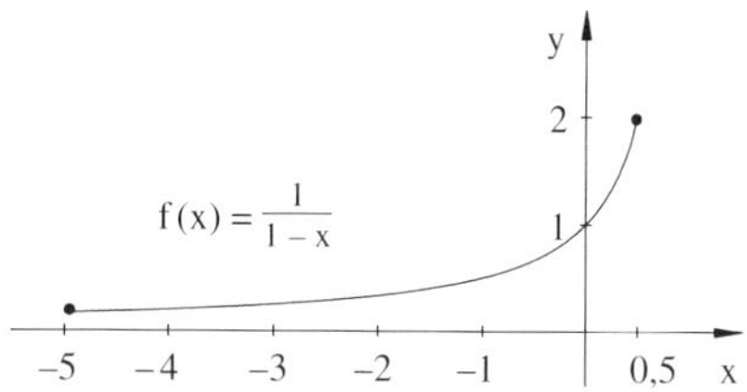

d) $\mathbb{D}_{max} = \mathbb{R} \setminus \{1\}$

75. a) $\frac{2-x}{x} \geq 0 \Leftrightarrow (2 - x \geq 0 \wedge x > 0) \vee (2 - x \leq 0 \wedge x < 0)$

$$\Leftrightarrow \underbrace{(x \leq 2 \wedge x > 0)}_{]0;\,2]} \vee \underbrace{(x \geq 2 \wedge x < 0)}_{\{\ \}}$$

$\Rightarrow \mathbb{L} =]0;\, 2]$

b) $\sqrt{\frac{2-x}{x}}$ ist genau dann definiert, wenn $\frac{2-x}{x} \geq 0 \Rightarrow \mathbb{D}_g =]0;\, 2]$.

c) $\mathbb{W}_g = \mathbb{R}_0^+$

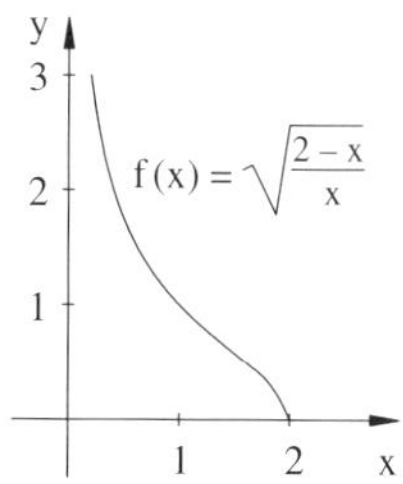

d) (1) Auflösen nach x:

$$y = \sqrt{\frac{2-x}{x}}$$
$$y^2 = \frac{2-x}{x}$$
$$y^2 \cdot x + x = 2$$
$$x\,(y^2+1) = 2$$
$$x = \frac{2}{y^2+1}$$

(2) Vertauschen von x und y:

$$y = \frac{2}{x^2+1}$$

(3) $\mathbb{D}_{g^{-1}} = \mathbb{W}_g = \mathbb{R}_0^+$

(4) $g^{-1}\colon\ x \mapsto \frac{2}{x^2+1}\,;\quad x \in \mathbb{R}_0^+$

e) Voraussetzung: $x_2 > x_1 \Leftrightarrow x_2 - x_1 > 0$

$$g^{-1}(x_2) - g^{-1}(x_1) = \frac{2}{x_2^2+1} - \frac{2}{x_1^2+1} = \frac{2x_1^2 + 2 - 2x_2^2 - 2}{(x_2^2+1)(x_1^2+1)}$$

$$= \frac{2\,(x_1^2 - x_2^2)}{(x_2^2+1)(x_1^2+1)} = \frac{2\overbrace{(x_1 - x_2)}^{<0}\overbrace{(x_1 + x_2)}^{>0}}{\underbrace{(x_2^2+1)}_{>0}\underbrace{(x_1^2+1)}_{>0}} < 0$$

$\Rightarrow$ g^{-1} ist in $\mathbb{R}_0^+$ streng monoton abnehmend.

f) g^{-1} ist beidseitig beschränkt; die kleinste obere Schranke ist 2, sie wird von der Funktion angenommen; die größte untere Schranke ist 0, sie wird von der Funktion nicht angenommen.

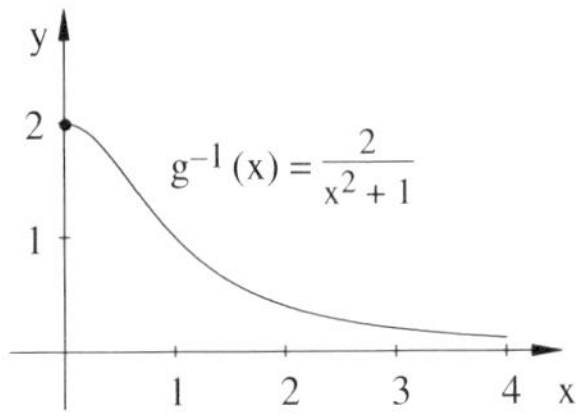

76. a) $f\left(\frac{1}{4}\right) = 5;$

$f\left(\frac{1}{2}\right) = 3;$

$f(1) = 2;$

$f(2) = 1{,}5;$

$f(3) = \frac{4}{3};$

$f(4) = 1{,}25$

$f(5) = 1{,}2$

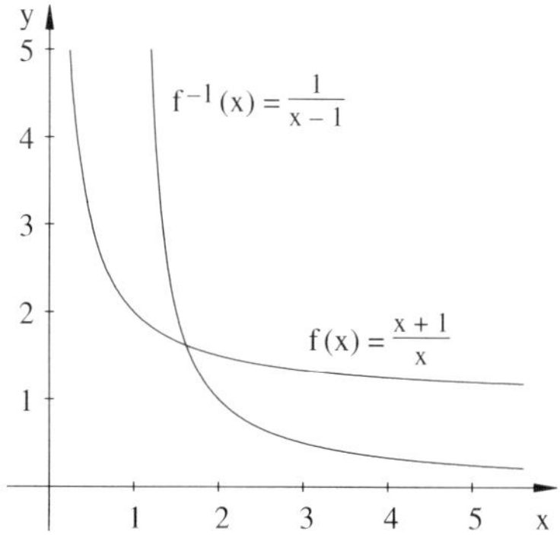

b) Voraussetzung: $x_1 < x_2 \Leftrightarrow x_2 - x_1 > 0$

$$f(x_2) - f(x_1) = \frac{x_2+1}{x_2} - \frac{x_1+1}{x_1} = \frac{x_1x_2 + x_1 - x_1x_2 - x_2}{x_2x_1} = \frac{\overbrace{x_1 - x_2}^{<0}}{\underbrace{x_1x_2}_{>0}} < 0$$

$\Rightarrow$ f ist streng monoton abnehmend.

c) $\frac{x+1}{x} \geq 1 \Leftrightarrow x + 1 \geq x \Leftrightarrow 1 \geq 0$ (*Hinweis:* $x \in \mathbb{R}^+$)

1 ist die größte untere Schranke (s. Abb.), da für $x \to +\infty \Rightarrow f(x) \to 1$.

d) (1) Auflösen nach x:

$$y = \frac{x+1}{x} \Leftrightarrow y \cdot x - x = 1$$

$$\Leftrightarrow x(y-1) = 1 \quad \Leftrightarrow \quad x = \frac{1}{y-1}$$

(2) Vertauschen von x und y:

$$y = \frac{1}{x-1}$$

(3) $\mathbb{D}_{f^{-1}} = \mathbb{W}_f =]1; \infty[$

(4) $f^{-1}: x \mapsto \frac{1}{x-1}; \quad x \in]1; \infty[$

77. a) $\frac{2x^2}{x^2+2} = 0 \Leftrightarrow 2x^2 = 0 \ (\wedge\ x^2 + 2 \neq 0) \Leftrightarrow x = 0$

$\Rightarrow f(0) = 0$

b) $f(x) = \frac{2x^2}{x^2+2} = \frac{2(-x)^2}{(-x)^2+2} = f(-x)$

$\Rightarrow$ f ist zur y-Achse symmetrisch.

c) (1) $\frac{2x^2}{x^2+2} \geq 0$

(2) $x \to \pm\infty \Rightarrow f(x) \to 2$
$\mathbb{W}_f = [0;\, 2[$

d) f ist beidseitig beschränkt; 0 ist die größte untere Schranke, sie wird von der Funktion angenommen; 2 ist die kleinste obere Schranke, sie wird von der Funktion nicht angenommen.

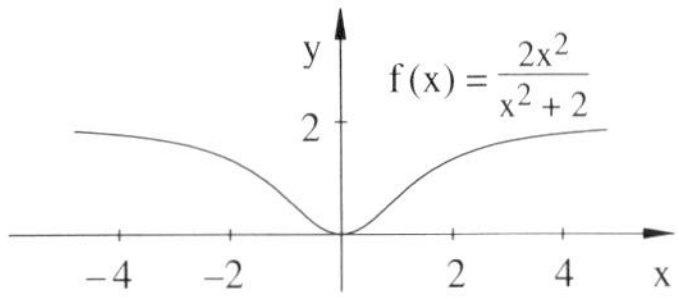

e) $x \in \mathbb{R}_0^+$; Voraussetzung: $x_2 > x_1 \Leftrightarrow x_2 - x_1 > 0$

$$g(x_2) - g(x_1) = \frac{2x_2^2}{x_2^2+2} - \frac{2x_1^2}{x_1^2+2} - \frac{2x_2^2x_1^2 + 4x_2^2 - 2x_1^2x_2^2 - 4x_1^2}{(x_2^2+2)(x_1^2+2)}$$

$$= \frac{4(x_2^2 - x_1^2)}{(x_2^2+2)(x_1^2+2)} = \frac{4\overbrace{(x_2-x_1)}^{>0}\overbrace{(x_2+x_1)}^{>0}}{\underbrace{(x_2^2+1)}_{>0}\underbrace{(x_1^2+1)}_{>0}} > 0$$

$\Rightarrow$ g ist streng monoton zunehmend.

f) (1) Auflösen nach x:

$$y = \frac{2x^2}{x^2+2} \Leftrightarrow y \cdot x^2 + 2y = 2x^2$$

$$\Leftrightarrow x^2 \cdot y - 2x^2 = -2y \quad \Leftrightarrow \quad x^2(y-2) = -2y$$

$$\Leftrightarrow x^2 = \frac{-2y}{y-2} \wedge x \in \mathbb{R}_0^+$$

$$\Leftrightarrow \quad x = \sqrt{\frac{-2y}{y-2}}$$

(2) Vertauschen von x und y:

$y = \sqrt{\frac{-2x}{x-2}}$

(3) $\mathbb{W}_g = [0;\, 2[= \mathbb{D}_{g^{-1}}$

(4) $g^{-1}\colon\ x \mapsto \sqrt{\frac{-2x}{x-2}}$; $x \in [0;\, 2[$

78. a) Die Funktion ist nach oben beschränkt; 1 ist die kleinste obere Schranke; sie wird von der Funktion nicht angenommen.

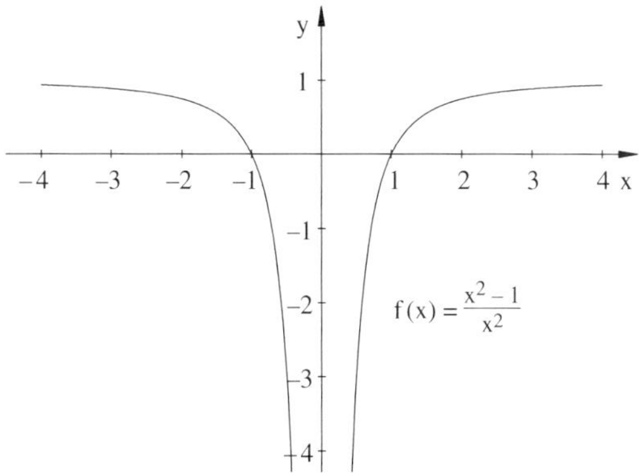

b) $x \in \mathbb{R}^+$
Voraussetzung:
$x_2 > x_1$
$\Leftrightarrow\ x_2 - x_1 > 0$

$$f(x_2) - f(x_1) = \frac{x_2^2 - 1}{x_2^2} - \frac{x_1^2 - 1}{x_1^2}$$

$$= \frac{x_2^2 x_1^2 - x_1^2 - x_1^2 x_2^2 + x_2^2}{x_2^2 x_1^2} = \frac{x_2^2 - x_1^2}{x_1^2 x_2^2}$$

$$= \frac{\overbrace{(x_2 - x_1)}^{>0}\overbrace{(x_2 + x_1)}^{>0}}{\underbrace{x_1^2 x_2^2}_{>0}} > 0$$

$\Rightarrow$ f ist in $\mathbb{R}^+$ streng monoton zunehmend.

79. a) $\sqrt{-x^2+4x+5}$ ist genau dann definiert, wenn $-x^2 + 4x + 5 \geq 0$ ist.
Der Abbildung entnehmen wir, dass
$-x^2 + 4x + 5 \geq 0 \ \Leftrightarrow\ x \in [-1; 5]$
$\Rightarrow\ \mathbb{D}_f = [-1; 5]$.

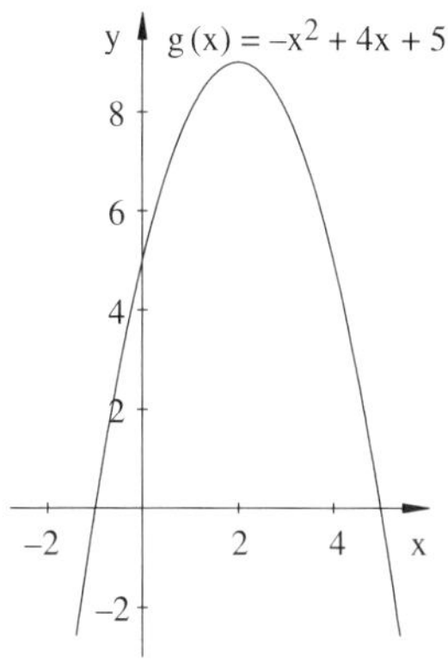

b) Der Abbildung in Teilaufgabe d entnehmen wir, dass f beidseitig beschränkt ist. 0 ist die größte untere Schranke; sie wird von f angenommen.
$\sqrt{-x^2+4x+5} \geq 0 \ \Leftrightarrow\ -x^2 + 4x + 5 \geq 0$
$\Leftrightarrow\ x \in \mathbb{D}_f$
3 ist die kleinste obere Schranke; sie wird von f angenommen. Für x = 2 hat $g(x) = -x^2 + 4x + 5$ ihren höchsten Punkt.
$\Rightarrow$ für x = 2 hat auch $f(x) = \sqrt{-x^2+4x+5}$ ihren höchsten Punkt;
$f(2) = 3 \ \Rightarrow\ f(x) \leq 3$

c) $\mathbb{W}_f = [0; 3]$

d)

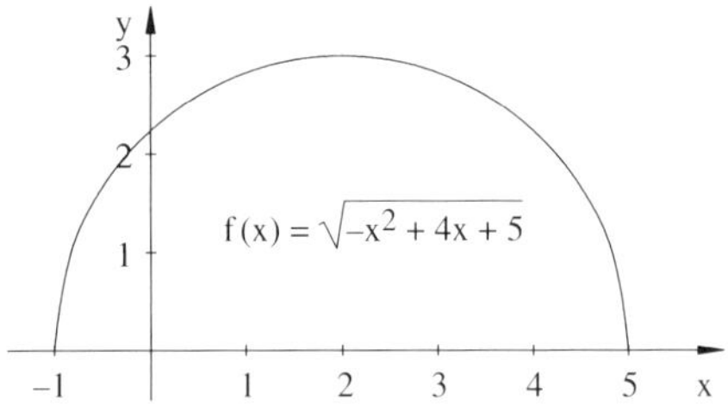

80. a) $f(x) = 0 \Rightarrow 3x^2 - x^3 - x = 0$

$\Leftrightarrow x(-x^2 + 3x - 1) = 0 \Leftrightarrow x = 0 \vee -x^2 + 3x - 1 = 0$

$-x^2 + 3x - 1 = 0 \Leftrightarrow x = \frac{-3 + \sqrt{9 - 4 \cdot (-1)(-1)}}{-2} \vee x = \frac{-3 - \sqrt{9 - 4}}{-2}$

$x = \frac{-3 + \sqrt{5}}{-2} \vee x = \frac{-3 - \sqrt{5}}{2}$

Die Nullstellen von f sind $x_1 = 0$, $x_2 = \frac{3 - \sqrt{5}}{2}$ und $x_3 = \frac{3 + \sqrt{5}}{2}$

b) $f(x) = 0 \Rightarrow (x - 1)^2 - (3x - 0{,}5)^2 = 0$

$\Leftrightarrow x^2 - 2x + 1 - 9x^2 + 3x - 0{,}25 = 0 \Leftrightarrow -8x^2 + x + 0{,}75 = 0$

$\Leftrightarrow x = \frac{-1 + \sqrt{1 - 4(-8)(0{,}75)}}{2 \cdot (-8)} \vee x = \frac{-1 - \sqrt{25}}{-16}$

$x = \frac{-1 + \sqrt{25}}{-16} = -\frac{1}{4} \vee x = \frac{-6}{-16} = \frac{3}{8}$

Die Nullstellen von f sind $x_1 = -\frac{1}{4}$ und $x_2 = \frac{3}{8}$.

c) $f(x) = 0 \Rightarrow 3x^4 - 2(-x)^2 = 0$

$\Leftrightarrow 3x^4 - 2x^2 = 0 \Leftrightarrow x^2(3x^2 - 2) = 0$

$\Leftrightarrow x^2 = 0 \vee 3x^2 - 2 = 0$

$x = 0 \vee x = \sqrt{\frac{2}{3}} \vee x = -\sqrt{\frac{2}{3}}$

$x_1 = 0$ ist doppelte Nullstelle von f, während $x_2 = \sqrt{\frac{2}{3}}$ und $x_3 = -\sqrt{\frac{2}{3}}$ einfache Nullstellen von f sind.

d) $f(x) = 0 \Rightarrow x^2 - (2 - x)x - x(-3 - x) + 1 = 0$

$\Leftrightarrow x^2 - 2x + x^2 + 3x + x^2 + 1 = 0 \Leftrightarrow 3x^2 + x + 1 = 0$

$\Leftrightarrow x = \frac{-1 + \sqrt{1 - 4 \cdot 3}}{6} \vee x = \frac{-1 - \sqrt{1 - 12}}{6}$

$\Rightarrow$ f hat in $\mathbb{R}$ keine Nullstellen.

81. a) $(x^4 - 4x^3 - x^2 + 16x - 12) : (x - 1) = x^3 - 3x^2 - 4x + 12$

$$\begin{array}{l}
-(x^4 - x^3) \\
\hline
\quad -3x^3 - x^2 + 16x - 12 \\
\quad -(-3x^3 + 3x^2) \\
\hline
\qquad -4x^2 + 16x - 12 \\
\qquad -(-4x^2 + 4x) \\
\hline
\qquad\quad 12x - 12 \\
\qquad\quad -(12x - 12) \\
\hline
\qquad\quad 0 + 0
\end{array}$$

b) $(x^3 + 5x^2 + x + 5) : (x + 5) = x^2 + 1$

$$\begin{array}{l}
-(x^3 + 5x^2) \\
\hline
\qquad x + 5 \\
\qquad -(x + 5) \\
\hline
\qquad 0 + 0
\end{array}$$

c) $(x^4 + 4x^3 + 6x^2 + 8x + 8) : (x^2 + 4x + 4) = x^2 + 2$

$$\begin{array}{l}
-(x^4 + 4x^3 + 4x^2) \\
\hline
\qquad 2x^2 + 8x + 8 \\
\qquad -(2x^2 + 8x + 8) \\
\hline
\qquad 0 + 0 + 0
\end{array}$$

d) $(x^3 + 5x^2 - 17x - 21) : (x + 7) = x^2 - 2x - 3$

$$\begin{array}{l}
-(x^3 + 7x^2) \\
\hline
\quad -2x^2 - 17x - 21 \\
\quad -(-2x^2 - 14x) \\
\hline
\qquad -3x - 21 \\
\qquad -(-3x - 21) \\
\hline
\qquad 0 + 0
\end{array}$$

82. a) $f(x) = 30\,(x - 1)\,(3x - 5) = 0$

$\Leftrightarrow\ x - 1 = 0 \ \vee\ 3x - 5 = 0$

$\Leftrightarrow\ x = 1 \ \vee\ x = \frac{5}{3}$

1 und $\frac{5}{3}$ sind einfache Nullstellen von f.

b) $f(x) = (x - 1) \cdot 2 - (4x - 3) = 0$

$\Leftrightarrow\ 2x - 2 - 4x + 3 = 0$

$\Leftrightarrow\ -2x + 1 = 0$

$\Leftrightarrow\ x = 0{,}5$

0,5 ist einfache Nullstelle von f.

c) $f(x) = (x - 1)^2 - (2x - 1)^2 - x^3 = 0$

$\Leftrightarrow\ x^2 - 2x + 1 - 4x^2 + 4x - 1 - x^3 = 0$

$\Leftrightarrow\ -x^3 - 3x^2 + 2x = 0$

$\Leftrightarrow\ x(-x^2 - 3x + 2) = 0$

$\Leftrightarrow\ x = 0 \ \vee\ -x^2 - 3x + 2 = 0$

$$x = \frac{3 + \sqrt{9 + 8}}{-2} \ \vee\ x = \frac{3 - \sqrt{17}}{-2}$$

0, $-\frac{3 + \sqrt{17}}{2}$ und $-\frac{3 - \sqrt{17}}{2}$ sind einfache Nullstellen der Funktion f.

d) $f(x) = 2 + (3x^2 - x) \cdot 3 - 3x + 4 = 0$

$f(x) = 2 + 9x^2 - 3x - 3x + 4 - 9x^2 - 6x + 6$

$9x^2 - 6x + 6 = 0$

$$\Leftrightarrow\ x = \frac{6 + \sqrt{36 - 4 \cdot 9 \cdot 6}}{18} \ \vee\ x = \frac{6 - \sqrt{-180}}{18}$$

$\Rightarrow$ f besitzt keine Nullstellen.

e) $f(x) = 2x^3 - 14x^2 + 28x - 16 = 0$

Durch Probieren finden wir: $x_1 = 1 \in [0; 4]$

$$\begin{aligned}
&(2x^3 - 14x^2 + 28x - 16) : (x - 1) = 2x^2 - 12x + 16 \\
&\underline{-(2x^3 - 2x^2)} \\
&\quad -12x^2 + 28x - 16 \\
&\quad \underline{-(-12x^2 + 12x)} \\
&\qquad\quad 16x - 16 \\
&\qquad\quad \underline{-(16x - 16)} \\
&\qquad\qquad 0 + 0
\end{aligned}$$

$2x^2 - 12x + 16 = 0$

$\Leftrightarrow\ x^2 - 6x + 8 = 0$

$$\Leftrightarrow\ x = \frac{6 + \sqrt{36 - 32}}{2} \ \vee\ x = \frac{6 - \sqrt{36 - 32}}{2}$$

$x = 4 \in [0; 4] \qquad x = 2 \in [0; 4]$

$x_1 = 1$, $x_2 = 2$ und $x_3 = 4$ sind einfache Nullstellen von f.

f) $f(x) = x^3 - 3x^2 - 9x = 0$

$\Leftrightarrow \quad x\,(x^2 - 3x - 9) = 0$

$x = 0 \;\vee\; x^2 - 3x - 9 = 0$

$$\Leftrightarrow x = \frac{3 + \sqrt{9 - 4\cdot(1)\cdot(-9)}}{2} \;\vee\; x = \frac{3 - \sqrt{45}}{2}$$

$$x = \frac{3 + \sqrt{45}}{2} \;\vee\; x = \frac{3 - \sqrt{45}}{2}$$

$$x = \tfrac{3}{2}(1 + \sqrt{5}) \;\vee\; x = \tfrac{3}{2}(1 - \sqrt{5})$$

$x_1 = 0$, $x_2 = \frac{3}{2}(1 + \sqrt{5})$ und $x_3 = \frac{3}{2}(1 - \sqrt{5})$ sind einfache Nullstellen von f.

83. a) f ist eine gebrochenrationale Funktion. (Das Nennerpolynom hat den Grad 1).

b) f ist eine ganzrationale Funktion. (Das Nennerpolynom ist eine Konstante).

c) f ist eine gebrochenrationale Funktion. (Das Nennerpolynom hat den Grad 2).

d) f ist eine gebrochenrationale Funktion. (Das Nennerpolynom hat den Grad 3).

84. a) f hat an der Stelle 0 eine Definitionslücke, die zugleich Unendlichkeitsstelle ist. $\mathbb{D}_{max}$ ist $\mathbb{R} \setminus \{0\}$

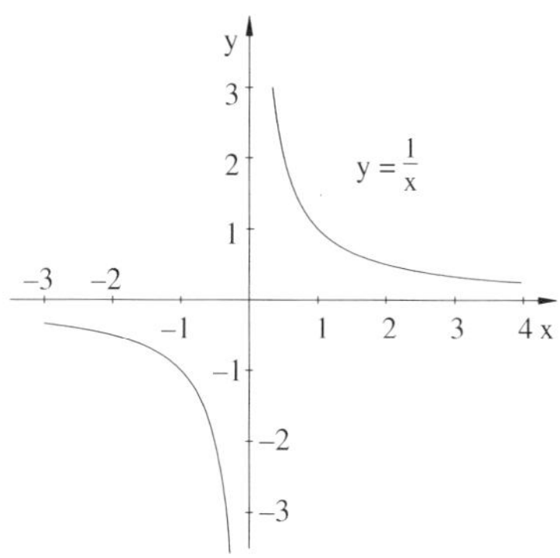

b) f hat an der Stelle 1 eine Definitionslücke, die zugleich Unendlichkeitsstelle ist, und an der Stelle 0 eine Nullstelle.
$\mathbb{D}_{max} = \mathbb{R} \setminus \{1\}$

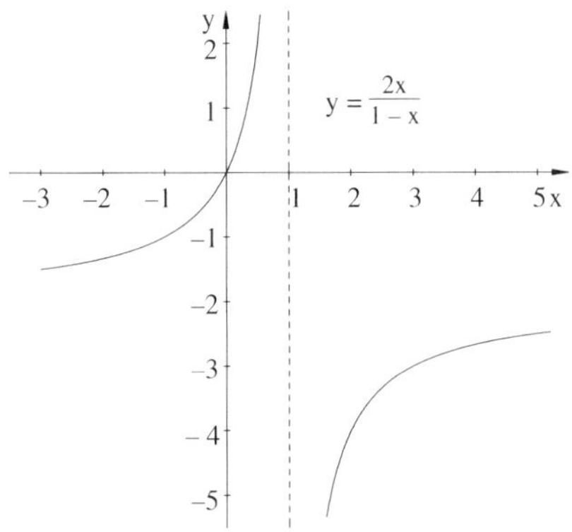

c) $f(x) = \frac{8(x-2)}{(x+2)^2}$;

$\mathbb{D}_{max} = \mathbb{R} \setminus \{-2\}$
f hat an der Stelle –2 eine Definitionslücke, die zugleich Unendlichkeitsstelle ist, und an der Stelle 2 eine Nullstelle.

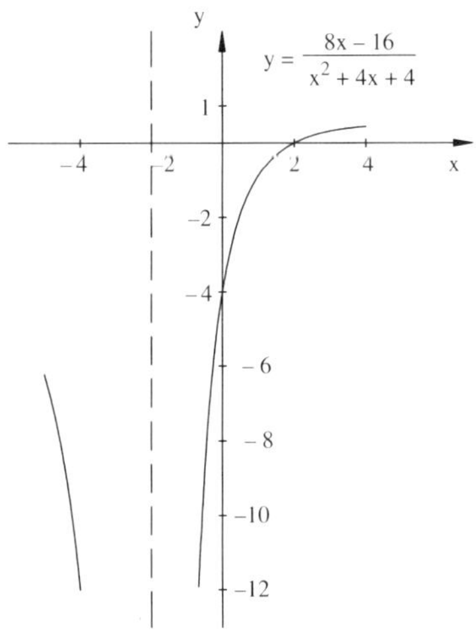

d) f hat an der Stelle 0 eine Definitionslücke, die zugleich Unendlichkeitsstelle ist, und an der Stelle 1 eine Nullstelle.
$\mathbb{D}_{max} = \mathbb{R} \setminus \{0\}$

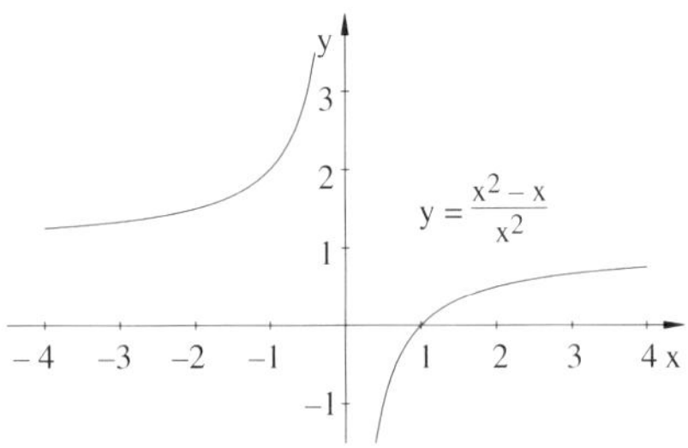

e) $f(x) = \frac{x+1}{(x-4)(x+1)}$;

$\mathbb{D}_{max} = \mathbb{R} \setminus \{-1; 4\}$
f hat an den Stellen –1 und 4 Definitionslücken. Die Stelle 4 ist zugleich Unendlichkeitsstelle. (–1 ist dagegen auch Nullstelle des Zählerpolynoms)

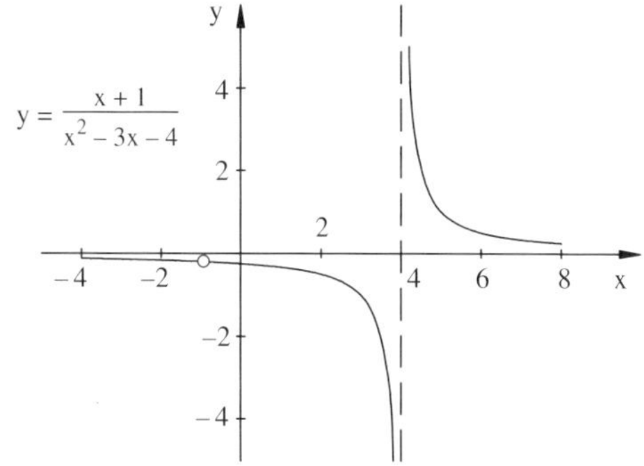

f) $f(x) = \frac{3(x-2)(x-1)}{(x-3)(x-1)}$;

$\mathbb{D}_{max} = \mathbb{R} \setminus \{1; 3\}$
f hat an den Stellen 1 und 3 Definitionslücken; 3 ist zugleich auch Unendlichkeitsstelle von f (1 ist dagegen auch Nullstelle des Zählerpolynoms).
2 ist Nullstelle von f.

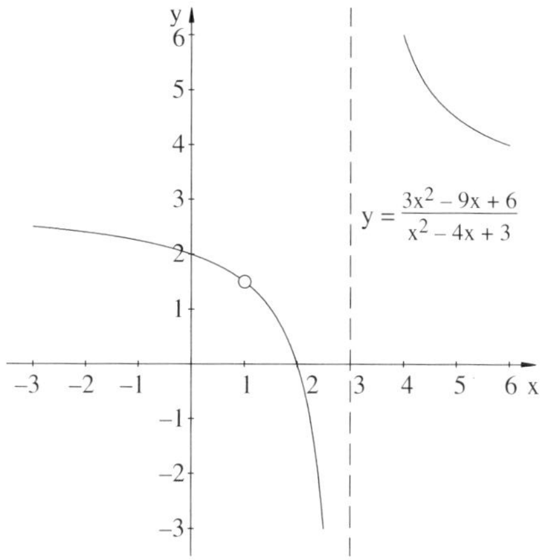

g) f hat an der Stelle 2 eine Definitionslücke, die zugleich Unendlichkeitsstelle von f ist.
An den Stellen 0 und 3 hat f Nullstellen.
$\mathbb{D}_{max} = \mathbb{R} \setminus \{2\}$

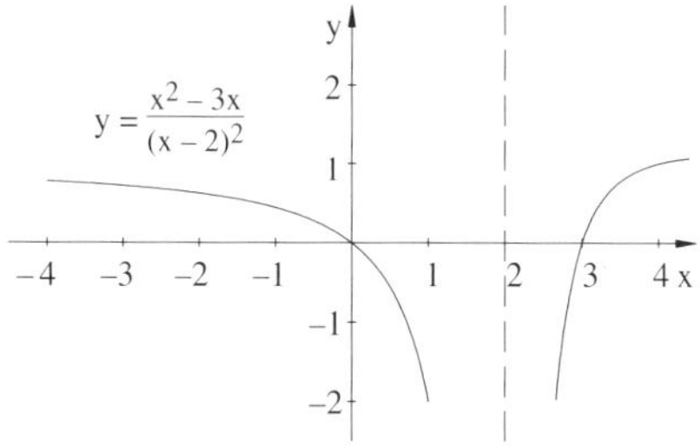

h) $f(x) = \frac{x^3(x+1)}{(x+1)(x-1)}$;

$\mathbb{D}_{max} = \mathbb{R} \setminus \{-1; 1\}$
f hat an den Stellen –1 und 1 Definitionslücken;
1 ist zugleich Unendlichkeitsstelle von f (–1 ist dagegen auch Nullstelle des Zählerpolynoms).
0 ist Nullstelle von f.

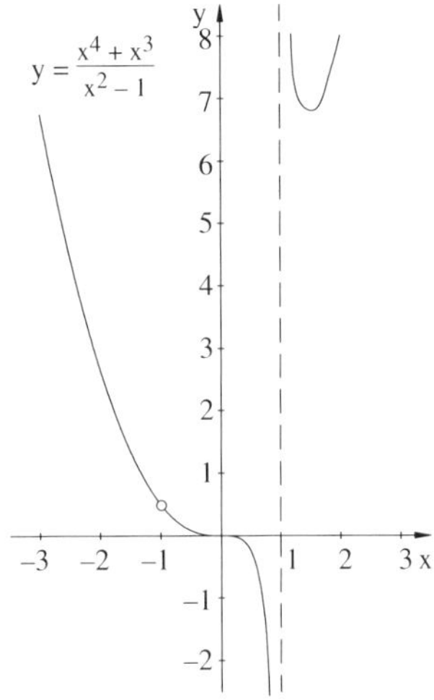

i) $f(x) = \frac{3x^2}{x+1}$

f hat an der Stelle –1 eine Definitionslücke, die zugleich Unendlichkeitsstelle ist.
0 ist Nullstelle von f.
$\mathbb{D}_{max} = \mathbb{R} \setminus \{-1\}$

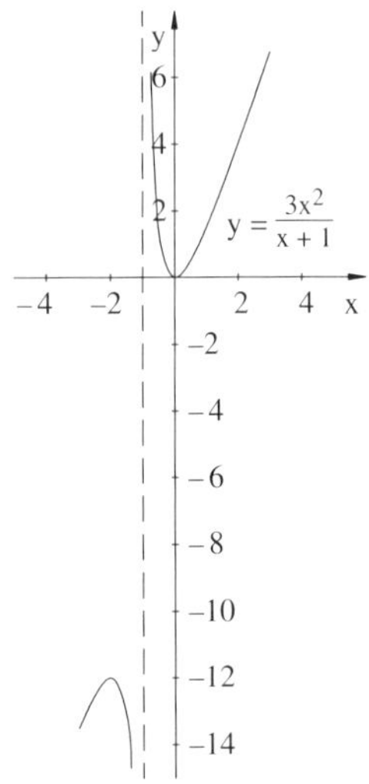

j) $f(x) = \frac{-x(x-5)}{2(x-1)}$;

$\mathbb{D}_{max} = \mathbb{R} \setminus \{1\}$
f hat an der Stelle 1 eine Definitionslücke, die zugleich Unendlichkeitsstelle ist.
Die Stellen 0 und 5 sind Nullstellen von f.

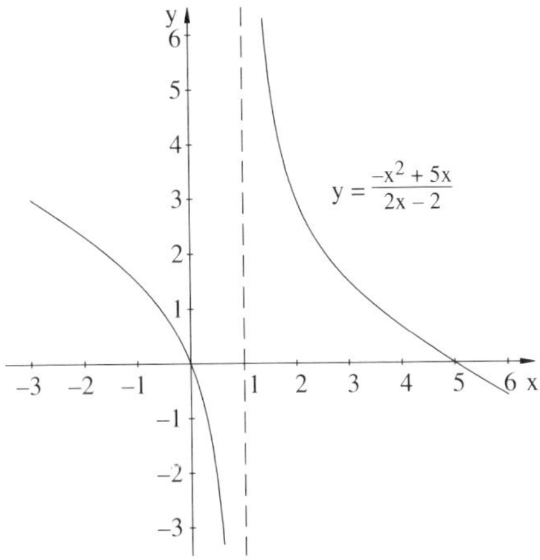

k) $f(x) = \frac{(x-1)^2}{x+1}$;

$\mathbb{D}_{max} = \mathbb{R} \setminus \{-1\}$
f hat an der Stelle −1 eine Definitionslücke, die zugleich Unendlichkeitsstelle ist.
1 ist Nullstelle von f.

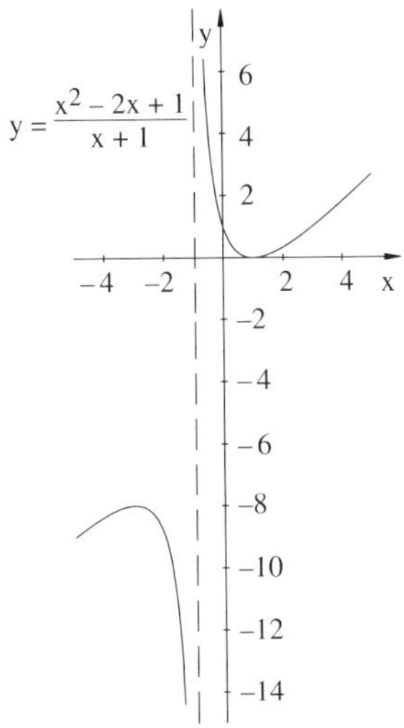

l) $f(x) = \frac{(x+3)(x-1)}{(3-x)(3+x)}$;

$\mathbb{D}_{max} = \mathbb{R} \setminus \{-3; 3\}$
f hat an den Stellen 3 und –3 Definitionslücken;
3 ist zugleich Unendlichkeitsstelle von f (während –3 auch Nullstelle des Zählerpolynoms ist).
1 ist Nullstelle von f.

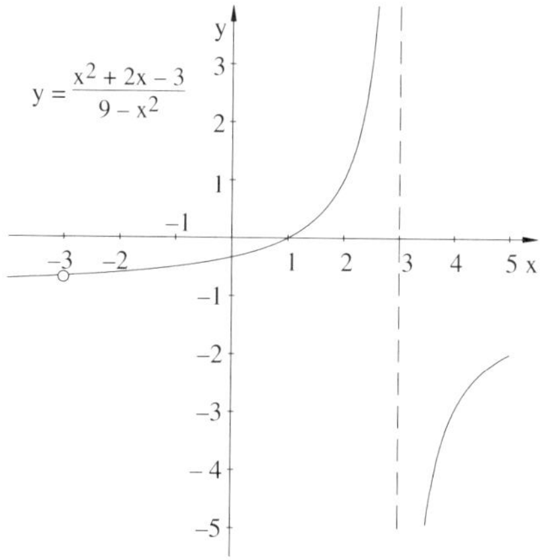

m) $f(x) = \frac{1}{x} - 2 = \frac{1-2x}{x}$;

$\mathbb{D}_{max} = \mathbb{R} \setminus \{0\}$
f hat an der Stelle 0 eine Definitionslücke, die zugleich Unendlichkeitsstelle ist.
0,5 ist Nullstelle von f.

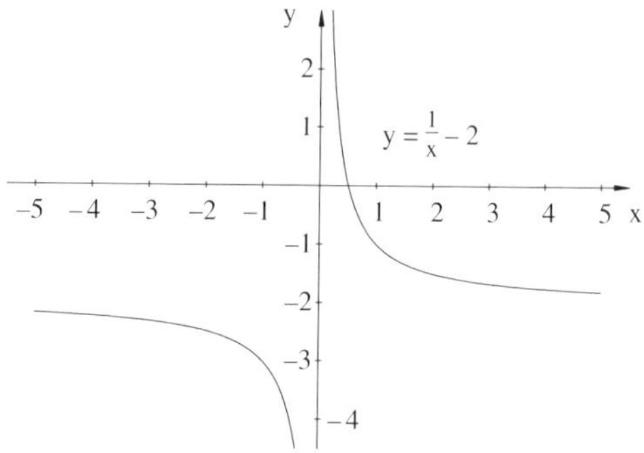

n) $f(x) = \frac{1}{x-1} + 3 = \frac{3x-2}{x-1}$;

$\mathbb{D}_{max} = \mathbb{R} \setminus \{1\}$
f hat an der Stelle 1 eine Definitionslücke, die zugleich Unendlichkeitsstelle ist.
$\frac{2}{3}$ ist Nullstelle von f.

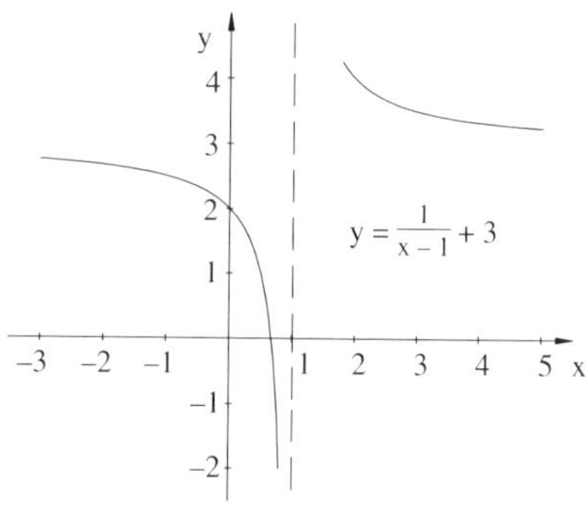

o) $f(x) = \frac{1}{x^2+3}$

f hat weder Definitionslücken noch Nullstellen.
$\mathbb{D}_{max} = \mathbb{R}$

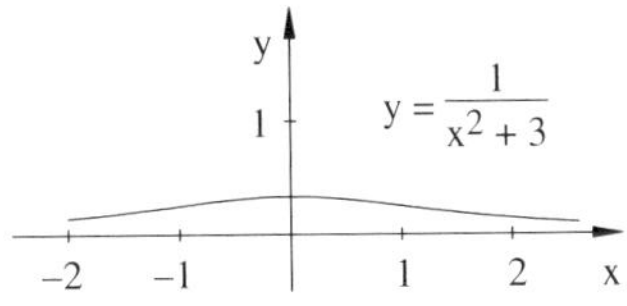

p) $f(x) = \frac{(x-2)(x+1)}{x+3}$

f hat an der Stelle –3 eine Definitionslücke, die zugleich Unendlichkeitsstelle ist.
–1 und 2 sind die Nullstellen von f.
$\mathbb{D}_{max} = \mathbb{R} \setminus \{-3\}$

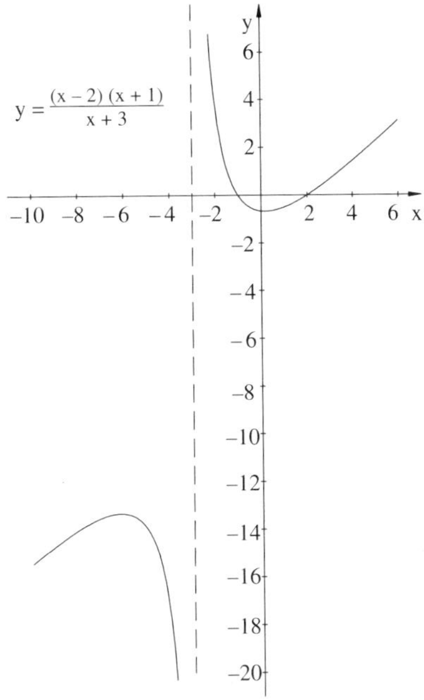

85. a) $f(x) = \frac{x+1}{(x+1)(x-4)}$;

$\mathbb{D}_{max} = \mathbb{R} \setminus \{-1; 4\}$
f hat an der Stelle 4 eine Unendlichkeitsstelle.

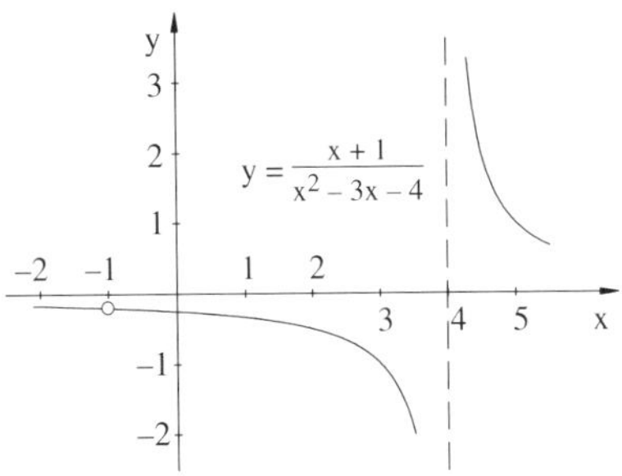

b) $f(x) = \frac{x-1}{(x-1)^2}$;

$\mathbb{D}_{max} = \mathbb{R} \setminus \{1\}$
f hat an der Stelle 1 eine Unendlichkeitsstelle.

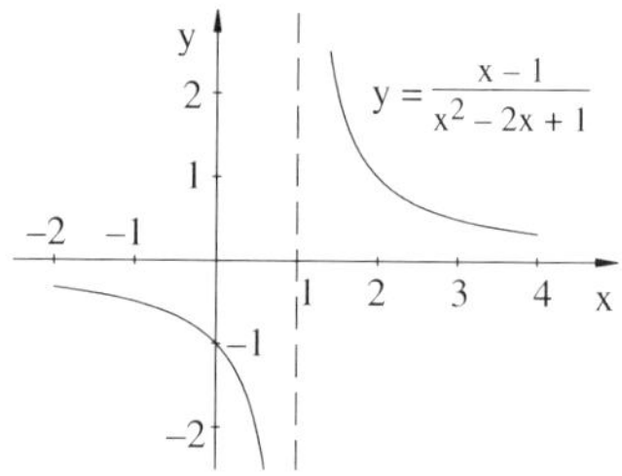

c) $f(x) = \frac{x+1}{x(x+1)}$;

$\mathbb{D}_{max} = \mathbb{R} \setminus \{-1; 0\}$
f hat an der Stelle 0 eine Unendlichkeitsstelle.

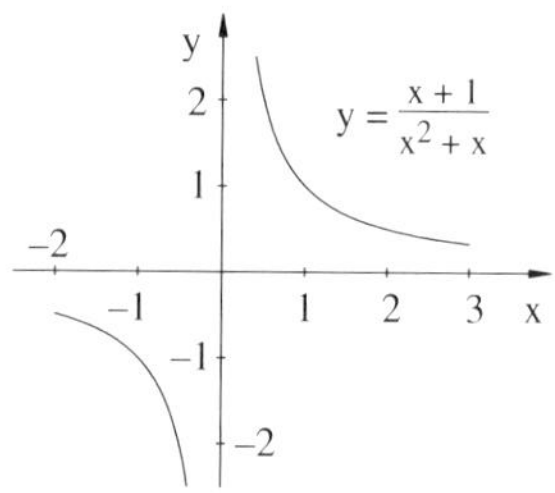

d) $f(x) = \frac{x+1}{x(x+2)}$

$\mathbb{D}_{max} = \mathbb{R} \setminus \{-2; 0\}$
f hat an den Stellen –2 und 0 Unendlichkeitsstellen.

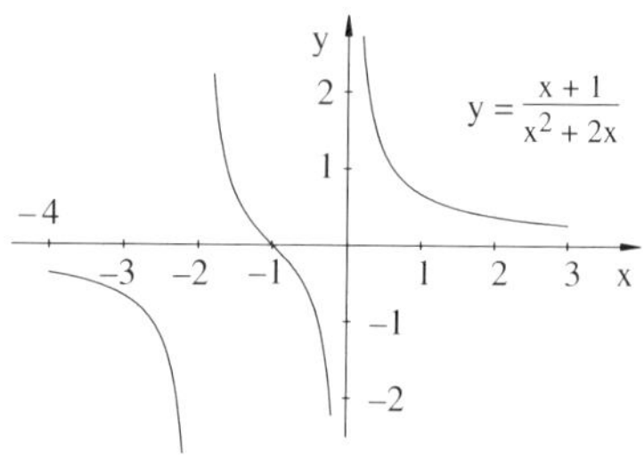

e) $f(x) = \frac{(x+2)^2}{(x+2)(x-1)^2}$

f hat an der Stelle 1 eine Unendlichkeitsstelle.
$\mathbb{D}_{max} = \mathbb{R} \setminus \{-2; 1\}$

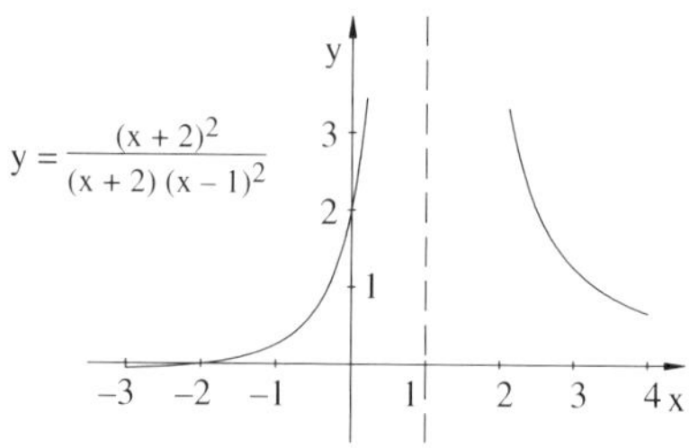

f) $f(x) = \frac{(x+3)(x-2)}{(x+3)(2-x)}$;

$\mathbb{D}_{max} = \mathbb{R} \setminus \{-3; 2\}$

f hat keine Unendlichkeitsstelle.

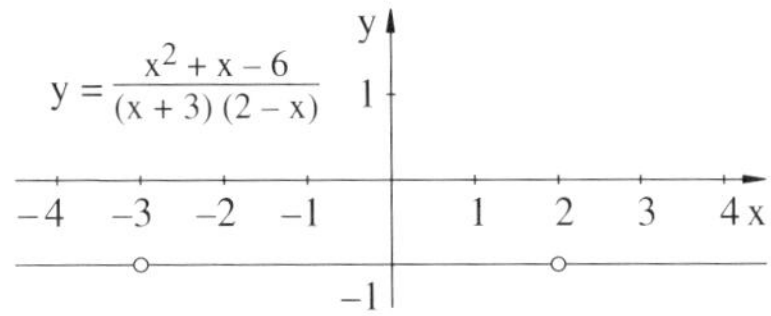

86. a) Zu f: $x \mapsto \frac{-1}{x^2}$; $x \in \mathbb{R} \setminus \{0\}$ gehört der Graph (3).

b) Zu f: $x \mapsto \frac{1}{x+1}$; $x \in \mathbb{R} \setminus \{-1\}$ gehört der Graph (2).

c) Zu f: $x \mapsto \frac{-2}{x-1}$; $x \in \mathbb{R} \setminus \{1\}$ gehört der Graph (4).

d) Zu f: $x \mapsto \frac{1}{(x-1)^2}$; $x \in \mathbb{R} \setminus \{1\}$ gehört der Graph (1).

e) Zu f: $x \mapsto \frac{x^2 + x}{x^2}$; $x \in \mathbb{R} \setminus \{0\}$ gehört der Graph (5).

87. a) keine Nullstellen.
Bei x = 0 ist eine Unendlichkeitsstelle ohne Vorzeichenwechsel.

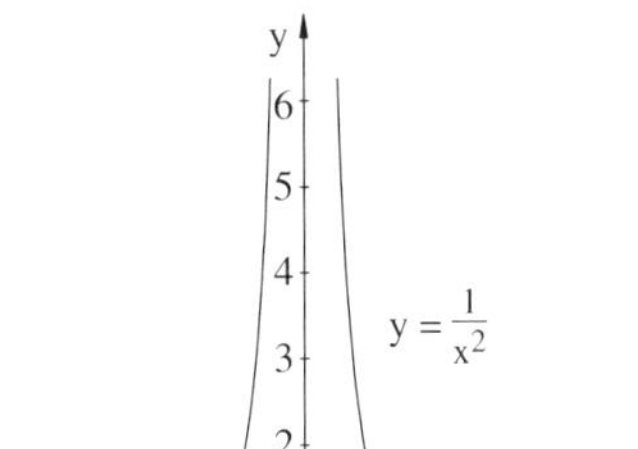

b) keine Nullstellen.
Bei x = 1 ist eine Unendlichkeitsstelle mit Vorzeichenwechsel.

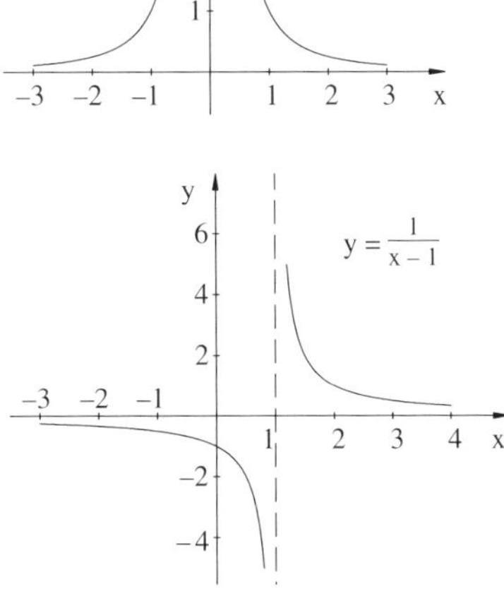

c) Nullstelle liegt an der Stelle 0.
Bei x = –1 und x = 1 liegen Unendlichkeitsstellen mit Vorzeichenwechsel vor.

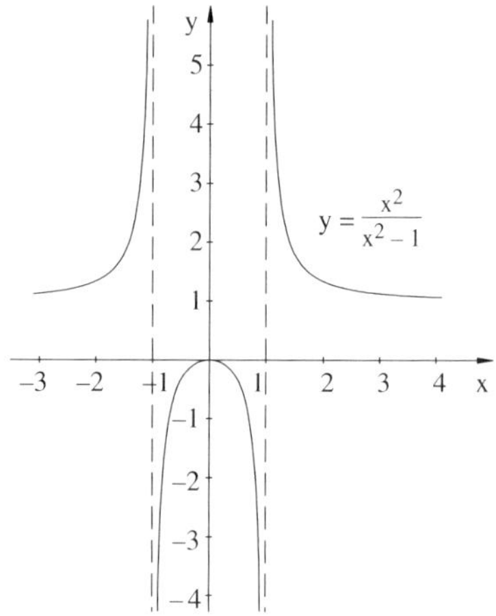

d) keine Nullstellen.
Bei x = –2 hat die Funktion eine Definitionslücke. Ebenso liegt für x = 0 eine Definitionslücke vor, die zugleich Unendlichkeitsstelle mit Vorzeichenwechsel ist.

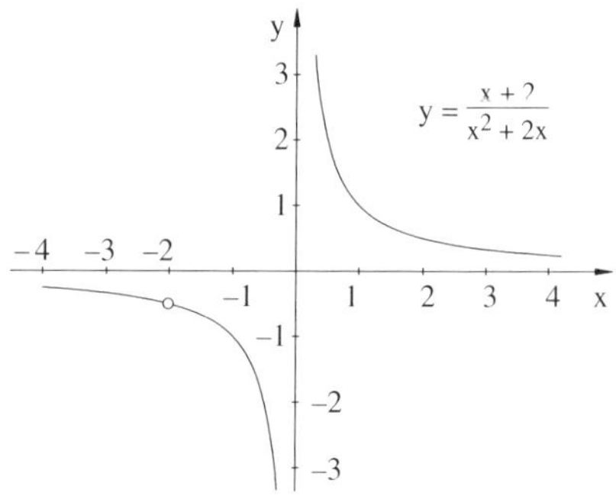

e) keine Nullstellen.
Bei x = –1 hat die Funktion eine Definitionslücke. Ebenso liegt für x = 2 eine Definitionslücke vor, die zugleich Unendlichkeitsstelle mit Vorzeichenwechsel ist.

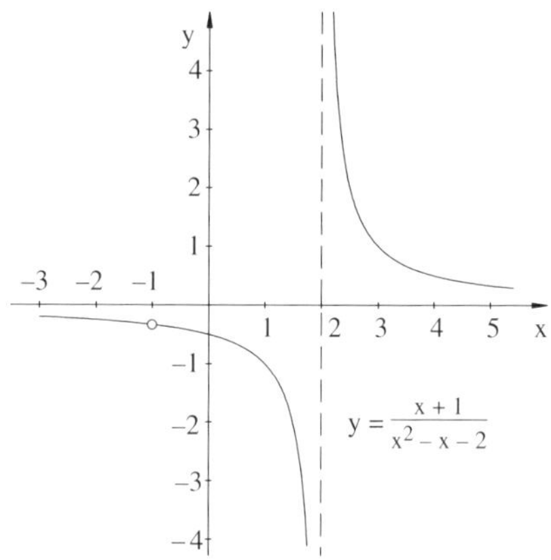

f) Bei x = 0 und x = 4 liegt je eine Nullstelle vor.
x = 1 ist Unendlichkeitsstelle ohne Vorzeichenwechsel.

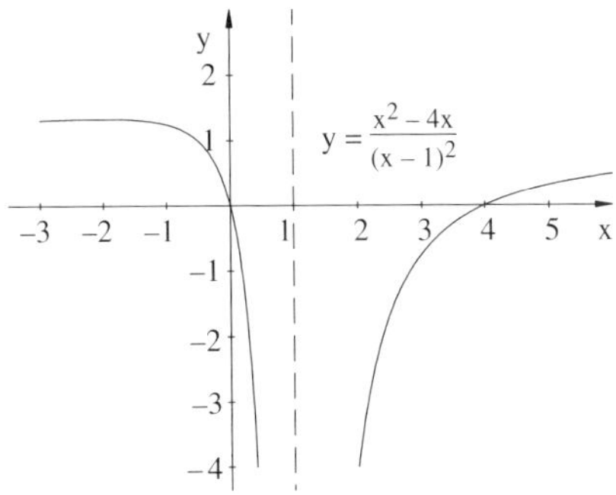

88. a) Wir bilden unter der Voraussetzung, dass $x_1 \in \mathbb{R}_0^+$, $x_2 \in \mathbb{R}_0^+$ und $x_1 < x_2$, die Differenz $f(x_2) - f(x_1)$:

$$f(x_2) - f(x_1) = \frac{12}{x_2^2 + 2} - \frac{12}{x_1^2 + 2} = \frac{12(x_1^2 + 2) - 12(x_2^2 + 2)}{(x_1^2 + 2)(x_2^2 + 2)}$$

$$= \frac{12(x_1^2 - x_2^2)}{(x_1^2 + 2)(x_2^2 + 2)} = \frac{12\overbrace{(x_1 - x_2)}^{<0}\overbrace{(x_1 + x_2)}^{>0}}{\underbrace{(x_1^2 + 2)}_{>0}\underbrace{(x_2^2 + 2)}_{>0}} < 0$$

$\Rightarrow$ f ist streng monoton abnehmend.

b) $f(0) = \frac{12}{0^2 + 2} = 6$

$x \to +\infty \Rightarrow f(x) \to 0$
f ist streng monoton abnehmend.
$\Rightarrow \mathbb{W} = [6; 0[$

c)

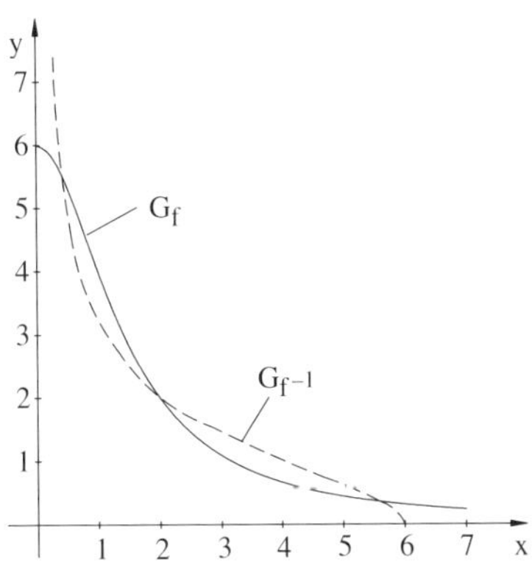

d) $y = \frac{12}{x^2 + 2}$

Auflösen nach x: $y\,(x^2 + 2) = 12$

$$x^2 + 2 = \frac{12}{y}$$

$$x^2 = \frac{12}{y} - 2$$

$$|x| = \sqrt{\frac{12}{y} - 2}$$

Vertauschen von x und y: $|y| = \sqrt{\frac{12}{x} - 2}$

$\mathbb{D}_f = \mathbb{R}_0^+ \Rightarrow \mathbb{W}_{f^{-1}} = \mathbb{R}_0^+ \Rightarrow f^{-1}(x) = \sqrt{\frac{12}{x} - 2}$

89. a) $\mathbb{D}_f = \mathbb{R} \setminus \{-2\}$

b) Unter der Voraussetzung, dass $x_1 < x_2$ ist, bilden wir die Differenz

$$f(x_2) - f(x_1) = \frac{2x_2}{x_2 + 2} - \frac{2x_1}{x_1 + 2} = \frac{2x_2(x_1 + 2) - 2x_1(x_2 + 2)}{(x_2 + 2)(x_1 + 2)}$$

$$= \frac{2x_1x_2 + 4x_2 - 2x_1x_2 - 4x_1}{(x_2 + 2)(x_1 + 2)} = \frac{4(x_2 - x_1)}{(x_2 + 2)(x_1 + 2)}.$$

1. Fall: $x_1, x_2 \in\ ]-\infty; -2[$

$$\frac{\overbrace{4(x_2 - x_1)}^{>0}}{\underbrace{\underbrace{(x_2 + 2)}_{<0}\underbrace{(x_1 + 2)}_{<0}}_{>0}} > 0$$

2. Fall: $x_1, x_2 \in\ ]-2; \infty[$

$$\frac{\overbrace{4(x_2 - x_1)}^{>0}}{\underbrace{\underbrace{(x_2 + 2)}_{>0}\underbrace{(x_1 + 2)}_{>0}}_{>0}} > 0$$

c) f besitzt an der Stelle x = 0 eine Nullstelle und bei x = –2 eine Unendlichkeitsstelle mit Vorzeichenwechsel.

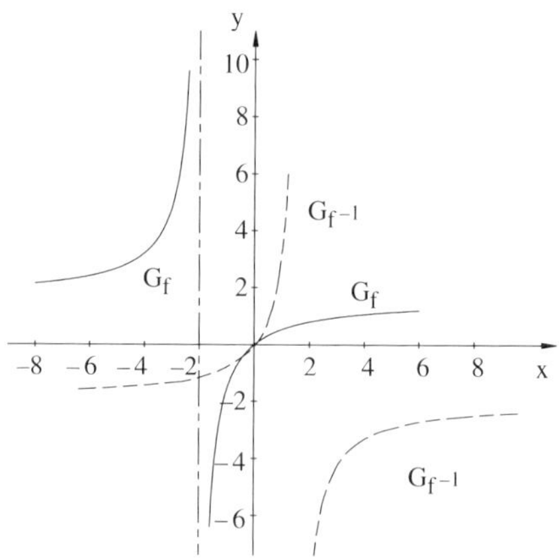

d) $y = \frac{2x}{x+2}$

Auflösen nach x:

$$y(x+2) = 2x \quad \Leftrightarrow \quad yx + 2y = 2x$$
$$\Leftrightarrow \quad yx - 2x = -2y \quad \Leftrightarrow \quad x(y-2) = -2y$$
$$\Leftrightarrow \quad x = \frac{-2y}{y-2} \quad \Leftrightarrow \quad x = \frac{2y}{2-y}$$

x und y vertauschen:

$$y = \frac{2x}{2-x} \quad \Rightarrow \quad g^{-1}\colon\ x \mapsto \frac{2x}{2-x};\ x \in \mathbb{R} \setminus \{2\}$$

e) $G_f \cap G_{g^{-1}}$: $f(x) = g^{-1}(x)$

$$\frac{2x}{x+2} = \frac{2x}{2-x}$$

$$2x(2-x) = 2x(x+2) \Leftrightarrow 4x - 2x^2 = 2x^2 + 4x$$
$$\Leftrightarrow \quad -2x^2 = 2x^2 \quad \Leftrightarrow \quad 4x^2 = 0$$
$$\Leftrightarrow \quad x = 0$$

$f(0) = \frac{2 \cdot 0}{0+2} = 0 \quad \Rightarrow$ Schnittpunkt S (0; 0)

90. a) $a_4 = (4+1)^2 = 25$

b) $a_5 = 2^{5+1} = 64$

c) $a_{10} = [1 - (-1)^{10}] \cdot (10+1) = 0 \cdot 11 = 0$

d) $a_5 = (-2)^5 \cdot (-1)^{5+1} = (-32) \cdot (-1)^6 = -32$

91. a) $a_1 = \frac{1}{3}$;

$$a_2 = \frac{1}{3} + \frac{1}{(2 \cdot 1 + 1) \cdot (2 \cdot 1 + 3)} = \frac{1}{3} + \frac{1}{15} = \frac{6}{15} = \frac{2}{5}$$

$$a_3 = \frac{2}{5} + \frac{1}{(2 \cdot 2 + 1) \cdot (2 \cdot 2 + 3)} = \frac{2}{5} + \frac{1}{35} = \frac{15}{35} = \frac{3}{7}$$

$$a_4 = \frac{3}{7} + \frac{1}{(2 \cdot 3 + 1)(2 \cdot 3 + 3)} = \frac{3}{7} + \frac{1}{63} = \frac{28}{63} = \frac{4}{9}$$

$$a_5 = \frac{4}{9} + \frac{1}{(2 \cdot 4 + 1)(2 \cdot 4 + 3)} = \frac{4}{9} + \frac{1}{99} = \frac{45}{99} = \frac{5}{11}$$

$$a_n = \frac{n}{2n+1}$$

b) $a_1 = \frac{1}{5}$;

$a_2 = \frac{1}{5} + \frac{1}{(4 \cdot 1 + 1) \cdot (4 \cdot 1 + 5)} = \frac{1}{5} + \frac{1}{45} = \frac{10}{45} = \frac{2}{9}$

$a_3 = \frac{2}{9} + \frac{1}{(4 \cdot 2 + 1) \cdot (4 \cdot 2 + 5)} = \frac{2}{9} + \frac{1}{117} = \frac{27}{117} = \frac{3}{13}$

$a_4 = \frac{3}{13} + \frac{1}{(4 \cdot 3 + 1)(4 \cdot 3 + 5)} = \frac{3}{13} + \frac{1}{221} = \frac{42}{221} = \frac{4}{17}$

$a_5 = \frac{4}{17} + \frac{1}{(4 \cdot 4 + 1)(4 \cdot 4 + 5)} = \frac{4}{17} + \frac{1}{357} = \frac{85}{357} = \frac{5}{21}$

$a_n = \frac{n}{4n + 1}$

c) $a_1 = 4$
$a_2 = 3 \cdot 4 - 2 = 10$
$a_3 = 3 \cdot 10 - 2 = 28$
$a_4 = 3 \cdot 28 - 2 = 82$
$a_5 = 3 \cdot 82 - 2 = 244$
$a_n = 3^n + 1$

92. a) $a_1 = -\frac{2}{1+1} = -1$

$a_2 = -\frac{2}{1+2} = -\frac{2}{3}$

$a_3 = -\frac{2}{1+3} = -\frac{2}{4} = -0,5$

$a_4 = -\frac{2}{1+4} = -\frac{2}{5} = -0,4$

$a_5 = -\frac{2}{1+5} = -\frac{2}{6} = -\frac{1}{3}$

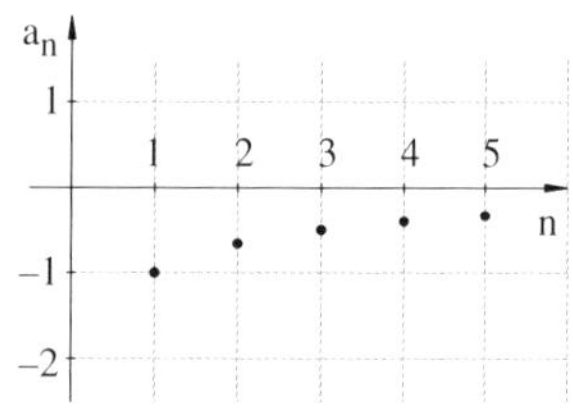

b) $a_1 = \frac{1}{1^2 + 1} = \frac{1}{2} = 0,5$

$a_2 = \frac{1}{2^2 + 1} = \frac{1}{5} = 0,2$

$a_3 = \frac{1}{3^2 + 1} = \frac{1}{10} = 0,1$

$a_4 = \frac{1}{4^2 + 1} = \frac{1}{17} \approx 0,06$

$a_5 = \frac{1}{5^2 + 1} = \frac{1}{26} \approx 0,04$

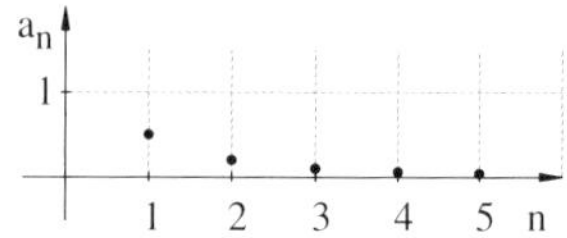

c) $a_1 = \frac{1^2+2}{1^2+1} = \frac{3}{2} = 1{,}5$

$a_2 = \frac{2^2+2}{2^2+1} = \frac{6}{5} = 1{,}2$

$a_3 = \frac{3^2+2}{3^2+1} = \frac{11}{10} = 1{,}1$

$a_4 = \frac{4^2+2}{4^2+1} = \frac{18}{17} \approx 1{,}06$

$a_5 = \frac{5^2+2}{5^2+1} = \frac{27}{26} \approx 1{,}04$

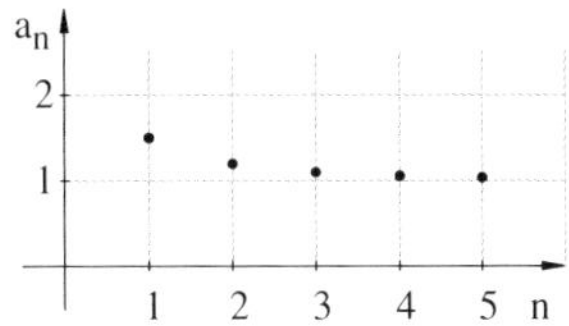

d) $a_1 = (-1)^1 \cdot (1-1) = 0$
$a_2 = (-1)^2 \cdot (2-1) = 1$
$a_3 = (-1)^3 \cdot (3-1) = -2$
$a_4 = (-1)^4 \cdot (4-1) = 3$
$a_5 = (-1)^5 \cdot (5-1) = -4$

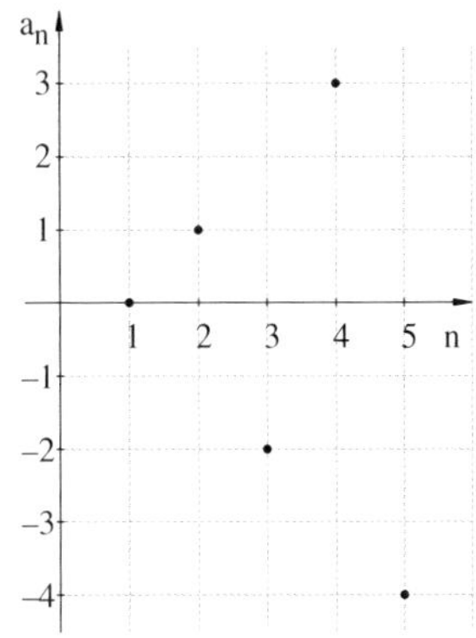

93. $a_{31} = a_1 + (31-1)d$ mit $d = a_2 - a_1 = 5 - 2 = 3$
$\Rightarrow a_{31} = 2 + (31-1) \cdot 3 = 92$

94. $a_1 = 4$; $a_{31} = 25$
$a_{31} = a_1 + (31-1) \cdot d$ mit $a_1 = 4$ und $a_{31} = 25$
$\Rightarrow 25 = 4 + (31-1) \cdot d \Leftrightarrow 21 = 30d$
$\Leftrightarrow d = \frac{21}{30} = \frac{7}{10}$

95. a) $d_1 = a_2 - a_1 = 4 - 5 = -1$;
$d_2 = a_3 - a_2 = 5 - 4 = +1$;
$d_1 \neq d_2 \Rightarrow$ es liegt keine arithmetische Folge vor.

b) $\left.\begin{array}{l} a_2 - a_1 = 2 - 1 = 1 \\ a_3 - a_2 = 4 - 2 = 2 \end{array}\right\} \Rightarrow$ es liegt keine arithmetische Folge vor.

c) $7 - 4 = 3$
$4 - 1 = 3$
$1 - (-2) = 3$
$-2 - (-5) = 3$
$\Rightarrow$ es liegt eine arithmetische Folge vor.

d) Die Differenz zweier aufeinander folgender Glieder ist 3. Es liegt also eine arithmetische Folge vor.

e) Es liegt eine arithmetische Folge vor, da die Differenz zweier aufeinander folgender Glieder konstant ist ($d = -0{,}6$).

f) $\left.\begin{array}{l} a_2 - a_1 = 2^2 - 2^1 = 4 - 2 = 2 \\ a_3 - a_2 = 2^3 - 2^2 = 8 - 4 = 4 \end{array}\right\} \Rightarrow$ es liegt keine arithmetische Folge vor.

g) $\left.\begin{array}{l} a_2 - a_1 = -1 - (-3) = 2 \\ a_3 - a_2 = 0 - (-1) = 1 \end{array}\right\} \Rightarrow$ es liegt keine arithmetische Folge vor.

h) Die Differenz zweier aufeinander folgender Glieder ist 4. Es liegt demnach eine arithmetische Folge vor.

i) $\left.\begin{array}{l} a_2 - a_1 = \frac{1}{6} - \frac{1}{3} = -\frac{1}{6} \\ a_3 - a_2 = \frac{1}{9} - \frac{1}{6} = -\frac{1}{18} \end{array}\right\} \Rightarrow$ es liegt keine arithmetische Folge vor

96. Aus Beispiel 4 folgt, dass die Temperaturen eine arithmetische Folge bilden:
$<a_n>$: $n \mapsto 10 + (n - 1) \cdot 1$ mit $n \in \mathbb{N}$, ebenso die Tiefen:
$<b_n>$: $n \mapsto 20 + (n - 1) \cdot 35$ mit $n \in \mathbb{N}$.

Wir ermitteln, das n, für das $b_n = 1\,000$ ist:

$20 + (n - 1) \cdot 35 = 1\,000 \Leftrightarrow n = \frac{1\,000 - 20}{35} + 1 \Leftrightarrow n = 29$

Für die zugehörige Temperatur gilt dann:
$a_{29} = 10 + (29 - 1) \cdot 1 = 38$

In 1 000 m Tiefe herrscht etwa die Temperatur 38 °C.

97. a)

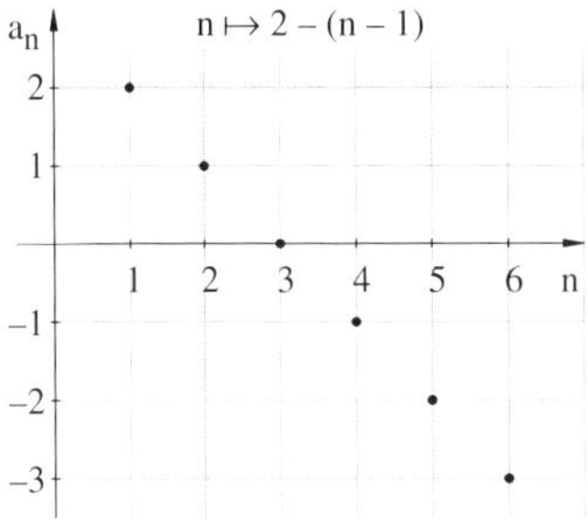

b)

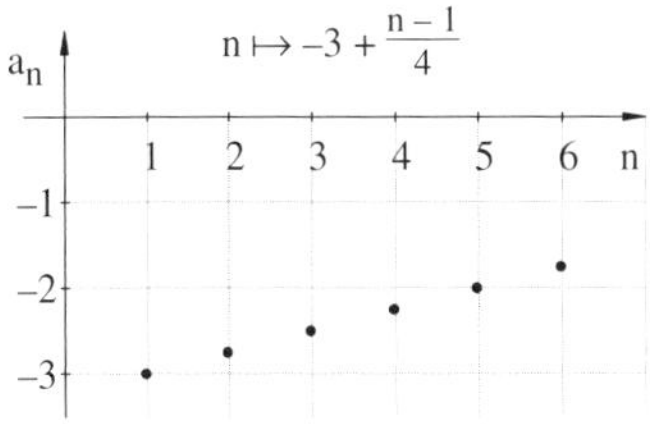

98. b) Solange der Papierbogen nicht extrem klein ist, spielt die Größe des Bogens keine Rolle. Stattdessen bereitet die schnell zunehmende Dicke des gefalteten Papiers große Schwierigkeiten.

c) Bezeichnen wir die Dicke des Bogens mit h_0 (= 0,06 mm), so ergibt sich für die Höhe des Papierturms
nach einmaligem Falten $h_1 = h_0 \cdot 2^1$,
nach zweimaligem Falten $h_2 = h_0 \cdot 2^2, \ldots$
nach 15-maligem Falten $h_{15} = h_0 \cdot 2^{15} = 1\,638{,}4$ mm $= 1{,}6384$ m.

d) $h_n = h_0 \cdot 2^n$

e) $h_{20} = h_0 \cdot 2^{20} = 52{,}4288$ m
$h_{42} = h_0 \cdot 2^{42} = 219\,902{,}33$ km

99. $a_{10} = a_1 \cdot q^9$

$\frac{a_2}{a_1} = \frac{2}{1} = 2 = q \Rightarrow a_{10} = 1 \cdot 2^9 = 512$

100. a) $$\left.\begin{array}{l} \frac{a_2}{a_1} = \frac{a_3}{a_2} = \frac{a_4}{a_3} = q = \text{const.} \\ \qquad\qquad\qquad\quad \parallel \\ \frac{80}{32} = \frac{200}{80} = \frac{500}{200} = 25 = \text{const.} \end{array}\right\} \Rightarrow$$ Es handelt sich um eine geometrische Folge.

b) $$\left.\begin{array}{l} \frac{a_2}{a_1} = \frac{a_3}{a_2} = \frac{a_4}{a_3} = q = \text{const.} \\ \qquad\qquad\qquad\quad \parallel \\ \frac{-0{,}25}{0{,}125} = \frac{0{,}5}{-0{,}25} = \frac{-1}{0{,}5} = -2 = \text{const.} \end{array}\right\} \Rightarrow$$ Es handelt sich um eine geometrische Folge.

c) $$\frac{a_2}{a_1} = \frac{4}{9} : \frac{2}{3} = \frac{4}{9} \cdot \frac{3}{2} = \frac{2}{3}$$

$$\frac{a_3}{a_2} = \frac{6}{15} : \frac{4}{9} = \frac{6}{15} \cdot \frac{9}{4} = \frac{9}{10}$$

$\Rightarrow$ es liegt keine geometrische Folge vor

d) $$\left.\begin{array}{l} \frac{a_2}{a_1} = \frac{a_3}{a_2} = \frac{a_4}{a_3} = q = \text{const.} \\ \qquad\qquad\qquad\quad \parallel \\ \frac{162}{243} = \frac{108}{126} = \frac{72}{108} = \frac{2}{3} = \text{const.} \end{array}\right\} \Rightarrow$$ Es handelt sich um eine geometrische Folge.

e) $$\left.\begin{array}{l} \frac{a_2}{a_1} = \frac{a_3}{a_2} = \frac{a_4}{a_3} = \text{const.} \\ \frac{256}{-1\,024} = \frac{-64}{256} = \frac{16}{-64} = -0{,}25 \end{array}\right\} \Rightarrow$$ Es liegt eine geometrische Folge vor.

f) $$\left.\begin{array}{l} \frac{-\frac{4}{9}}{\frac{2}{5}} = -\frac{20}{18} = -\frac{10}{9} \\ \frac{\frac{8}{13}}{-\frac{4}{9}} = -\frac{8 \cdot 9}{13 \cdot 4} = -\frac{18}{13} \end{array}\right\} \Rightarrow$$ Es liegt keine geometrische Folge vor.

101. $\left.\begin{array}{l}(1)\ \frac{a_2}{1} = q \\ (2)\ \frac{3}{a_2} = q\end{array}\right\} \Rightarrow \frac{a_2}{1} = \frac{3}{a_2}$

$\Leftrightarrow\ a_2^2 = 3\ \Leftrightarrow\ a_2 = \sqrt{3}\ \vee\ a_2 = -\sqrt{3}$

$\Rightarrow\ q = \sqrt{3}\ \vee\ q = -\sqrt{3}$

$\Rightarrow\ <a_n>:\ n \mapsto (\sqrt{3})^{n-1};\ n \in \mathbb{N}\ \vee\ <a_n>:\ n \mapsto (-\sqrt{3})^{n-1};\ n \in \mathbb{N}$

102. $\left.\begin{array}{l}a_1 = 1 \\ a_2 = q \\ a_3 - q^2 \\ a_4 = q^3 \\ a_5 = q^4 \\ a_6 = q^5 = 5\ \Rightarrow\ q = \sqrt[5]{5}\end{array}\right\} \Rightarrow \left\{\begin{array}{l}a_1 = 1 \\ a_2 = \sqrt[5]{5} \\ a_3 - \sqrt[5]{125} \\ a_4 = \sqrt[5]{125} \\ a_5 = \sqrt[5]{625} \\ a_6 = 5\end{array}\right.$

103. a) $a_6 = \frac{15}{37}$

b) $a_n = \frac{2n+3}{n^2+1}$

104. a) $a_1 = \frac{2 \cdot 1 - 7}{1+3} = -\frac{5}{4} = -1{,}25$

$a_2 = \frac{2 \cdot 2 - 7}{2+3} = -\frac{3}{5} = -0{,}6$

$a_3 = \frac{2 \cdot 3 - 7}{2+3} = -\frac{1}{6} \approx -0{,}17$

$a_4 = \frac{2 \cdot 4 - 7}{4+3} = \frac{1}{7} \approx 0{,}14$

$a_5 = \frac{2 \cdot 5 - 7}{5+3} = \frac{3}{8} = 0{,}375$

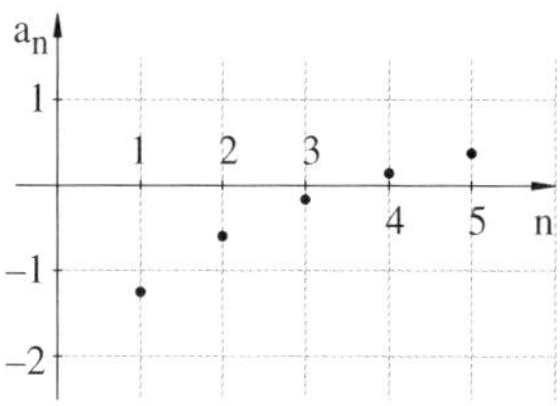

b) Die Untersuchung erfolgt in der gleichen Weise wie bei den Funktionen, da Folgen ja nur spezielle Funktionen (mit $\mathbb{D} = \mathbb{N}$) sind.

$$a_{n+1} - a_n = \frac{2(n+1)-7}{(n+1)+3} - \frac{2n-7}{n+3} = \frac{2n-5}{n+4} - \frac{2n-7}{n+3}$$

$$= \frac{(2n-5)\cdot(n+3)-(2n-7)(n+4)}{(n+4)(n+3)}$$

$$= \frac{(2n^2+6n-5n-15)-(2n^2+8n-7n-28)}{(n+4)(n+3)}$$

$$= \frac{2n^2+n-15-2n^2-n+28}{(n+4)(n+3)}$$

$$= \frac{\overbrace{13}^{>0}}{\underbrace{\underbrace{(n+4)}_{>0}\underbrace{(n+3)}_{>0}}_{>0}} > 0$$

Ergebnis: $<a_n>$ ist streng monoton zunehmend.

c) +2 ist obere Schranke von $<a_n>$, d. h. $<a_n> \leq 2$

$$\frac{2n-7}{n+3} \leq 2 \quad \Big| \cdot (n+3)$$

(Bemerkung: $n + 3 > 0$, also ändert sich das Ungleichheitszeichen nicht, somit ist keine Fallunterscheidung nötig!)

$\Leftrightarrow\ 2n - 7 \leq 2n + 6 \quad | -2n$

$\Leftrightarrow\ -7 \leq 6$

Da hier nur Äquivalenzumformungen durchgeführt wurden, sind die logischen Schlüsse in beiden Richtungen gültig. Damit ist die Behauptung bewiesen.

105. a) $a_1 = \frac{1}{2}$ $\qquad a_2 = \frac{2\cdot\frac{1}{2}}{1+\frac{1}{2}} = \frac{1}{\frac{3}{2}} = \frac{2}{3}$

$a_3 = \frac{2\cdot\frac{2}{3}}{1+\frac{2}{3}} = \frac{4}{5}$ $\qquad a_4 = \frac{2\cdot\frac{4}{5}}{1+\frac{4}{5}} = \frac{\frac{8}{5}}{\frac{9}{5}} = \frac{8}{9}$

$a_5 = \frac{2\cdot\frac{8}{9}}{1+\frac{8}{9}} = \frac{\frac{16}{9}}{\frac{17}{9}} = \frac{16}{17}$ $\qquad a_6 = \frac{2\cdot\frac{16}{17}}{1+\frac{16}{17}} = \frac{\frac{32}{17}}{\frac{33}{17}} = \frac{32}{33}$

$$a_n = \frac{2^{n-1}}{2^{n-1}+1}$$

b) (I) $\frac{2^{n-1}}{2^{n-1}+1} < 1 \Leftrightarrow 2^{n-1} < 2^{n-1}+1 \Leftrightarrow 0 < 1$

oder: Zähler und Nenner sind immer positiv, außerdem ist der Nenner immer größer als der Zähler $\Rightarrow\ <a_n> < 1$.

(II) $\frac{2^{n-1}}{2^{n-1}+1} > 0 \Leftrightarrow 2^{n-1} > 0$

oder: Zähler und Nenner sind immer positiv.

c) Untersuchung wie bei den Funktionen mit $\mathbb{D}_f = \mathbb{R}$:

$$a_{n+1} - a_n = \frac{2^{(n+1)-1}}{2^{(n+1)-1}+1} - \frac{2^{n-1}}{2^{n-1}+1} = \frac{2^n}{2^n+1} - \frac{2^{n-1}}{2^{n-1}+1}$$

$$= \frac{2^n(2^{n-1}+1) - 2^{n-1}(2^n+1)}{(2^n+1)\cdot(2^{n-1}+1)} = \frac{2^{2n-1}+2^n-2^{2n-1}-2^{n-1}}{(2^n+1)\cdot(2^{n-1}+1)}$$

$$= \frac{2^n-2^{n-1}}{(2^n+1)(2^{n-1}+1)} = \frac{2^{n-1}\cdot(2-1)}{(2^n+1)\cdot(2^{n-1}+1)} = \frac{\overbrace{2^{n-1}}^{>0}}{\underbrace{\underbrace{(2^n+1)}_{>0}\underbrace{(2^{n-1}+1)}_{>0}}_{>0}} > 0$$

Ergebnis: $<a_n>$ nimmt streng monoton zu.

106. Die Anzahl der Geräte bildet eine arithmetische Folge:
$<a_n>: n \mapsto 60 + (n-1)\cdot 20$, mit $n \in \mathbb{N}$.
Für die Anzahl 840 können wir das zugehörige n ermitteln:

$60 + (n-1)\cdot 20 = 840 \Leftrightarrow n = \frac{840-60}{20}+1 \Leftrightarrow n = 40$,

also $a_1 = 60$ und $a_{40} = 840$; somit werden 39 Monate danach 840 Geräte ausgeliefert.

107. Die Gewichtswerte der Platten bilden eine arithmetische Folge:
$<a_n>: n \mapsto 6 + (n-1)\cdot 0{,}2$, mit $n \in \mathbb{N}$.
Für den Wert 9,6 können wir das zugehörige n ermitteln:

$6 + (n-1)\cdot 0{,}2 = 9{,}6 \Leftrightarrow n = \frac{9{,}6-6}{0{,}2}+1 = 19$,

also $a_1 = 6$ und $a_{19} = 9{,}6$; somit hat ihre Sammlung nach 18 Monaten ein Gewicht von 9,6 kg.

108. Durch Einsetzen für a_5 und a_{15} in die allgemeine Formel

$a_n = a_1 + (n-1) \cdot d$

erhält man zwei Gleichungen mit zwei Unbekannten:

(1) $10 = a_1 + (5-1) \cdot d \Leftrightarrow 10 = a_1 + 4d$

(2) $50 = a_1 + (15-1) \cdot d \Leftrightarrow 50 = a_1 + 14d$

aus (1) erhalten wir:

$a_1 = 10 - 4d$

eingesetzt in (2):

$50 = (10 - 4d) + 14d \Leftrightarrow 50 = 10 + 10d$

$\Leftrightarrow 40 = 10d \Leftrightarrow d = 4$ und $a_1 = 10 - 4d = -6$

109.
$$\left.\begin{aligned} a_4 &= a_1 + (4-1) \cdot d = a_1 + 3d \\ a_{10} &= a_1 + (10-1) \cdot d = a_1 + 9d \\ a_{11} &= a_1 + (11-1) \cdot d = a_1 + 10d \end{aligned}\right\} \text{ und } \begin{cases} a_{10} \cdot a_{11} = 725 & (1) \\ a_4 + a_{11} = 30 & (2) \end{cases}$$

(1) $(a_1 + 9d) \cdot (a_1 + 10d) = a_1^2 + 19a_1 d + 90d^2 = 725$

(2) $(a_1 + 3d) + (a_1 + 10d) = 2a_1 + 13d = 30$

Aus (2) erhalten wir $a_1 = 15 - 6{,}5d$

in (1) $(15 - 6{,}5d)^2 + 19 \cdot (15 - 6{,}5d) \cdot d + 90d^2 = 725$

$225 - 195d + 42{,}25d^2 + 285d - 123{,}5d^2 + 90d^2 = 725$

$8{,}75d^2 + 90d - 500 = 0$

$\Leftrightarrow d = \frac{1}{2 \cdot 8{,}75}(-90 + \sqrt{90^2 + 4 \cdot 8{,}75 \cdot 500} \quad \vee$

$d = \frac{1}{2 \cdot 8{,}75}(-90 - \sqrt{90^2 + 4 \cdot 8{,}75 \cdot 500})$

$\Leftrightarrow d = 4 \vee d = -\frac{250}{17{,}5}$

$\Rightarrow a_1 = 15 - 6{,}5d = -11 \vee a_1 = 15 - 6{,}5d = \frac{105 + 6{,}5 \cdot 100}{7} = \frac{755}{7}$

110. $a_{12} = a_1 + (12-1) \cdot d$

$\Rightarrow 27 = a_1 + 11 \cdot 4 \Leftrightarrow a_1 = -17$

111. (1) $a_3 + a_5 = 44 \Rightarrow (a_1 + 2d) + (a_1 + 4d) = 44$

$\Leftrightarrow 2a_1 + 6d = 44 \Leftrightarrow a_1 + 3d = 22$

(2) $a_8 + a_{11} = 99 \Rightarrow (a_1 + 7d) + (a_1 + 10d) = 99$

$\Leftrightarrow 2a_1 + 17d = 99$

aus (1): $a_1 = 22 - 3d$
in (2): $2\,(22 - 3d) + 17d = 99$
$\Leftrightarrow\ 44 - 6d + 17d = 99 \ \Leftrightarrow\ 11d = 55$
$\Leftrightarrow\ d = 5$
$\Rightarrow\ a_1 = 22 - 15 = 7$

112. a) Die Wertzeichen bilden eine arithmetische Folge:
$<a_n>:\ n \mapsto 5 + (n-1)\cdot 5$ mit $n \in \mathbb{N}$.
Für $n = 24$ ergibt sich
$a_{24} = 5 + (24 - 1)\cdot 5 = 120$, der Wert der teuersten Marke.

b) 5 + 10 + 15 + 20 + 25 + 30 + 35 + 40 + 45 + 50 + 55 + 60 + 65 + 70 + 75 + 80 + 85 + 90 + 95 + 100 + 105 + 110 + 115 + 120 = 1 500
Also kostet die gesamte Serie 15 DM.

113. Wenn Licht 8 % seiner Intensität verliert, besitzt es nach dem Durchdringen einer Glasplatte noch 92 % der Anfangsintensität, d. h.
$I_1 = I_0 \cdot 0{,}92$.

a) Nach Durchdringen von 50 Platten:
$I_{50} = I_0 \cdot 0{,}92^{50} \approx I_0 \cdot 0{,}015$,
also ist die Intensität auf 1,5 % des Anfangswertes gesunken.

b)
$$I_0 \cdot 0{,}92^x = I_0 \cdot 0{,}01$$
$$\Leftrightarrow\quad 0{,}92^x = 0{,}01$$
$$x = \log_{0,92} 0{,}01$$

Zur Berechnung mit dem Taschenrechner wandeln wir um:
$$\log_{0,92} 0{,}01 = \frac{\log_{10} 0{,}01}{\log_{10} 0{,}92} \approx 55{,}23$$
Der Stapel muss 56 Glasplatten enthalten, damit die Intensität höchstens 1 % der Anfangsintensität beträgt.

114. a) In 12 Stunden bzw. 720 min finden 36 Spaltungen statt. Zu Beginn sei ein Cholerabakterium vorhanden, also $a_1 = 1$,
nach 20 min $a_2 = 2$
nach 40 min $a_3 = 4, \ldots$
nach 720 min $a_{37} = 2^{36} = 6{,}87195 \cdot 10^{10}$.

b) In 2 Stunden finden 6 Spaltungen statt, also $a_7 = 2^6 = 64$. 64 Bakterien ergeben eine Höhe von 0,064 mm.
Nach 4 Stunden sind $2^{12} = 4\,096$ Bakterien vorhanden, das entspricht einer Höhe von 4,096 mm.
Die Höhe nach 12 Stunden beträgt 68,719 km.
Damit wird die Höhe des Ulmer Münsters bei weitem übertroffen.

c) Weg des Lichts in 20 min:
$$3 \cdot 10^8 \tfrac{m}{s} \cdot 60s \cdot 20 = 3{,}6 \cdot 10^{11}\ m = x_L$$
Länge eines Bakteriums: $1 \cdot 10^{-6}\ m = x_B$
$$n \cdot x_L \leq 2^n \cdot x_B$$
$$\Leftrightarrow\ n \cdot 3{,}6 \cdot 10^{11}\ m \leq 2^n \cdot 10^{-6}\ m$$
$$\Leftrightarrow\ n \cdot 3{,}6 \cdot 10^{17}\ m \leq 2^n$$
Durch Probieren mit dem Taschenrechner findet man n = 65.

115. a) Verbrauch
im Jahr 1972: $2{,}6 \cdot 10^{12} = a_1$
im Jahr 1973: $2{,}7 \cdot 10^{12}\,(1 + 0{,}051)^1 = a_2$
im Jahr 1974: $2{,}7 \cdot 10^{12}\,(1 + 0{,}051)^2 = a_3$
im Jahr 1975: $2{,}7 \cdot 10^{12}\,(1 + 0{,}051)^3 = a_4$
im Jahr 1976: $2{,}7 \cdot 10^{12}\,(1 + 0{,}051)^4 = a_5 \approx 3{,}3 \cdot 10^{12}$

b) Verbrauch im Jahr 1980: $2{,}7 \cdot 10^{12}\,(1 + 0{,}051)^8 = a_9 \approx 4{,}0 \cdot 10^{12}$

c) $2{,}7 \cdot 10^{12}\,(1 + 0{,}051)^n = 7{,}25 \cdot 10^{13}$
$$\Leftrightarrow\ 1{,}051^n = \frac{7{,}25 \cdot 10^{13}}{2{,}7 \cdot 10^{12}} = \frac{7{,}25}{2{,}7} \cdot 10$$
$$\Leftrightarrow\ n = \log_{1{,}051} \frac{7{,}25}{2{,}7} \cdot 10$$
Für den Taschenrechner wandeln wir um:
$$n = \log_{1{,}051} \frac{72{,}5}{2{,}7} = \frac{\log_{10} \frac{72{,}5}{2{,}7}}{\log_{10} 1{,}051} \approx 66$$
Im Jahre 2038 werden schätzungsweise die Rohölreserven verbraucht sein.

116. a) Pro $1\frac{1}{2}$ Stunden kommen 6 Bakterien zur Teilung, das entspricht einer Wachstumsquote von 6 %.

b) k = 0,057. Bezeichnen wir die Anzahl der Bakterien zu Beginn mit A, so für 2A:

$2A = A \cdot (1 + 0{,}057)^n \Leftrightarrow 2 = 1{,}057^n$

$\Leftrightarrow n = \log_{1{,}057} 2$

Für den Taschenrechner: $n = \dfrac{\log_{10} 2}{\log_{10} 1{,}057} \approx 12{,}5$

Das entspricht einer Zeit von $12{,}5 \cdot 1{,}5$ h, also 19 Stunden.

c) $2\frac{1}{2}$ Tage sind 60 Stunden, sie lassen sich aufteilen in $40 \cdot 1{,}5$ h, d. h. die Anzahl $A = 100 \cdot 1{,}057^{40} \approx 918$ Bakterien $\Rightarrow$ Die Bakterienzahl hat sich nach $2\frac{1}{2}$ Tagen auf das 9,18-fache erhöht.

117. a) $a_4 = \frac{3}{5}$; $a_5 = \dfrac{3\sqrt{3}}{5}$

b) $\left.\begin{array}{l} \dfrac{a_3}{a_2} = q = \dfrac{\sqrt{3}}{5} : \dfrac{1}{5} = \dfrac{\sqrt{3}}{5} \cdot \dfrac{5}{1} = \sqrt{3} \\ a_n = a_1 \cdot q^{n-1} \text{ mit } a_1 = \dfrac{\sqrt{3}}{15} \end{array}\right\} \Rightarrow a_n = \dfrac{\sqrt{3}}{15} \cdot (\sqrt{3})^{n-1}$

$a_{16} = \dfrac{\sqrt{3}}{15} \cdot (\sqrt{3})^{15} = \dfrac{(\sqrt{3})^{16}}{15} = \dfrac{3^8}{15} = \dfrac{3^7}{5} = 437{,}4 = a_{16}$

c) $b_1 = \frac{1}{5}$

$b_2 = \frac{3}{5}$

$b_3 = \dfrac{\sqrt{3}}{15} \cdot (\sqrt{3})^5 = \dfrac{(\sqrt{3})^6}{15} = \dfrac{3^3}{15} = \dfrac{9}{5}$

d) $\dfrac{b_{n+1}}{b_n} = \dfrac{a_{2(n+1)}}{a_{2n}} = \dfrac{\frac{\sqrt{3}}{15} \cdot (\sqrt{3})^{2(n+1)-1}}{\frac{\sqrt{3}}{15} \cdot (\sqrt{3})^{2n-1}} = \dfrac{(\sqrt{3})^{2n+1}}{(\sqrt{3})^{2n-1}} = (\sqrt{3})^{2n+1-(2n-1)}$

$= \sqrt{3}^2 = 3 = q$

e) $b_n = \frac{1}{5} \cdot 3^{n-1}$

118. Arithmetische Folge: $a_1 = 1;\ a_5 = 7$

$a_5 = a_1 + (5-1) \cdot d$
$7 = 1 + 4 \cdot d$
$6 = 4d$
$d = \frac{3}{2}$

$a_1 = 1$
$a_2 = 2{,}5$
$a_3 = 4$
$a_4 = 5{,}5$
$a_5 = 7$

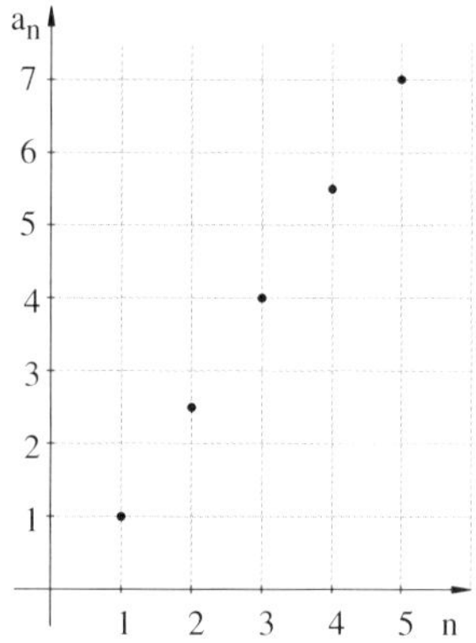

Geometrische Folge: $a_1 = 1;\ a_5 = 7$

$a_5 = a_1 \cdot q^4$
$7 = 1 \cdot q^4$
$q = \sqrt[4]{7}$
$a_1 = 1$
$a_2 = \sqrt[4]{7} \approx 1{,}6$
$a_3 = \sqrt[4]{49} \approx 2{,}6$
$a_4 = \sqrt[4]{343} \approx 4{,}3$
$a_5 = 7$

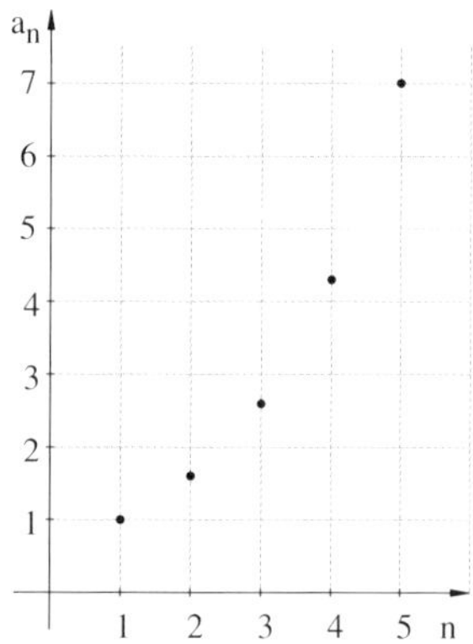

119. a) $Z(1966) = \frac{10^6}{6} \approx 167\,000$

b) $Z(1977) = Z(1966) \cdot q^{12}$

$\Leftrightarrow\ 10^6 = \frac{10^6}{6} \cdot q^{12}$
$\Leftrightarrow\ 6 = q^{12}$
$\Leftrightarrow\ \log 6 = 12 \cdot \log q$
$\Leftrightarrow\ \log q = \frac{\log 6}{12}$
$\Leftrightarrow\ q = 10^{\frac{\log 6}{12}}$
$q \approx 1{,}16$

c) $\frac{Z(1967) - Z(1966)}{Z(1966)} = \frac{1{,}16 \cdot 10^6 - 10^6}{10^6} = \frac{10^6(1{,}16-1)}{10^6} = 0{,}16$

Die Anzahl der Delfine nahm jährlich um 16 % zu.

d) $Z(1990) = \frac{10^6}{6} \cdot 1{,}16^{25} \approx 6{,}81 \cdot 10^6$

120. a) $2 \cdot 4 + 3 \cdot 5 + 4 \cdot 6 + \ldots + 8 \cdot 10 = \sum_{k=1}^{7} (k+1)(k+3)$

b) $\frac{1}{1^2} - \frac{1}{2^2} + \frac{1}{3^2} - \frac{1}{4^2} + \ldots + \frac{1}{9^2} = \sum_{k=1}^{9} (-1)^{k+1} \cdot \frac{1}{k^2}$

c) $1 - \frac{1}{3} + \frac{1}{5} - \frac{1}{7} + \frac{1}{9} + \ldots - \frac{1}{15} = \sum_{k=1}^{8} (-1)^{k+1} \cdot \frac{1}{(2k-1)}$

121. a) $\sum_{k=1}^{5} \frac{1}{k} = 1 + \frac{1}{2} + \frac{1}{3} + \frac{1}{4} + \frac{1}{5} = 2{,}28\overline{3}$

b) $\sum_{k=1}^{4} k(k+1) = 1 \cdot 2 + 2 \cdot 3 + 3 \cdot 4 + 4 \cdot 5 = 40$

c) $\sum_{k=1}^{5} k^2 = 1^2 + 2^2 + 3^2 + 4^2 + 5^2 = 55$

d) $\sum_{k=1}^{5} k^3 = 1^3 + 2^3 + 3^3 + 4^3 + 5^3 = 225$

e) $\sum_{k=1}^{5} (-1)^k\, 2^{k+1} = -2^2 + 2^3 - 2^4 + 2^5 - 2^6 = -44$

f) $\sum_{k=1}^{4} \frac{1}{(4k-3)(4k+1)} = \frac{1}{1 \cdot 5} + \frac{1}{5 \cdot 9} + \frac{1}{9 \cdot 13} + \frac{1}{13 \cdot 17}$

$= \frac{1}{5} + \frac{1}{45} + \frac{1}{117} + \frac{1}{221} = \frac{4}{17} \approx 0{,}235$

122. a) Es handelt sich um eine geometrische Reihe mit
$a_1 = 10, \quad q = 1{,}1 \quad \text{und} \quad n = 9.$

$$\Rightarrow s_9 = 10 \cdot \frac{1{,}1^9 - 1}{1{,}1 - 1} \approx 135{,}8$$

b) Es handelt sich um eine arithmetische Reihe mit $a_1 = 45$ und $d = -3$.
Wir ermitteln n:

$$-15 = 45 + (n-1) \cdot (-3)$$
$$\Leftrightarrow \frac{-60}{-3} = n - 1$$
$$\Leftrightarrow n = 21$$
$$\Rightarrow s_{21} = \frac{21}{2}[2 \cdot 45 + (21-1) \cdot (-3)] = 315$$

c) Es handelt sich um eine geometrische Reihe mit $a_1 = 8$ und $q = -1{,}5$.
Wir ermitteln n:

$$40{,}5 = 8 \cdot (-1{,}5)^{n-1}$$
$$\Leftrightarrow 5{,}0625 = (-1{,}5)^{n-1}$$
$$\Leftrightarrow n - 1 = \log_{-1{,}5} 5{,}0625$$
$$\Leftrightarrow n - 1 = \frac{\log_{10} 5{,}0625}{\log_{10} 1{,}5}$$
$$\Leftrightarrow n - 1 = 4$$
$$\Leftrightarrow n = 5$$

Also: $s_5 = 8 \cdot \frac{(-1{,}5)^5 - 1}{-1{,}5 - 1} = 27{,}5$

d) Es handelt sich um eine geometrische Reihe mit
$a_1 = -\frac{1}{3}$ und $q = -3$, also $a_n = \left(-\frac{1}{3}\right) \cdot (-3)^{n-1}$.
Wir berechnen n:

$$6\,561 = \left(-\frac{1}{3}\right) \cdot (-3)^{n-1}$$
$$\Leftrightarrow 6\,561 = 3^{n-2}$$
$$\Leftrightarrow n - 2 = \log_3 6\,561$$
$$\Leftrightarrow n - 2 = \frac{\log_{10} 6\,561}{\log_{10} 3}$$
$$\Leftrightarrow n - 2 = 8 \Leftrightarrow n = 10$$

Also: $s_{10} = \left(-\frac{1}{3}\right) \cdot \frac{(-3)^{10} - 1}{-3 - 1} = 4\,920{,}\overline{6}$

123. a) $1 \cdot 3 + 2 \cdot 4 + 3 \cdot 5 + \ldots + 20 \cdot 22 = \sum_{k=1}^{20} k \cdot (k+2)$

b) $\sum_{k=1}^{10} 3 \cdot (-0{,}8)^{k-1}$

ist eine geometrische Reihe mit 10 Folgengliedern (n =10), $a_1 = 3$ und $q = -0{,}8$.

$\Rightarrow s_{10} = 3 \cdot \frac{(-0{,}8)^{10} - 1}{-0{,}8 - 1} \approx 1{,}488$

124. a) $a_1 = 15; \quad a_{25} = 135$

$a_{25} = a_1 + (25 - 1) \cdot d \Rightarrow 135 = 15 + 24d$

$\Leftrightarrow 24d = 120 \Leftrightarrow d = 5$

$< a_n >: \; a_n = 15 + (n - 1) \cdot 5; \quad n \in \mathbb{N}$

b) $s_{20} = \frac{20}{2} \cdot [2 \cdot 15 + (20 - 1) \cdot 5] = 1\,250$

125. $s_n = 15\,000$

a) Es handelt sich um eine arithmetische Folge bzw. Reihe.

$a_n = a_1 + (n - 1) \cdot d$ mit $a_1 = 20$ und $d = 4$

$s_n = \frac{n}{2} [2a_1 + (n - 1) \cdot d]$

Also:

$15\,000 = \frac{n}{2} [2 \cdot 20 + (n - 1) \cdot 4]$

$\Leftrightarrow 15\,000 = 20n + (n - 1) \cdot 2n$

$\Leftrightarrow \quad 0 = 2n^2 - 2n + 20n - 15\,000$

$\Leftrightarrow \quad 0 = n^2 + 9n - 7\,500$

$\Leftrightarrow n = \frac{1}{2}(-9 + \sqrt{81 + 4 \cdot 7\,500}) \vee \left(n = \frac{1}{2}\underbrace{(-9 - \sqrt{81 + 4 \cdot 7\,500})}_{<0} \right)$

$n = 82$

Das Theater hat 82 Reihen.

b) $a_{82} = 20 + (82 - 1) \cdot 4 = 344$

Die oberste Reihe fasst 344 Zuschauer.

126. $a_1 = 800;\ a_{25} = 2\,504$

$a_{25} = a_1 + (n-1)\cdot d$

Also: $2\,504 = 800 + (25-1)\cdot d \Leftrightarrow d = \frac{2\,504 - 800}{24} = 71$

$\Rightarrow s_{25} = \frac{25}{2}[2\cdot 800 + (25-1)\cdot 71] = 25\,(800 + 12\cdot 71) = 41\,300$

127. $a_1 = 1$

$a_2 = 1\cdot 0{,}9$

$a_3 = 1\cdot (0{,}9)^2$

$a_4 = 1\cdot (0{,}9)^3$

$s_4 = 1\cdot \frac{0{,}9^4 - 1}{0{,}9-1} + 1\cdot \frac{0{,}9^4-1}{0{,}9-1} - 1 = 3{,}439 + 2{,}439 = 5{,}878$

Der Ball legt also bis zum 4. Aufschlagen etwa 5,88 m zurück.

128. Wir setzen in $s_n = \frac{n}{2}[2a_1 + (n-1)\,d]$ ein: $a_1 = n,\ d = 2$ und $s_n = 190$:

$190 = \frac{n}{2}[2n + (n-1)2]$

$\Leftrightarrow\ 190 = \frac{n}{2}(4n-2)$

$\Leftrightarrow\ 190 = 2n^2 - n \quad \Leftrightarrow\ 2n^2 - n - 190 = 0$

$\Leftrightarrow\quad n = \frac{1+\sqrt{1+1\,520}}{4} \ \vee\ \left(n = \underbrace{\frac{1-\sqrt{1\,521}}{4}}_{<0}\right)$

$n = 10$

Das Anfangsglied heißt 10 und die Reihe hat 10 Glieder.

129. Arithmetische Folge mit $a_1 = 2$ und $d = 2$.

Wir setzen in $s_n = \frac{n}{2}[2a_1 + (n-1)\,d]$ ein: $a_1 = 2$, $d = 2$ und $s_n = 930$:

$930 = \frac{n}{2}[4 + (n-1)\cdot 2]$

$\Leftrightarrow 930 = \frac{n}{2}(2+2n)$

$\Leftrightarrow 930 = n + n^2 \Leftrightarrow n^2 + n - 930 = 0$

$\Leftrightarrow n = \frac{-1+\sqrt{1+3\,720}}{2} \ \vee\ \left(n = \underbrace{\frac{-1-\sqrt{3\,721}}{2}}_{<0}\right)$

$n = 30$

Die Folge hat 30 Glieder.

130. Es handelt sich um eine arithmetische Folge: 12, 18, 24, 30, …, 96.
Wir berechnen zunächst n:

$96 = 12 + (n - 1) \cdot 6$

$\Leftrightarrow \frac{96 - 12}{6} = n - 1 \Leftrightarrow n = 15$

$s_{15} = \frac{15}{2} [2 \cdot 12 + (15 - 1) \cdot 6] = 810$

131. a) $a_1 = 3$ $\quad a_2 = 2 + 3 = 5$

$a_3 = 2 + 5 = 7$ $\quad a_4 = 2 + 7 = 9$

$a_5 = 2 + 9 = 11$

b) Es liegt eine arithmetische Folge vor mit dem allgemeinen Glied $a_n = 2n + 1$.

c) $\sum_{k=1}^{100} (2k + 1) = \frac{100}{2} [2 \cdot 3 + (100 - 1) \cdot 2] = 10\,200$

132. $2^1 + 2^2 + 2^3 + \ldots + 2^n$ ist eine geometrische Reihe mit $a_1 = 2$ und $q = 2$.
Wir berechnen zunächst n:

$2^n < 10\,000$

$\Leftrightarrow n < \log_2 10\,000 \Leftrightarrow n < \frac{\log_{10} 10\,000}{\log_{10} 2}$

$\Rightarrow n = 13 \Rightarrow s_{13} = 2 \frac{2^{13} - 1}{2 - 1} = 16\,382$

133. (1) $300 = \frac{4}{2} [2a_1 + (4 - 1) d]$ (arithmetische Reihe)

(2) $\frac{a_1 + 3d}{a_1 + d} = \frac{a_1 + d}{a_1}$ (geometrische Folge)

Aus (2) $(a_1 + 3d)\, a_1 = (a_1 + d)^2$

$\Leftrightarrow a_1^2 + 3a_1 d = a_1^2 + 2a_1 d + d^2$

$\Leftrightarrow a_1 d - d^2 = 0$

$\Leftrightarrow d(a_1 - d) = 0 \Leftrightarrow (d = 0) \vee a_1 = d$

in (1) $300 = 2(2d + 3d) \Leftrightarrow 150 = 5d \Leftrightarrow d = 30$

Die arithmetische Folge lautet: $\langle a_n \rangle$: 30, 60, 90, 120, …

134. $6n = \frac{n(n + 1)}{2} \Leftrightarrow n = 11$

Ihre Meinung ist uns wichtig!

Ihre Anregungen sind uns immer willkommen. Bitte informieren Sie uns mit diesem Schein über Ihre Verbesserungsvorschläge!

Titel-Nr.	Seite	Vorschlag

Bitte hier abtrennen

Zutreffendes bitte ankreuzen!

Die Absenderin/der Absender ist:

- ☐ Lehrer/in in den Klassenstufen: ____
- ☐ Fachbetreuer/in
  Fächer: ____
- ☐ Seminarlehrer/in
  Fächer: ____
- ☐ Regierungsfachberater/in
  Fächer: ____
- ☐ Oberstufenbetreuer/in
- ☐ Schulleiter/in
- ☐ Referendar/in, Termin 2. Staatsexamen: ____
- ☐ Leiter/in Lehrerbibliothek
- ☐ Leiter/in Schülerbibliothek
- ☐ Sekretariat
- ☐ Eltern
- ☐ Schüler/in, Klasse: ____
- ☐ Sonstiges: ____

Unterrichtsfächer: **(Bei Lehrkräften!)**

____

STARK Verlag
Postfach 1852
85318 Freising

16-V1T

Bitte ausfüllen und im frankierten Umschlag an uns einsenden. Für Fensterkuverts geeignet.

Kennen Sie Ihre Kundennummer?
Bitte hier eintragen.

Absender **(Bitte in Druckbuchstaben!)**

Name/Vorname ____

Straße/Nr. ____

PLZ/Ort ____

Telefon privat ____ **Geburtsjahr** ____

E-Mail-Adresse ____

Schule/Schulstempel **(Bitte immer angeben!)**

(Bitte blättern Sie um)

Erdkunde

Training Methoden Erdkunde .... Best.-Nr. 94901
Erdkunde Relief- und Hydrosphäre · Wirtschaftsprozesse und -strukturen · Verstädterung – Baden-W. Best.-Nr. 84901
Erdkunde Relief- und Hydrosphäre · Wirtschaftsprozesse und -strukturen · Verstädterung .... Best.-Nr. 84901A
Abitur-Wissen GUS-Staaten/Russland .... Best.-Nr. 94908
Abitur-Wissen Entwicklungsländer .... Best.-Nr. 94902
Abitur-Wissen USA .... Best.-Nr. 94903
Abitur-Wissen Europa .... Best.-Nr. 94905
Abitur-Wissen Asiatisch-pazifischer Raum .... Best.-Nr. 94906
Kompakt-Wissen Abitur Erdkunde Allgemeine Geografie · Regionale Geografie .... Best.-Nr. 949010
Lexikon Erdkunde .... Best.-Nr. 94904

Deutsch

Training Methoden Deutsch .... Best.-Nr. 944062
Dramen analysieren und interpretieren .... Best.-Nr. 944092
Erörtern und Sachtexte analysieren .... Best.-Nr. 944094
Gedichte analysieren und interpretieren .... Best.-Nr. 944091
Epische Texte analysieren und interpretieren Best.-Nr. 944093
Übertritt in die Oberstufe .... Best.-Nr. 90409
Abitur-Wissen Erörtern und Sachtexte analysieren .... Best.-Nr. 944064
Abitur-Wissen Textinterpretation .... Best.-Nr. 944061
Abitur-Wissen Deutsche Literaturgeschichte .... Best.-Nr. 94405
Abitur-Wissen Prüfungswissen Oberstufe .... Best.-Nr. 94400
Kompakt-Wissen Rechtschreibung .... Best.-Nr. 944065
Lexikon Autoren und Werke .... Best.-Nr. 944081

Englisch

Übersetzungsübung .... Best.-Nr. 82454
Grammatikübung .... Best.-Nr. 82452
Themenwortschatz .... Best.-Nr. 82451
Grundlagen der Textarbeit .... Best.-Nr. 94464
Sprachmittlung .... Best.-Nr. 94469
Textaufgaben Literarische Texte und Sachtexte Baden-Württemberg .... Best.-Nr. 94468
Textaufgaben Literarische Texte und Sachtexte Best.-Nr. 94468
Grundfertigkeiten des Schreibens .... Best.-Nr. 94466
Sprechfertigkeit mit CD .... Best.-Nr. 94467
Englisch – Übertritt in die Oberstufe .... Best.-Nr. 82453
Abitur-Wissen Landeskunde Großbritannien .... Best.-Nr. 94461
Abitur-Wissen Landeskunde USA .... Best.-Nr. 94463
Abitur-Wissen Literaturgeschichte .... Best.-Nr. 94465
Kompakt-Wissen Abitur Themenwortschatz .... Best.-Nr. 90462
Kompakt-Wissen Kurzgrammatik .... Best.-Nr. 90461

Latein

Abitur-Wissen Lateinische Literaturgeschichte Best.-Nr. 94602
Wiederholung Grammatik .... Best.-Nr. 94601
Wortkunde .... Best.-Nr. 94603
Kompakt-Wissen Kurzgrammatik .... Best.-Nr. 906011

Französisch

Landeskunde Frankreich .... Best.-Nr. 94501
Themenwortschatz .... Best.-Nr. 94503
Literatur .... Best.-Nr. 94502
Abitur-Wissen Literaturgeschichte .... Best.-Nr. 94506
Kompakt-Wissen Abitur Themenwortschatz .... Best.-Nr. 945010
Kompakt-Wissen Kurzgrammatik .... Best.-Nr. 945011

Wirtschaft/Recht

Betriebswirtschaft .... Best.-Nr. 94851
Abitur-Wissen Volkswirtschaft .... Best.-Nr. 94881
Abitur-Wissen Rechtslehre .... Best.-Nr. 94882
Kompakt-Wissen Abitur Volkswirtschaft .... Best.-Nr. 948501

Religion/Ethik

Katholische Religion 1 (gk) .... Best.-Nr. 84991
Katholische Religion 2 (gk) .... Best.-Nr. 84992
Abitur-Wissen gk ev. Religion Der Mensch zwischen Gott und Welt .... Best.-Nr. 94973
Abitur-Wissen gk ev. Religion Die Verantwortung des Christen in der Welt .... Best.-Nr. 94974
Abitur-Wissen Glaube und Naturwissenschaft Best.-Nr. 94977
Abitur-Wissen Jesus Christus .... Best.-Nr. 94978
Abitur-Wissen Die Frage nach dem Menschen Best.-Nr. 94990
Abitur-Wissen Die Bibel .... Best.-Nr. 94992
Abitur-Wissen Christliche Ethik .... Best.-Nr. 94993
Lexikon Ethik und Religion .... Best.-Nr. 94959

Ethik

Ethische Positionen in historischer Entwicklung – gk .... Best.-Nr. 94951
Abitur-Wissen Philosophische Ethik .... Best.-Nr. 94952
Abitur-Wissen Glück und Sinnerfüllung .... Best.-Nr. 94953
Abitur-Wissen Freiheit und Determination ...... Best.-Nr. 94954
Abitur-Wissen Recht und Gerechtigkeit .... Best.-Nr. 94955
Abitur-Wissen Religion und Weltanschauungen Best.-Nr. 94956
Abitur-Wissen Wissenschaft – Technik – Verantwortung .... Best.-Nr. 94957
Abitur-Wissen Politische Ethik .... Best.-Nr. 94958
Lexikon Ethik und Religion .... Best.-Nr. 94959

Sport

Bewegungslehre (LK) .... Best.-Nr. 94981
Trainingslehre (LK) .... Best.-Nr. 94982

Kunst

Abitur-Wissen Kunst 1 Grundwissen Malerei .... Best.-Nr. 94961
Abitur-Wissen Kunst 2 Analyse/Interpretation Best.-Nr. 94962

Pädagogik / Psychologie

Grundwissen Pädagogik .... Best.-Nr. 92480
Grundwissen Psychologie .... Best.-Nr. 92481

Bestellungen bitte direkt an: STARK Verlagsgesellschaft mbH & Co. KG
Postfach 1852 · 85318 Freising · Tel: 08161 / 179-0 · FAX: 08161 / 179-51
Internet: www.stark-verlag.de · E-Mail: info@stark-verlag.de

STARK

16-VIT